イラストで見る末期的兵器総覧

アナタノ知ラナイ兵器 1

増補改訂版

Illustrated of world desperate weapons

Weapons,we have never heard off 1

revised edition

イラストで見る末期的兵器総覧

アナタノ知ラナイ兵器1

増補改訂版

Illustrations of world desperate weapons

Weapons,we have never heard off 1

revised edition

CONTENTS

航空機編

艦船編

この作品に登場するキャラクター説明

アナタノ知ラナイ兵器1増補
改訂版特別描き下ろし1
『アナタノ知ラナイ兵器』1
増補改訂版
オープニング
ねえ、ユガさん？
旧版と改訂版、どこが違うの？
そーよ、
キチンと説明しなさいよ！
全くトロイんだから！
う……
じゃ、説明するよ。
旧版に収録していた
ソフト路線ページを
改訂版では連載時に
述べられなかった
兵器らの図説に充て、
大幅な増ページに
なっております。
アナタノ知ラナイ兵器
▼
アナタノ知ラナイ兵器
1
アナタノ知ラナイ兵器1
その分量、何と
20ページ近く！
全体の1/6以上！
従ってアナタたちは
一時、退場
ねがいまーす！
……という訳で！
出口
えッ
え?!
ワッ
ようこそ！
深淵の世界へ！

『アナタノ知ラナイ兵器』を読むにあたっての注意事項

本書は筆者たる『こがしゅうと』が特集機材の外見を見たまま感じたままを述べるものだ。まれに内部に踏み込んだ部分もあったりするがそれは単にネタが無かったか気が向いたからだ。加えてこのテの本には必ずセットになっている『昭和○○年に……』というような開発経緯や同じく『××型を使い、押し寄せる相手を千切っては投げ、千切っては……』というような武勇伝や戦歴、戦功らにも一切触れず前述のとおり、ただテーマの外見だけを筆者が好き勝手に述べるだけのものだ。筆者が武勇伝や戦歴などを述べないのは、世には情緒的かつ扇情的にしたためた珠玉文が多数存在するからだ。オマケに筆者の思い込みや勘違い、さらには無知故に飛び出す素っ頓狂な面や判らない部分などは想像で描いたりしたものも多々存在するがそれらは軽く冷笑してくださると幸甚だ。単行本版『アナタノ知ラナイ兵器』は二部構成になっている。スケールアヴィエーションに連載された航空機編とネイビーヤード掲載記事の艦艇編とにだ。航空機編は編集部御中による冷静なテーマ選定、翻って艦艇編は筆者の趣味が大きく反映されているものになっている。……と初めに述べるのはこの程度だ。では無事に巻末まで読み進めてもらえるなら筆者は望外の喜びだ。

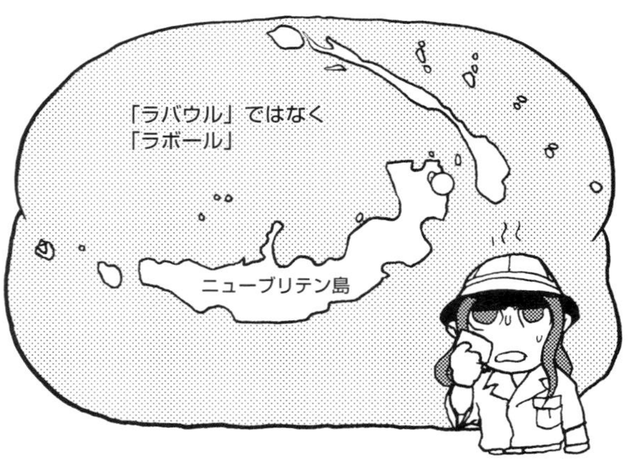

アナタノ知ラナイ兵器
航空機編

三菱 一式陸上攻撃機二四型
三菱 零式艦上戦闘機五二丙型
三菱 零式艦上戦闘機三二型
三菱 局地戦闘機 雷電二一型
中島 夜間戦闘機 月光一一型
空技廠 陸上爆撃機 銀河一一型
三菱 零式水上観測機
グラマン F6Fヘルキャット
TBF/TBMアヴェンジャー
チャンス・ボート F-8Cクルセイダー

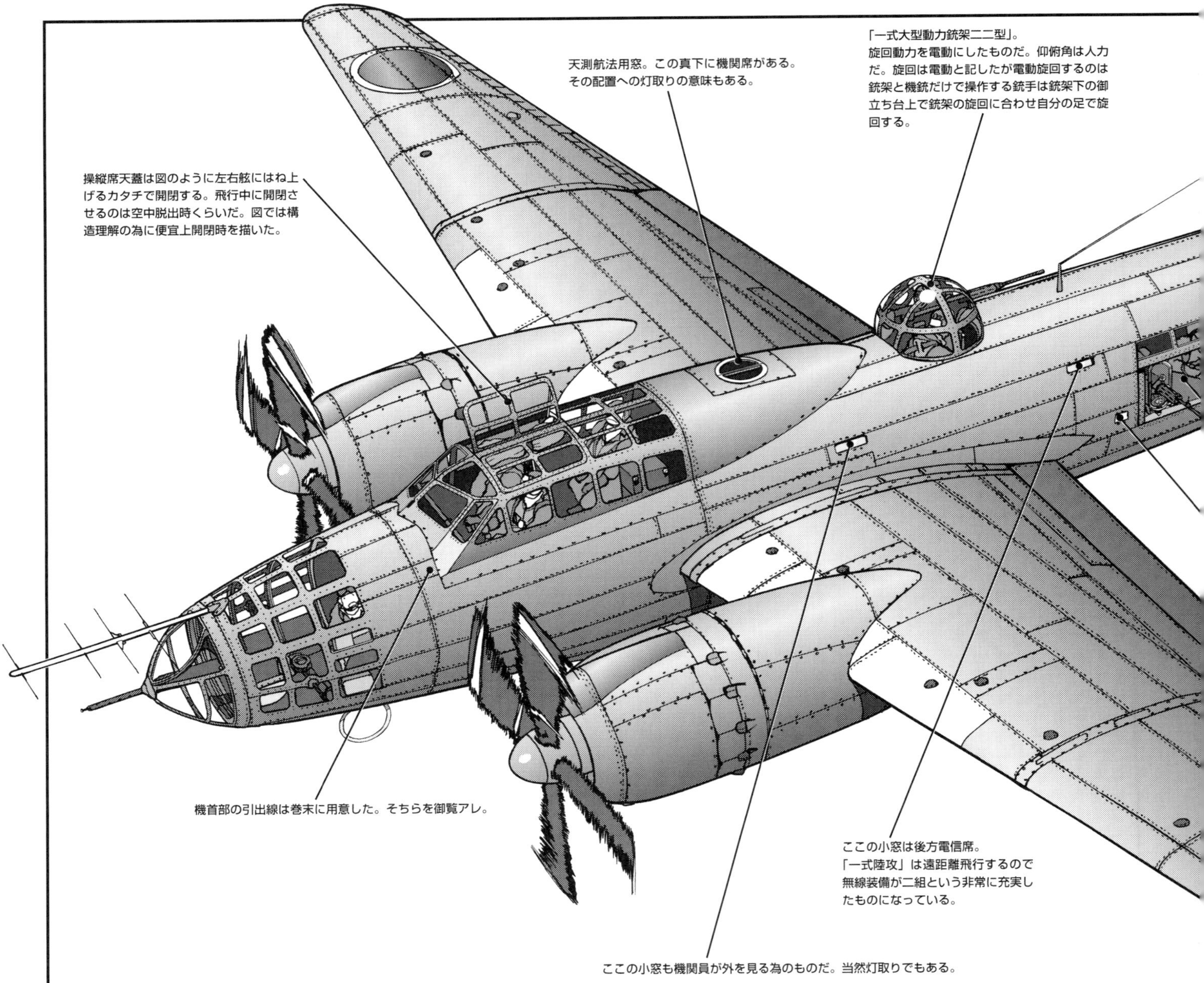

ここから暫くの間、「一式陸攻」について色々と述べて行きたいと思う。何しろ、戦中の我が国で一番多く生産された双発機だ。数が多ければネタも多い。そこでここでは後期生産型である「二四型」の良いところ悪いところを引括めて図説して行く。
今までの連載ならば部位図説から入るのだが本項は特別描き起し作品なので全体像から入る。御覧になっていただきたい、「一式陸攻」の全体図を！ガッシリした機体であるなあというのが印象だ。それでいて卑近な言い方で恐縮だがカッコいい。
陸上爆撃機「銀河」がモデルさんならば「一式陸攻」は背中に乳飲み子背負って肩で風を切って歩く下町のお母さんという感じだろうか。
ダメ亭主を箒で打ち倒すくらいの勢いを感じる。事実、「一式陸攻」は全ての派生型を通し稼働率も良く、また使い勝手の良い航空機であった。「銀河」と何かと比較してしまうが双発機で急降下爆撃を行うという酔いが廻った頭で口にするでまかせみたいな過激な任務は「一式陸攻」には無い。故に余裕ある設計になっているのは「一式陸攻」にとって『救い』でもあった。
本単行本に掲載されている「銀河」と比べてもらうと幸甚だが「銀河」胴体が「一式陸攻」胴体内にすっぽり入ってしまうくらいに「一式陸攻」の胴体は太い。
太い胴体故に色々な装備が付く。
機首部には搭乗員配置が一人なのに予備機銃を含め三挺も旋回銃座があるし、操縦席後には遠距離飛行で位置把握に使う天測窓、その後には動力銃架が、その後胴体側面両舷には大きな開口部から破壊力の高そうな大口径機銃が突き出す銃座が、そして最後尾にも同じく大口径機銃が備わった銃座があるという構造だ。太い胴体下には別項を設けたが長大な爆弾倉があり、この恩恵で様々な爆弾を機外に曝し空気抵抗増すことなく懸吊搭載出来るし、機内は機首か

太い胴体で四発機なみの航続距離を誇った双発攻撃機

アナタノ知ラナイ兵器1増補改訂版特別描き下ろし2

三菱
一式陸上攻撃機
二四型

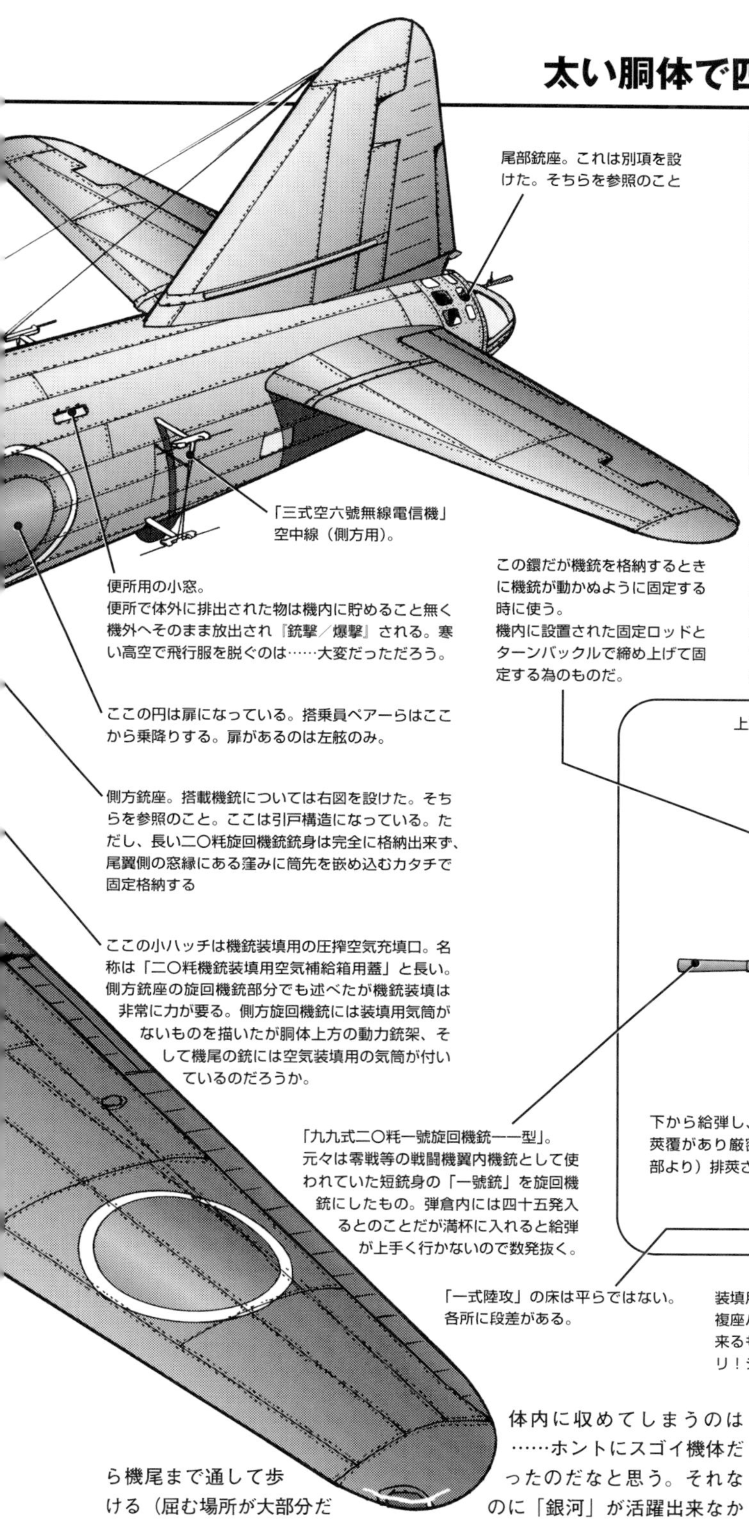

【側方銃座と旋回機銃】

今回の作画で腰を据えてこの箇所を描いてみた。そして驚いた。
図を御覧になっていただきたい。胴体側面に大きな窓を設け、そこから機銃を突き出して撃つという行為、米陸軍の「B-17」のように立射するイメージがあるが「一式陸攻」は違う。水平から上方を射撃する場合は図のように床に座って撃つ。下方に撃つ場合に限り立ち上がって撃つ。これは驚きだ。
「一式陸攻」は胴体が太いとオープニングで述べたが図のように射手は胴体中央の位置に座る。この配置の為に機銃座は左右舷、前後にズラしてある。図に描いた左舷が前側に、右舷側は後ろ側に、だ。

ら機尾まで通して歩ける（屈む場所が大部分だが）し、更に胴体に描いた日の丸後あたりには便所もあったりと……まさに至れり尽くせりな機材だ。
……反面的な考えになってしまうが「銀河」は魚雷も大型爆弾も「一式陸攻」程ではないがあの細い胴体内に収めてしまうのは……ホントにスゴイ機体だったのだなと思う。それなのに「銀河」が活躍出来なかったのは稼働率の低さが何かと槍玉に挙げられるが、「一式陸攻」を見た目で「銀河」を見ると操縦する人間が一人だけという切り詰めた配置が足を引っ張っているように思えてならない。……だってそうでしょ？誰にも操縦代わってもらえず遠距離延々飛行し精神力すり減らした先で敵に対する訳だから。その延々飛行する途中、二つある発動機を気遣い気の休まるヒマが全く無いのと……「一式陸攻」のように気軽に正／副操縦員が交代できる配置とでは雲泥の差があると思うし、『そろそろ会敵だ！』というときに湧き上がる突然の尿意、「一式陸攻」なら『ゴメン、操縦代わって。チト憚り』というようにスッキリできるが「銀河」の場合はそうは行かない。こんな堪えた気持ちで敵に向って行った「銀河」あるかと思うと正直、泣けてくる。
その分、「銀河」は「一式陸攻」とは比べ物にならないくらいに速い！……という長所があるのだが。
では「二四型」、細部は引出線で述べて行こう。機首部の細部図説は巻末に用意した。そちらも御覧になっていただきたい！

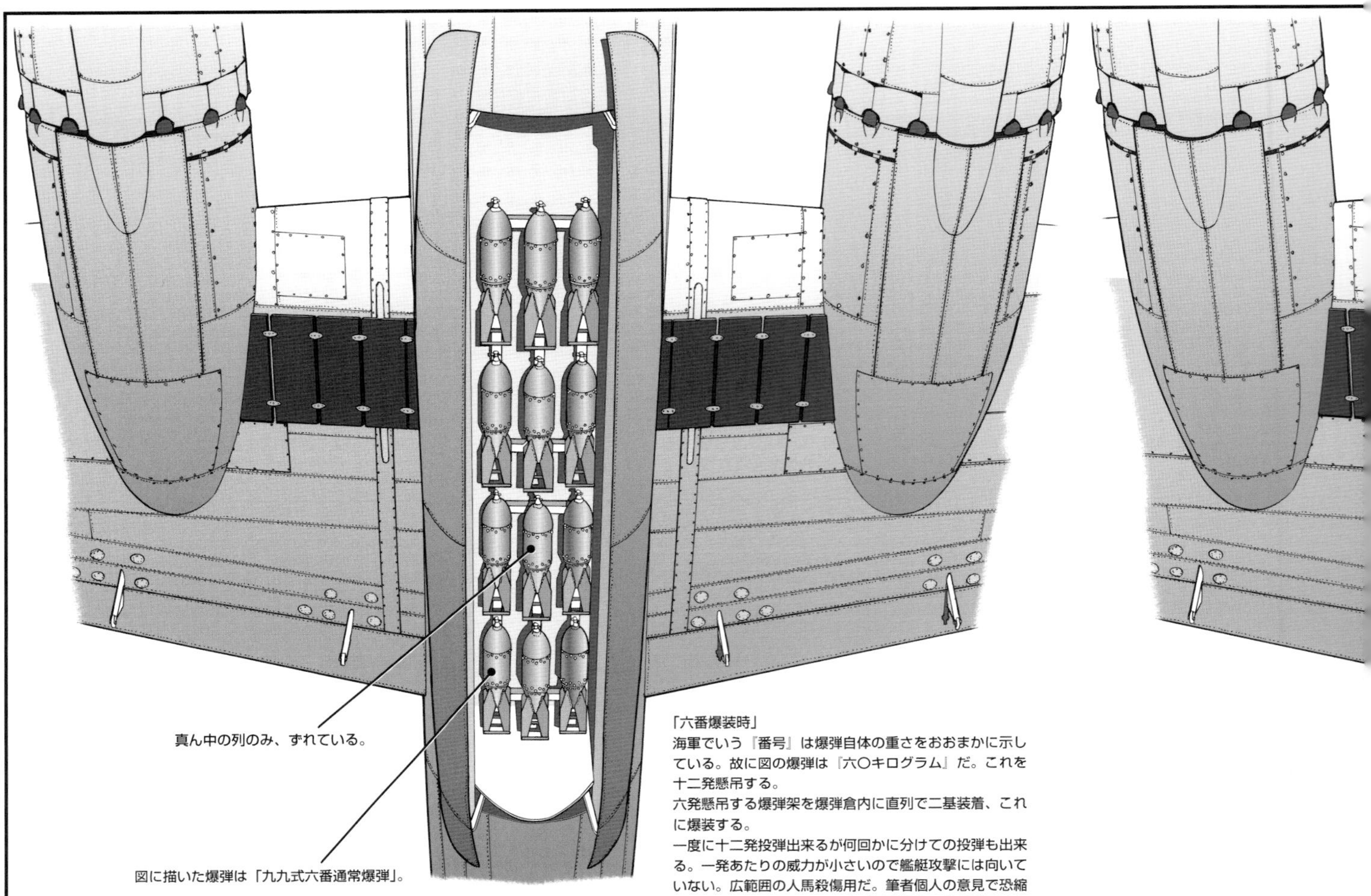

「六番爆装時」
海軍でいう『番号』は爆弾自体の重さをおおまかに示している。故に図の爆弾は『六〇キログラム』だ。これを十二発懸吊する。
六発懸吊する爆弾架を爆弾倉内に直列で二基装着、これに爆装する。
一度に十二発投弾出来るが何回かに分けての投弾も出来る。一発あたりの威力が小さいので艦艇攻撃には向いていない。広範囲の人馬殺傷用だ。筆者個人の意見で恐縮だが大きい爆弾一発よりも小型爆弾多数の方が効果はあると思う。

【爆弾倉】

「二四型」に限らず「一式陸攻」全ての派生型でここを描くのは少々度胸が要る。というのもここを示す資料が本当に少ないのだ。初期型「一一型」はまだ資料はある部類だが、後期型の「二四型」は皆無に近い。故に本項目では筆者の推測が多数入っていることを断っておく。
初期型「一一型」のあとに武装強化と側方銃座形状を改め、発動機向上換装した「二二型」に至ったとき、胴体下部が金魚の下っ腹のように出っ張る形状となった。
これの意味だが爆弾倉を外より覆う爆弾倉扉を追加した結果だ。筆者の個人的趣味で恐縮だが、この外開き構造（厳密には胴体外板に沿って開閉する方法）の爆弾倉扉を追加する事により武骨度が増しカッコ良くなったように思う。機外左右に突起した側方銃座を胴体側面面一とした空気抵抗低減の恩恵をこの爆弾倉は打ち消すことになってしまったが爆弾倉を使う任務時、機内の操作で爆弾倉扉を自由に開閉出来る恩恵は有難いものだ。初期型「一一型」の爆弾倉扉は厳密には爆弾倉扉ではない。攻撃任務時には爆弾倉扉を地上整備員たちが取り払う。この作業によって胴体下部にザックリと長大な切り欠きが露出し空気抵抗が非常に増した状態で敵地へ乗り込んでいた。当然帰りもだ。このように「一一型」のそれは爆弾倉を使わない任務時に爆弾倉内に余計な気流が舞い込まないように塞ぐ為の『覆』でしかない。
「一一型」の爆弾倉は前述のとおり制約の多いものだったがそれでもそれを上回る恩恵があった。それは爆弾倉の大きさだ。魚雷とは長大なものだ。日本海軍は航空魚雷投下後着水までの間、安定して滑空するように、そして着水の衝撃から推進器を保護する秘密兵器「框板」を追加した更に全長が増したものでも爆弾倉に納めることが出来た。前作「九六式陸攻」は全て機外に懸吊していたのだ。雷装時と爆装時では速度も大きく変化していただろうと推測するが爆弾倉内に納めることが叶うというのはこれらの差が少なくなるということだ。航続距離や到達時間の変化が少ない方が搭乗員にも任務遂行を考える側にも大きな恩恵がある。
「二二型」に至り本来考える爆弾倉扉が採用となってからは空気抵抗低減の恩恵は更に高まった。
この装備は搭乗員たちから歓迎されただろう。……逆に整備員たちからは不評だっただろうな。そりゃそうだろう。整備する箇所が増えたんだから。
オープニングで「一式陸攻」は使い勝手が良いと述べた。爆弾倉内に懸吊する爆弾が多種なトコロも使い勝手の裏打ちをしている。
魚雷搭載が出来ると本文で記したのでそれ以外を図説しよう。

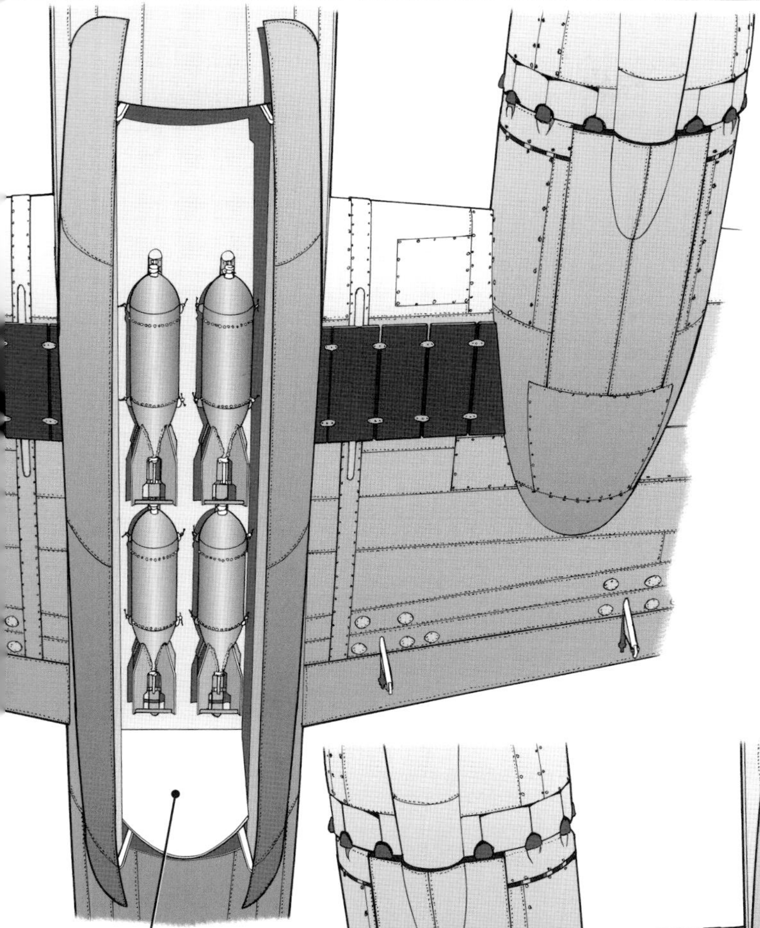

「二十五番爆装時」
「一式陸攻」は二十五番搭載は四発だ。六番爆装時と同じく、投弾発数は選定出来る構造だ。図は「九八式二五番陸用爆弾一型改一」を描いた。名称に「陸用」とあるように地上標的攻撃用だ。炸裂と同時に爆風とそれに乗って飛び散る弾体の破片で周囲を破壊する。戦艦など装甲があるフネにはこの爆弾は適さない。艦艇攻撃用のも当然二十五番なら四発搭載が叶う。

「八〇番爆装時」
この重量となると「一式陸攻」でも搭載は一発だ。直撃さえ叶えば戦艦ですら戦闘能力を失うほどの大威力だ。そんな大威力爆弾でも「一式陸攻」の爆弾倉には一発だけだ。とてもガランとして広く感じる。開いた場所に小型爆弾架を追加する機能があれば良いのになあと思う。
「一式陸攻」の爆装でどうしても記さねばならないものがある。「桜花」懸吊装備だ。この爆弾倉内に風防を入れ込む形で「桜花」を懸吊する。「桜花」搭乗員が「一式陸攻」胴体内から懸吊した「桜花」へ移動・搭乗する必要から図で描いた爆弾倉天井部分に連絡口を追加、更に懸吊した「桜花」がガタつかないように揺れ止めも、それから「一式陸攻」胴体下部に「桜花」懸吊時の乱れる気流を少しでも抑えようと小さな覆も追加される。また「桜花」搭乗員へ目標を伝達する伝声管も追加した。これら各種装備を追加した「一式陸攻」は「二四丁型」と称する特別仕様機となる。この「二四丁型」を製造した人の手記を筆者は読んだことがあるが……この爆弾倉と胴体床を貫いた通路を通る搭乗員にとっては死出の旅立ちの門とあり、泣けてくる。

「整流板」
爆装任務時、爆弾倉内に舞い込む気流で投弾が乱れ命中率が低下する。それを防止する為に爆弾倉後端部に板を斜めに設置し気流を文字通り整えてやる。

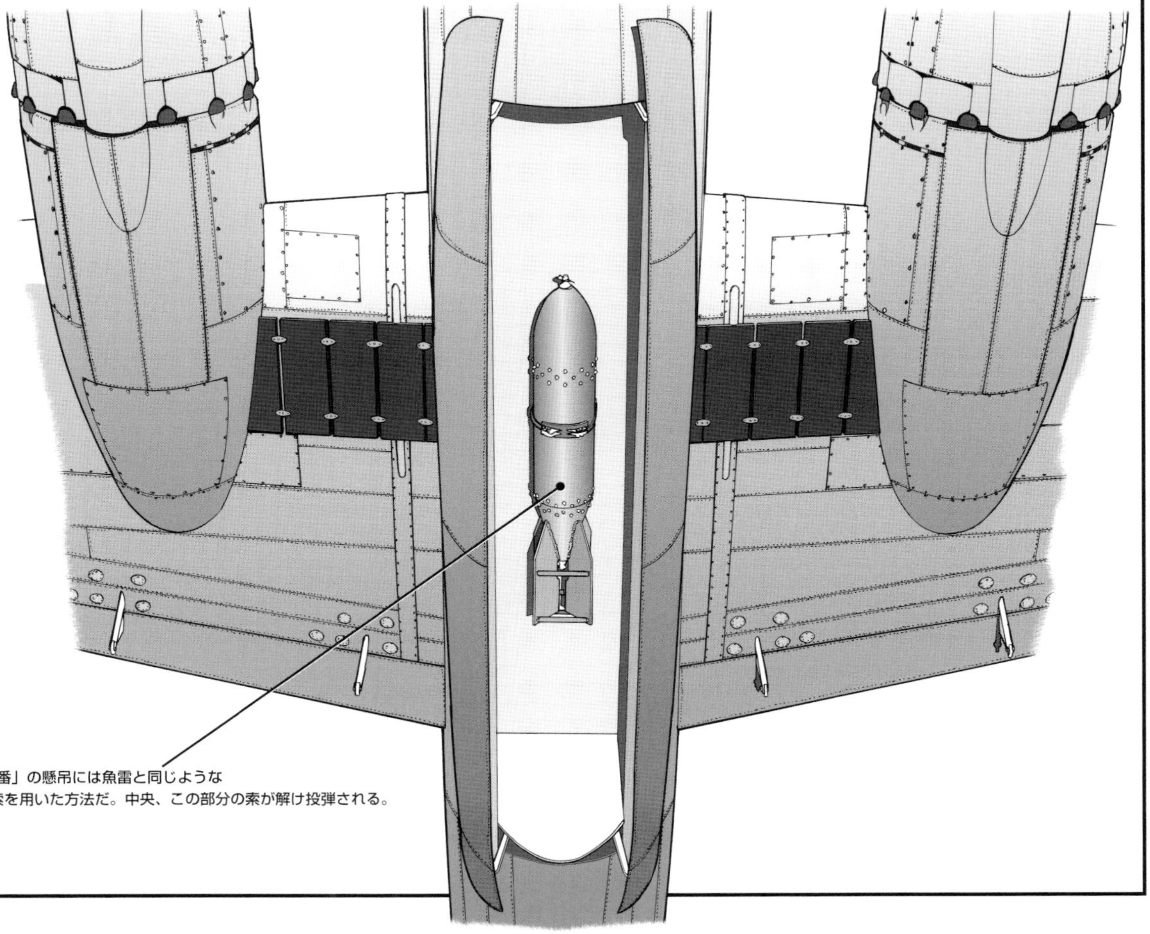

「八〇番」の懸吊には魚雷と同じような
抱締索を用いた方法だ。中央、この部分の索が解け投弾される。

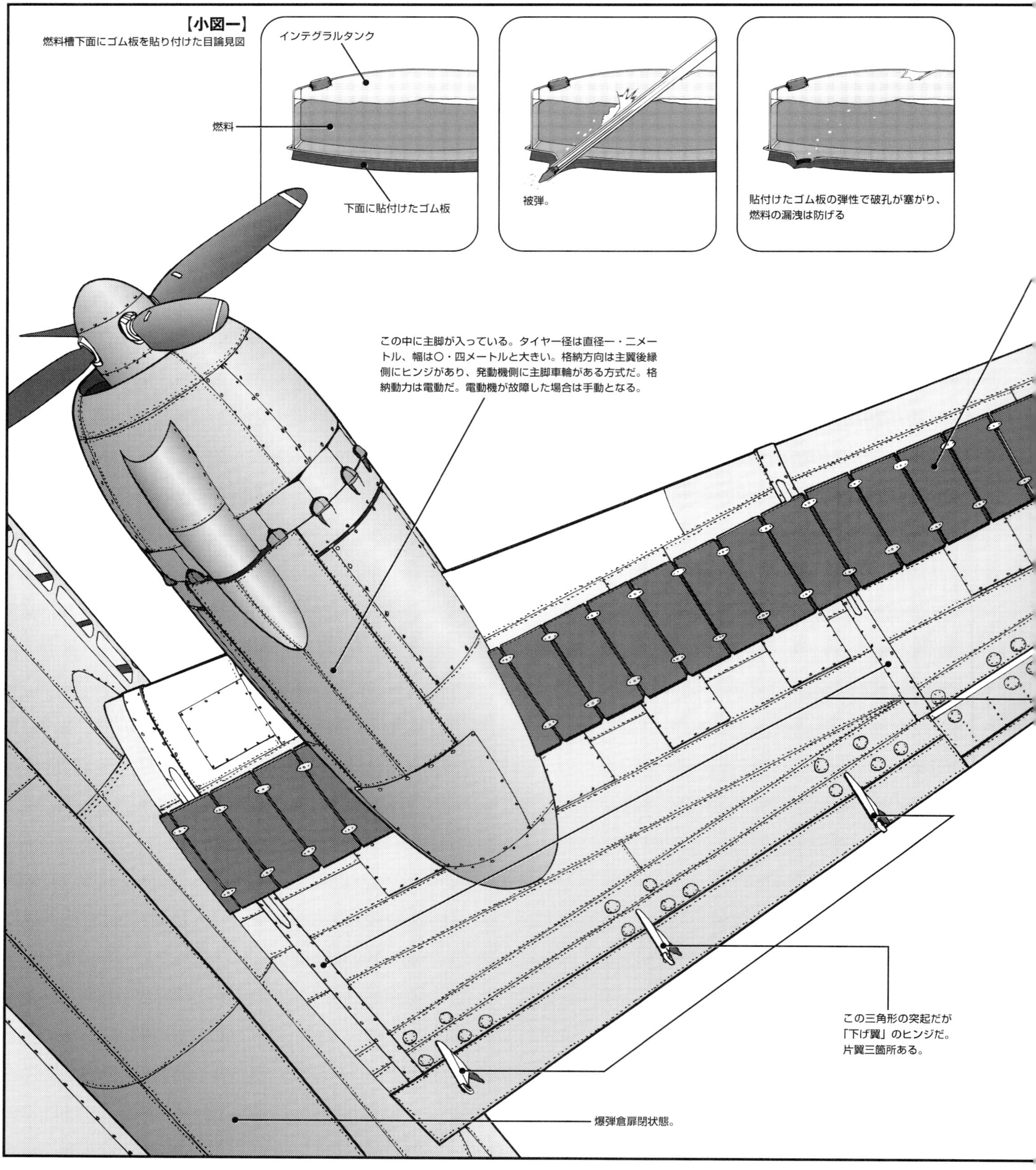

【小図一】
燃料槽下面にゴム板を貼り付けた目論見図
インテグラルタンク
燃料
下面に貼付けたゴム板
被弾。
貼付けたゴム板の弾性で破孔が塞がり、
燃料の漏洩は防げる
この中に主脚が入っている。タイヤー径は直径一・二メートル、幅は〇・四メートルと大きい。格納方向は主翼後縁側にヒンジがあり、発動機側に主脚車輪がある方式だ。格納動力は電動だ。電動機が故障した場合は手動となる。
この三角形の突起だが
「下げ翼」のヒンジだ。
片翼三箇所ある。
爆弾倉扉閉状態。

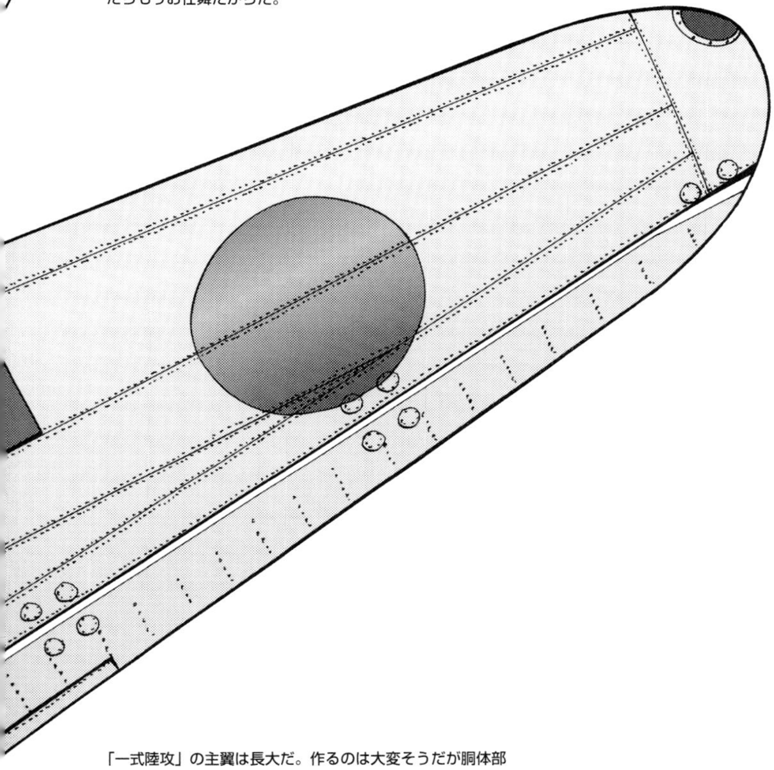

本文中で述べた貼付けたゴム板群だ。
ゴム板は大変に重い。それが主翼下面燃料槽部分に多数貼付けてある。当然両翼下面にだ。これにより重量はどれだけ増したのだろう。これらにより最大速度は五ノット程低下したとのことだがこの低下した分に見合う装備だったのだろうか。
筆者はかなり限定的な効果でしかなかったと思うが付けた意味はあると考えたい。これが無ければ小銃弾でも命中したなら底の抜けたバケツみたいに揮発性燃料が噴き出し発動機から発する排気炎が燃え移ったらもうお仕舞だからだ。

「一式陸攻」の主翼は長大だ。作るのは大変そうだが胴体部と発動機外側と主翼は片翼二分割出来る構造になっている。量産精度が余り高くなかっただろう当時だ。損傷した部位を他機材と交換し、短時間で戦線復帰ということはスンナリとは行かなかっただろうが一体構造よりも何倍も早く修理が叶う構造だ。多数作られた理由でもある。

【主翼裏面】

オープニングでは「一式陸攻」を『優れた航空機』と述べた。では優秀な軍用機だったのか。その差を以下に述べていこうと思う。「一式陸攻」は舵の利きも良い扱いやすい機材だった。今回は描かなかったが大きく長い発動機覆の中には頑丈で構造が簡単な主脚が入っているのだが、この頑丈な主脚のお陰で「彗星」のような悲しい主脚の折損事故も無かった。オープニングで述べたとおり胴体は太い。これの恩恵で機内連絡も、またこの胴体の利点を活かし「一式陸攻」派生型には輸送機もあったりした。そして航続距離も『四発機並み』の長大なものだった。良いとこヅクメだが、最後に述べた航続距離部分だが特殊な燃料槽構造により達成出来た、かなり危険度の高い構造であった。別図を御覧になっていただきたい。
これは略図なのだが、『インテグラルタンク』と称する、燃料槽外板がそのまま主翼外板となる構造とした、いわば隙間無い燃料槽構造とそれを多数配置で為し得た成果でもある。今でこそ、それこそ筆者ですら『危険度の高い』としたり顔で述べる程のものと認識される『インテグラルタンク』だが「一式陸攻」設計時には被弾したら小図のようになるという認識は薄く、実戦投入され、敵が本気で反撃を仕掛けてきた頃より『危険度』が判り始めてきた。危険な構造を改めるには莫大な時間が必要だ。そこで窮余の策として出たのが主翼下面に厚さ二十八粍のゴム板を貼るというものだ。【小図一】を御覧になっていただきたい。目論む仕組みは理解出来る。だがそれは机上論に近いものだと言わざるを得ない。
実際、これら燃料槽に被弾すると【小図二】のようになる。もっとゴム板厚を増せば解決出来たかもしれないが主翼に気流を乱す物体を貼付けるのだ。検討に検討を重ねた結果、空気抵抗と抗堪性双方満足のいく結果として選定したのが二十八粍厚だ。これを貼ることにより五ノット、航続距離は三〇〇キロメートル程も低下したのだ。抗堪性を優先し貼付けるゴム板厚を増せば更に悪い方に数字は増えるだろうし冒頭、舵の利きが良いと評価される操縦性も大きく低下、それに伴い敵に撃墜される原因となってしまう。もっと薄くとも大破孔を塞ぐ弾性強度のあるゴム板を開発するにも我が国はこういう化学分野が全く未熟であった。化学メーカーがビーカーの中でそれらしい試作品を作り上げてもそれを量産する施設を造るトコロから始めなければならないという泥縄も泥縄な我が国の工業基盤の薄さをただ嘆くだけだ。悲しい小手先の対処と言わざるを得ない下面ゴム板貼りで凌いでいる間に燃料槽全面を抗堪性のある新素材ゴムで包んだ新型燃料槽に改めた、根本的改良を施した「一式陸攻」待望の派生型「三四型」に至り、我が国では破格の、もっと言えば漸く諸外国並みの抗堪性を持つ主翼燃料槽を内臓できるようになった。
小手先の小改造で問題を先送りし続け、漸くの結果だ。ここに至るまでに優秀な陸攻搭乗員らを何名、殺させてここに至ったのだろうか。そう考えると泣けてくる。この「三四型」が「一式陸攻」総生産数の大部分を占めるなら笑顔になるのだが……数十機の量産で終わってしまった。切ないし、もっと泣けてくる。それでも思い描くものが量産出来たことを嬉しく思うべきなのだろうか。
「一式陸攻」を蔑む名称がある。
筆者は口が裂けてもそれを言いたくないしここに記すつもりもない。
でもそれは結果を口にしただけではないか？　その途中でもっと大きな問題が起きているのではないだろうか？　と思っている。それが何か、次、「一式陸攻」最終ページで述べたいと思う。

【小図二】
現実はどうなったか状況図

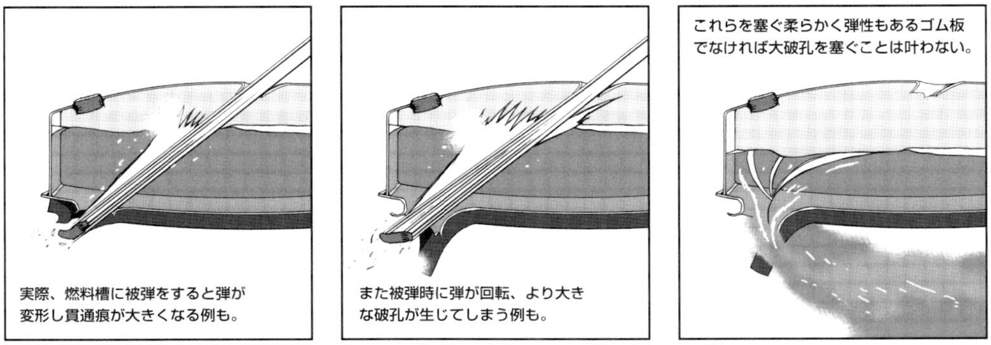

実際、燃料槽に被弾をすると弾が変形し貫通痕が大きくなる例も。

また被弾時に弾が回転、より大きな破孔が生じてしまう例も。

これらを塞ぐ柔らかく弾性もあるゴム板でなければ大破孔を塞ぐことは叶わない。

【尾部銃座と尾翼】

前ページ最後に「一式陸攻」の損失理由は燃料槽構造の他にあるのではないかと述べたがそれをここで述べようと思う。
胴体側方銃座にも上方動力銃架にも、そして尾部銃座にも設置された機銃は「九九式二〇粍一號旋回機銃一一型」に代表される「恵式系機銃」だが世間で言われているよりもずっと良くないものなのだ。何しろ装弾数が一弾倉で四十五発しかない。実際はこの弾数よりも少ない発数を装填していたのは前述したとおりだが、多分数秒の発射で弾倉は空になる。弾倉は大変に重く射手が再装填操作も行うのでその間は機銃は無力化する。加えてこの機銃はガチンと機銃弾を噛み込んだらもう機上では修理は出来ない。何しろ装填動作ですら怪力が必要で、これに噛み込んだ機銃弾を排出させるにはもっと強い力が要るからだ。こんな悲しい故障が頻繁にあったと知ると……泣けてくるではないか。「桜花」を抱いた「二四丁型」が米軍迎撃機によって撃墜される写真銃映像が今日簡単に目にする事が出来る。これを見ていると「二四丁型」尾部よりの反撃射撃は《バン……バン……》と非常に緩慢な発射だ。恐らく射手は一発づつ狙って点射しているのだろうと思える。もしかしたら前述の機銃弾の噛み込みが起きてしまって発射出来ない状態に陥っているのか……と更に泣けてくる。
何しろ弾倉打ち尽くしたら再装填に三〇秒近く掛かる。その間は全く発射が不能になるのだから。点射の応射も頷けるというものだ。
その写真銃映像を見ていて腹立たしいのは米軍迎撃機が真後ろから「二四丁型」を撃っている点だ。尾部銃座が真っ当な働きをするのであれば真後ろからの攻撃は大変に危険なはずだ。それを敢て真後ろから撃つというのは旋回機銃の働きが悪いことを米軍は知っているということでもある。
更に泣けてくるのは米軍の射弾だ。真後ろよりの一連射で一〇発近く命中している。
「一式陸攻」胴体内は言わば筒だ。真後ろから撃たれては筒の中を通ってくる射弾を防ぐものは尾部銃座横にある携行弾誘爆防止用の小さな防弾鋼鈑と主操縦員背後の防弾鋼鈑だけだ。射弾で機が炎上して撃墜される……というのは大変に判りやすい状態だ。だが実際はこの写真銃映像のように一連射で搭乗員の殆どが無防弾鋼鈑故に斃れ反撃出来ない状態となる。更に「桜花」を抱いての飛行は舵の利きも高速も全て諦めた状態だ。記すのも悲しいが嬲り殺しに近い連射で搭乗員全員が倒されその上で燃料槽が打ち破られ炎上し撃墜されるのだ。前述の防弾のゴム板も重要、完全防弾の燃料槽も重要。だが「一式陸攻」の寿命を少しでも永らえるには敵を恐れさせる旋回機銃の搭載と、搭乗員を守る防弾鋼鈑の設置、この二つが重要だと筆者は考える次第だ。

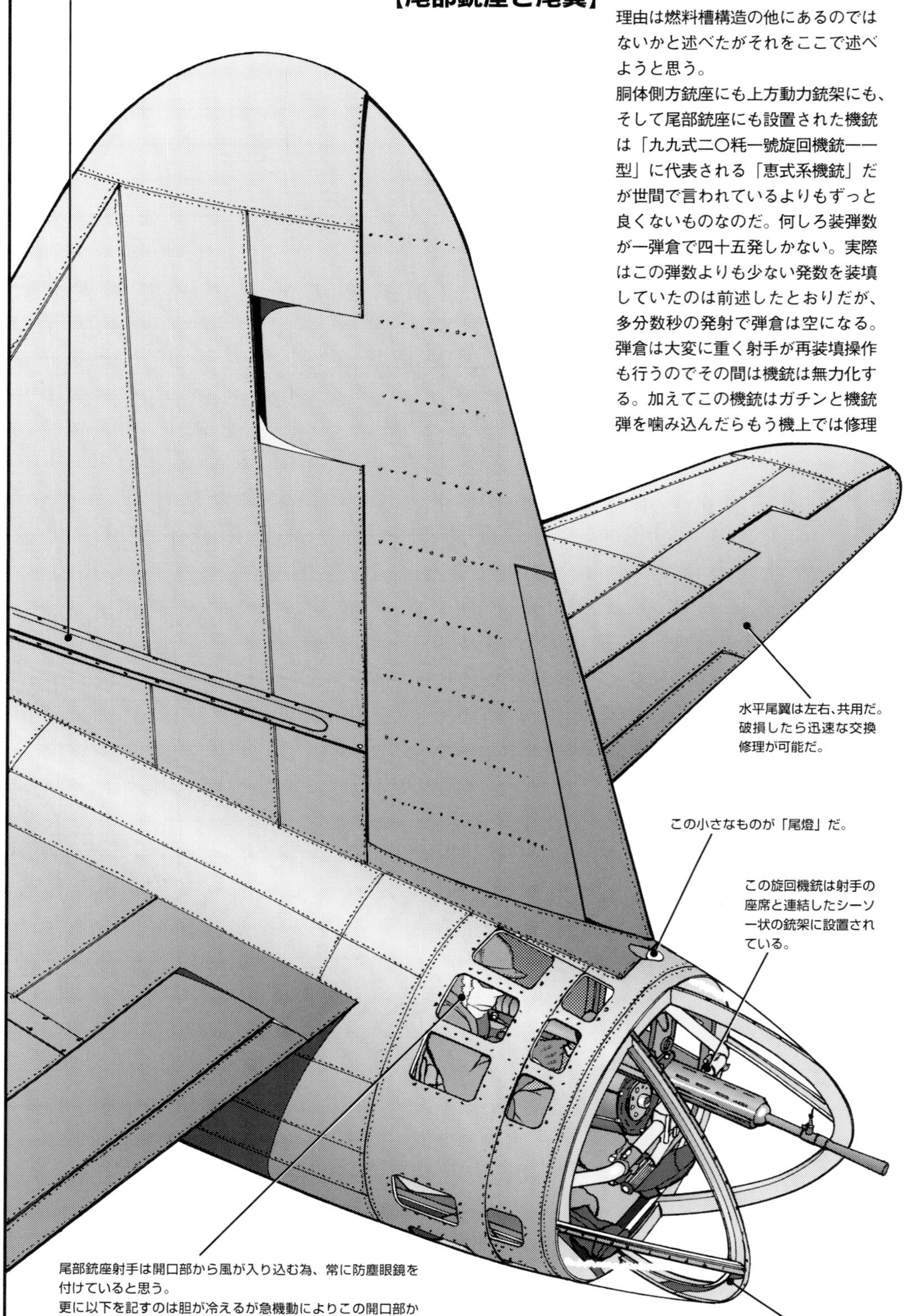

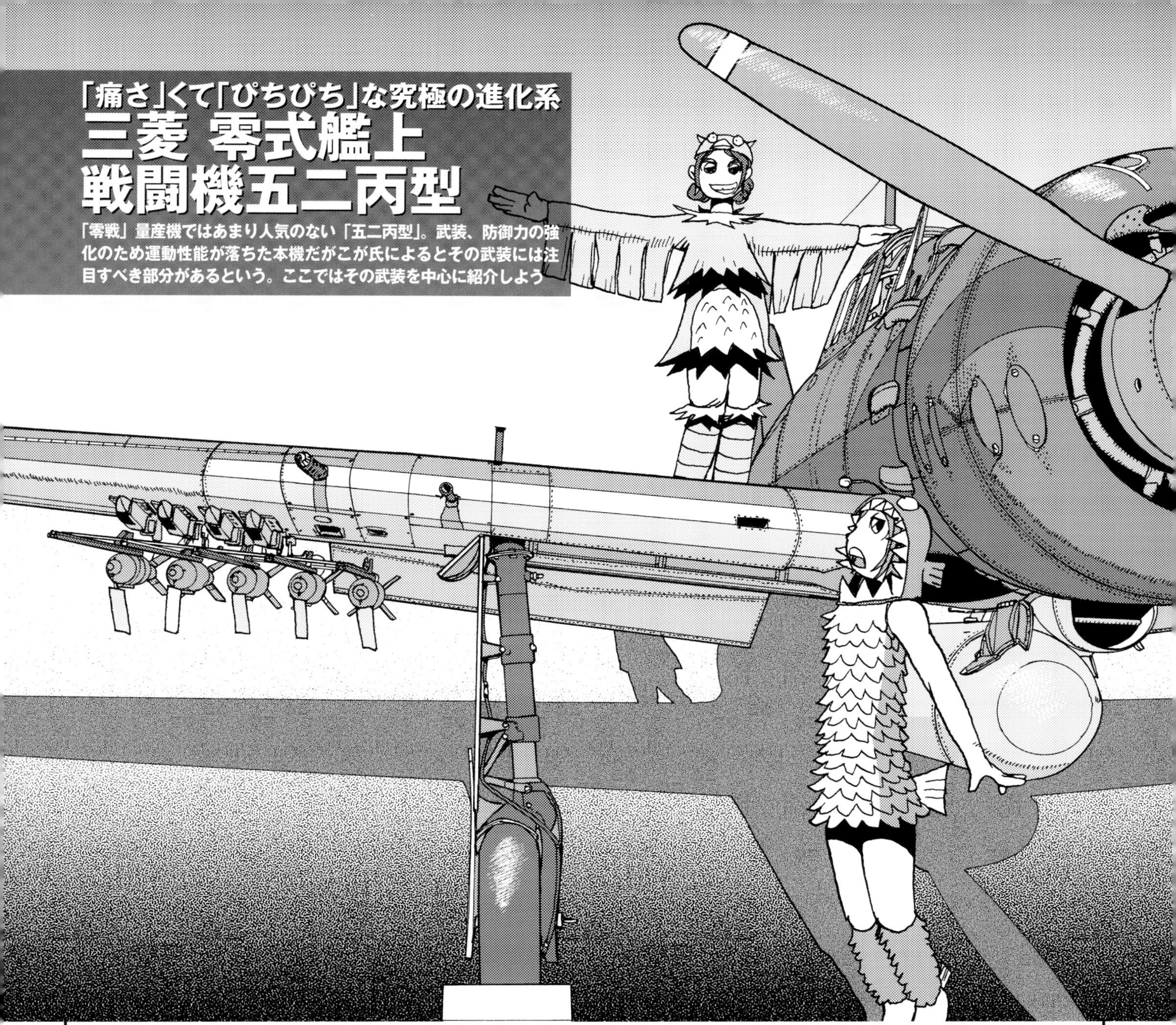

「痛さ」くて「ぴちぴち」な究極の進化系

三菱 零式艦上戦闘機五二丙型

「零戦」量産機ではあまり人気のない「五二丙型」。武装、防御力の強化のため運動性能が落ちた本機だがこが氏によるとその武装には注目すべき部分があるという。ここではその武装を中心に紹介しよう

『アナタノ知ラナイ兵器』が単行本化されることになった。そこで目玉となる描き起し作品を描け、との物腰は柔らかいが熱い担当氏の仰せに色々思案巡らせた結果、「零戦五二丙型」を選ぶことにした。量産成就した各種「零戦」派生型の中でこの派生型の評価は「三二型」同様、芳しくない。

「零戦五二丙型」を弁護しようという魂胆は毛頭ないが、だが筆者は「零戦」派生型の中で最も愛している。この単行本をお手になさっている奇特かつ聡明な貴兄貴女らは既に御解りだろうが筆者の趣向は後期型や末期型とされる物を愛する。よって「零戦」も、ということでもあるのだが筆者が邂逅が叶った数少ない「零戦」搭乗員らの使用機材は「零戦五二丙型」だったということも強く影響している。「零戦五二丙型」の何処を筆者が愛するのか、という点だが程よい『必死さ』が堪らないのだ。以下に述べるのは極端な例で恐縮だが、デビュー華々しいアイドルがやがて加齢、世間に埋没し掛るのを起死回生的にバラエティー番組でセーラー服を纏い若手芸人らに弾けた反応をし『努力しているなあ』という『必死さ』が文字通り痛い程に伝わる『ソレ』だ。正直「零戦五二丙型」は老いているように思える。しかしそれはウワベだけであって「零戦五二丙型」の毛穴が見える距離にまで歩を進めると案外とまだまだ『ぴちぴち』していたり絶句するようなスゴいことが内蔵されていたりする。本書ではその『必死さのぴちぴち』部分にのみ焦点を当て述べていこうと思う。これは余談だが本書をしたためる段階まで略号「A6M5c」のことを「五二型丙」と口語していた。最近入手した資料や過去に当家に蒐集していた各種資料では「五二丙」型としている。確かに「五二型丙」という表記も存在はしていたがそれは少数であり、圧倒的に「五二丙」型が主流だ。よって本日から筆者もこれに倣い「五二丙」型と表記と口語をすることにする。では次ページより「五二丙型」の『丙』たる点を述べて行こう。■

「三菱 零式艦上戦闘機五二丙型」上面図

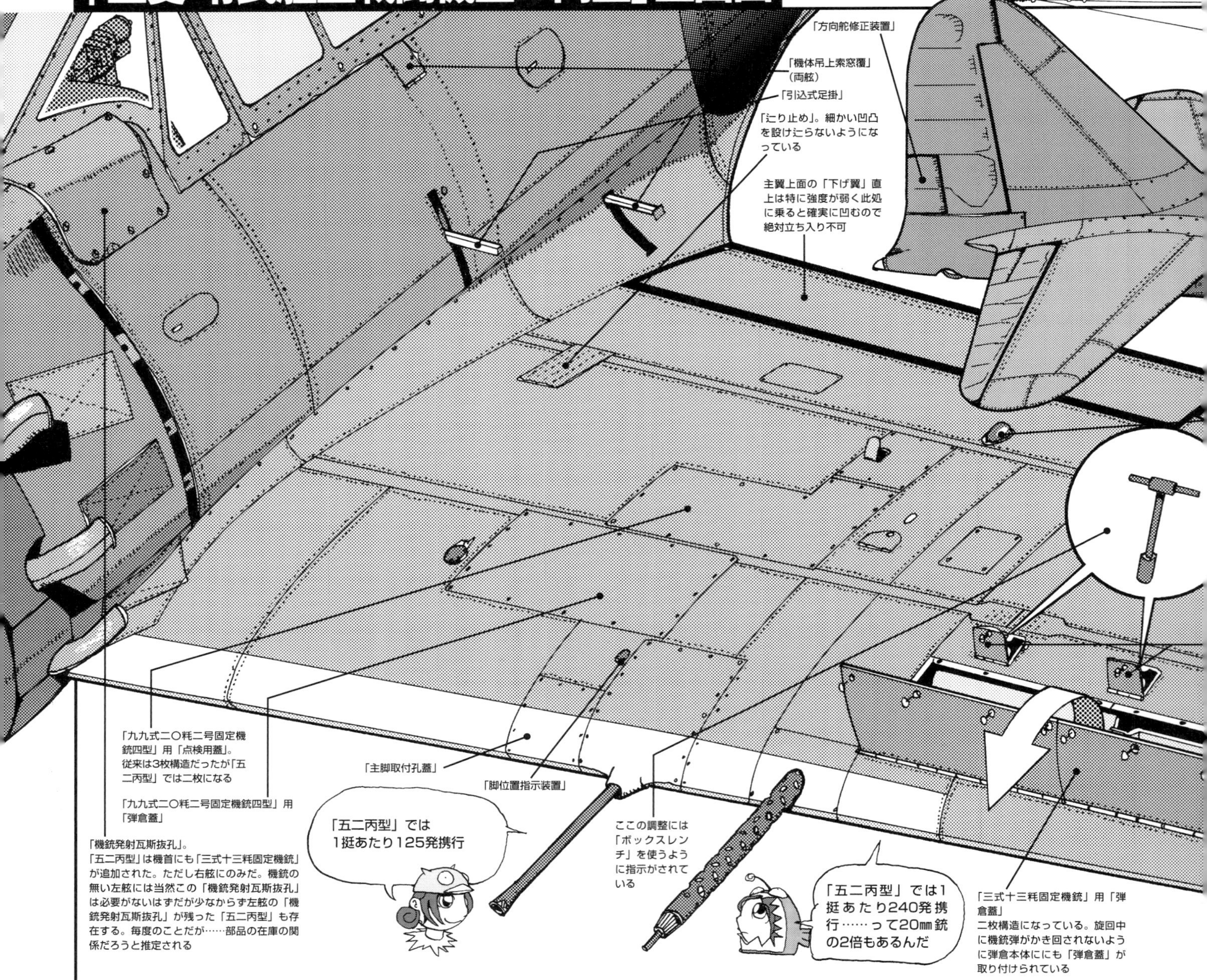

「九九式二〇粍二号固定機銃弾」全体図

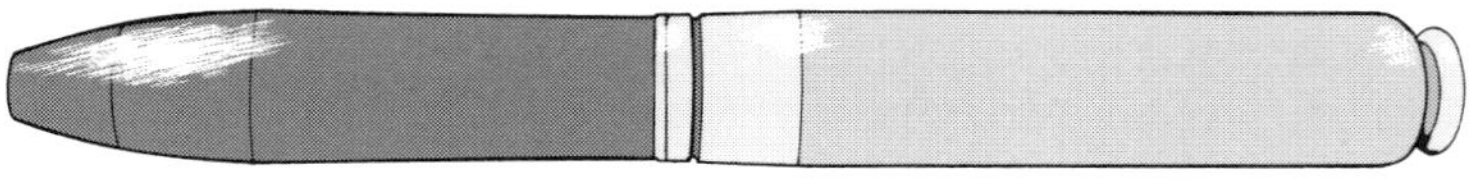

「三式十三粍二号固定機銃弾」全体図

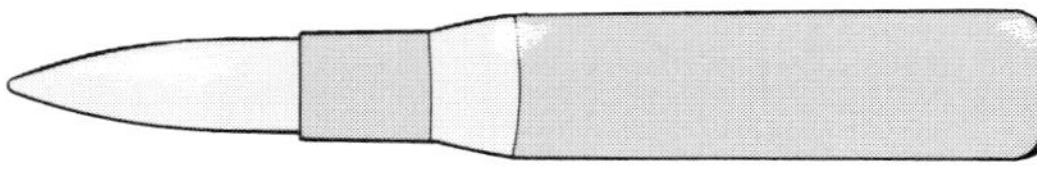

主翼上面

「五二丙型」主翼上面を語る時「九九式二〇粍二号固定機銃四型」の外翼側に設置された「三式十三粍固定機銃」の存在は外せない。このテッポウが主翼に追加されたことにより綿々と続く「零戦」派生型の中で「五二丙型」以降のものが別物といい切ってよい程に様変わりした。『激変』したのは厳密には「五二甲型」型より急降下性能を向上させるために外板厚を0.2㎜増した段階で図面数値や主翼肋骨形状等々、考えうるすべてに満遍なく変更されたはずだろうからこの段階で別物になったともいえるのだが、そんなのは「五二丙型」の主翼からすれば鼻で笑う程度で『強化』や『手直し』という範疇だ。「五二丙型」の主翼上面は開口部が極端に多くなったし、その開口方法も大きく変った。筆者は陸軍の「キ四四」を描いた際に『おや』と気付いたのだが主翼上面とは非常にヤワなもので無闇矢鱈に歩き回るとたちまち主翼上面はボコボコになってしまう。これは見た目だけが悪くなるというモノではなく結果、気流が乱れ飛行性能が大幅に下るという悪影響をもたらす。従って整備の方々は作業時、細い板を敷き、その上で作業したり踏ん張ったりしていた。そう。雪上を歩く時に使うような樏（かんじき）の発想だ。……もっともこんな気を遣う整備は神経の行き届いた精鋭部隊だけだろうが。話を「五二丙型」に戻す。前述のとおり主翼上面は非常にヤワだ。加えて「三式十三粍固定機銃」が追加された。当然その整備や給弾に開口部を設ける必要がある。「九九式二〇粍二号固定機銃四型」用の開口部は従来通りに多数の螺子による

三菱 零式艦上戦闘機五二丙型

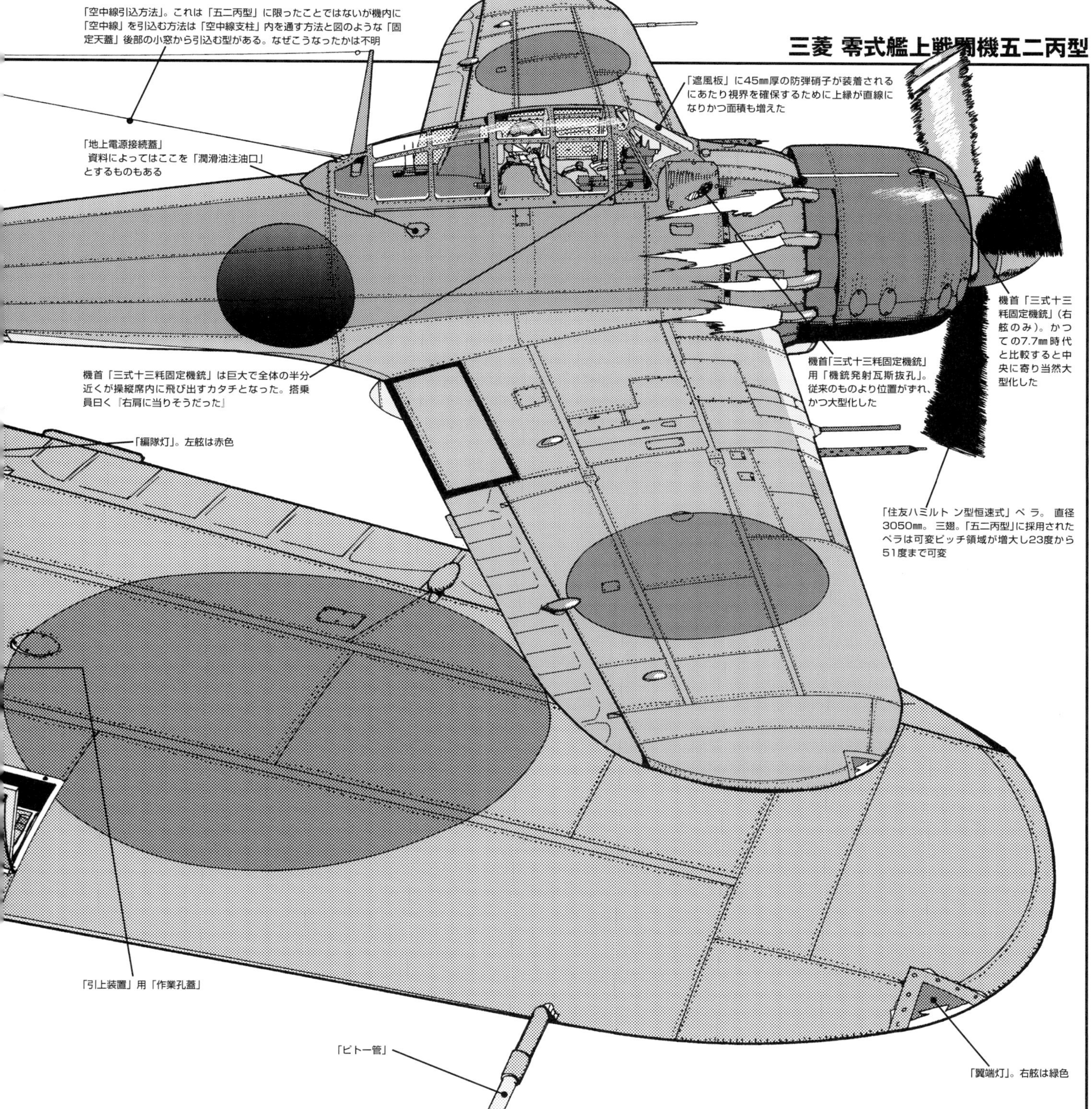

固定で完全取外式だが「三式十三粍固定機銃」に代表される追加開口部達のは主翼前縁部分に蝶番を設け、螺子の数を従来の1/4に減らし重量の軽減と整備の軽便性を考える構造になっている。何しろ全四辺螺子留めをしなくなったのだ。ヤワな主翼上面を歩き回らなくなったのは大きな改善点だろう。
チナミに何故蝶番が前縁部分にかという点だが飛行中に不幸にして螺子が外れてしまっても風圧によって「覆蓋」が捲れ上がらないようにとの処置だ。「九九式二〇粍二号固定機銃四型」用の開口部、これの螺子固定はどのような方法なのだろう。同じ三菱機の「雷電」などは大きめの一文字螺子を90度捻れば開閉が叶う構造なのだが「零戦」のそれは違うように思える。これは筆者の推測だが桁部に螺子孔を設け、そこに捩込む方法だ。……方法としては間違っていないように思えるのだが、この螺子孔の種類だ。「セルフタッピング」式と称される木螺子状なのか、それともタップを切った雌ネジを設けていたのかどちらなのだろうか。後者の場合不慣れな整備員が螺子山を潰したりしたら桁という場所故に大変なことになる。オマケに相手は「超」が付くとは云え軽金属だ。柔らかいだろう。……悲しいことだが螺子孔が減るまで生き長らえる「零戦」はそう多くなかったのではないだろうか……と、つい考えてしまう。

「三菱 零式艦上戦闘機五二丙型」下面図

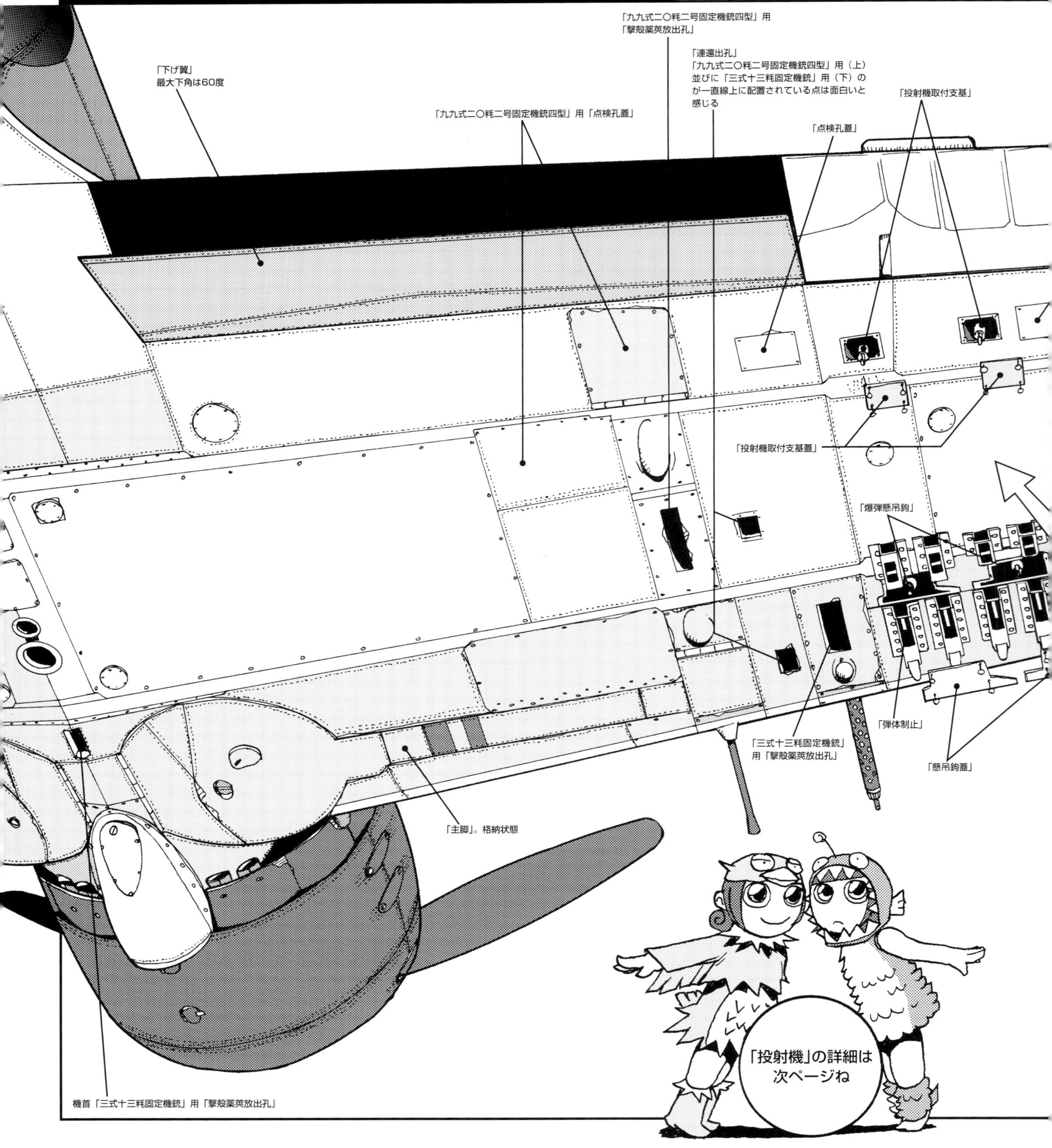

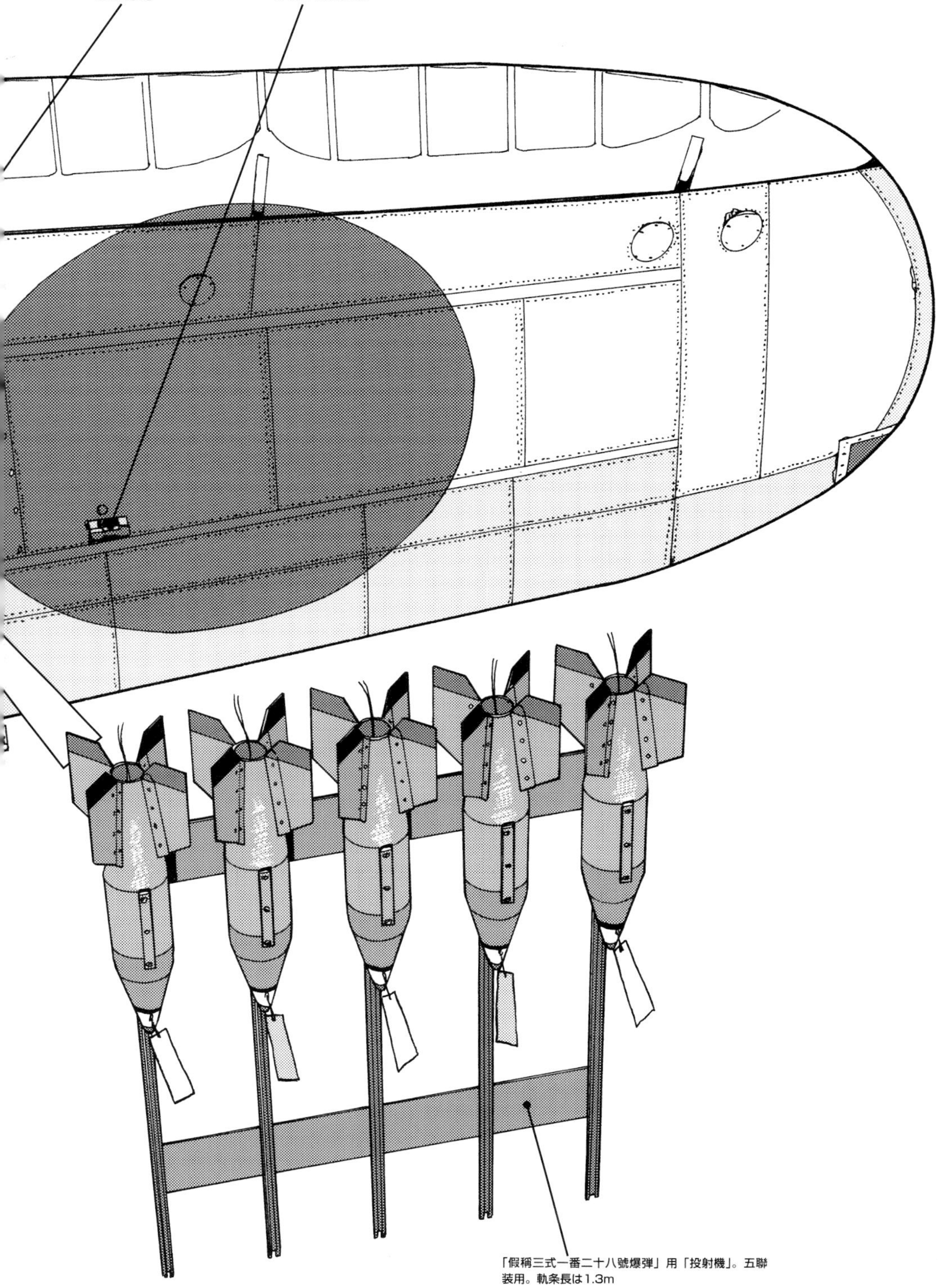

主翼下面

この主翼下面説明記事を書くために今回「五二丙型」をテーマにした、といい切れるほどだ。
余談ながら単行本『アナタノ知ラナイ兵器』の目玉となる描き起し、これを何にするかという密談で担当氏が候補として挙げてくれたいくつかの中に「紫電改」が含まれていた。筆者は一瞬それに心奪われたが前述のとおり「五二丙型」主翼下面を描きたいがユエに担当氏の提案を袖にしたのだ。この誘惑を振切るだけの魅力、「五二丙型」主翼下面には存在するのだ！「五二丙型」以前の「零戦」各型では三〜六番程度の小型爆弾を懸吊する場合はワザワザ「爆弾架取付金具」という小さい部品を主翼桁に設けられた螺子孔を使って固定、さらにその金具に「戦闘機用改一小型爆弾架」と称する爆弾架本体を固定させ……という手間を経て、やっと爆弾懸吊が叶う。二重で、しかも決してスマートな方法ではない手段だった。それだけ従来の「零戦」たちは爆撃には無縁だったという証拠でもあるのだが「五二丙型」ではこれら無粋な爆弾架とは決別し、初めから主翼裏に完全に作り付けた方法になった。しかし、それも御世辞にもスマートとは言い難いモノだが場所を見付け最善の方法として採用したのだろう。評価しようではないか。ここは「五二丙型」を語るに於て追加された「三式十三粍固定機銃」同様に「五二丙型」らしさを表す点だ。ここは何も小型爆弾だけを懸吊するために存在するワケではない。図のとおりに非常に厳めしい「假稱三式一番二十八號爆弾投射機」をも懸吊できるのだ。これの説明は別項を用意したのでそちらを御覧になってくださると幸甚だが筆者が心より愛する「假稱三式一番二十八號爆弾」が同じく愛する「五二丙型」にどうやって懸吊されるのかという『その』手段は過去、さまざまな雑誌などでさまざまな想像図が発表されていたのだが今回、筆者が描くにあたり、手許の資料と知恵を総動員した結果、理解することができ、心から幸甚に思う次第だ。主翼下面で語る点として「下げ翼」の存在が挙げられる。形状こそ「零戦」各種従来のモノと変化はないが「五二型」となった段階で肋骨ひとつ分、外翼側に延長され「下げ翼」の小口と「補助翼」の小口とが直接隣り合う形になった。恥ずかしいハナシだが、今回この主翼下面を描くにあたり、それに初めて気付いた次第だ。……この処置だがいい切るのには少々冒険だが「三二型」よりも「五二型」は翼面積が減った分、「下げ翼」で浮力を稼ごうという細かい配慮から……なのかもしれない。「零戦」の「下げ翼」は「零戦三二型」部分でも述べたが前縁い付けられた蝶番を支点に文字通りぱたんと下に下るだけだ。

三菱 零式艦上戦闘機五二丙型

武装

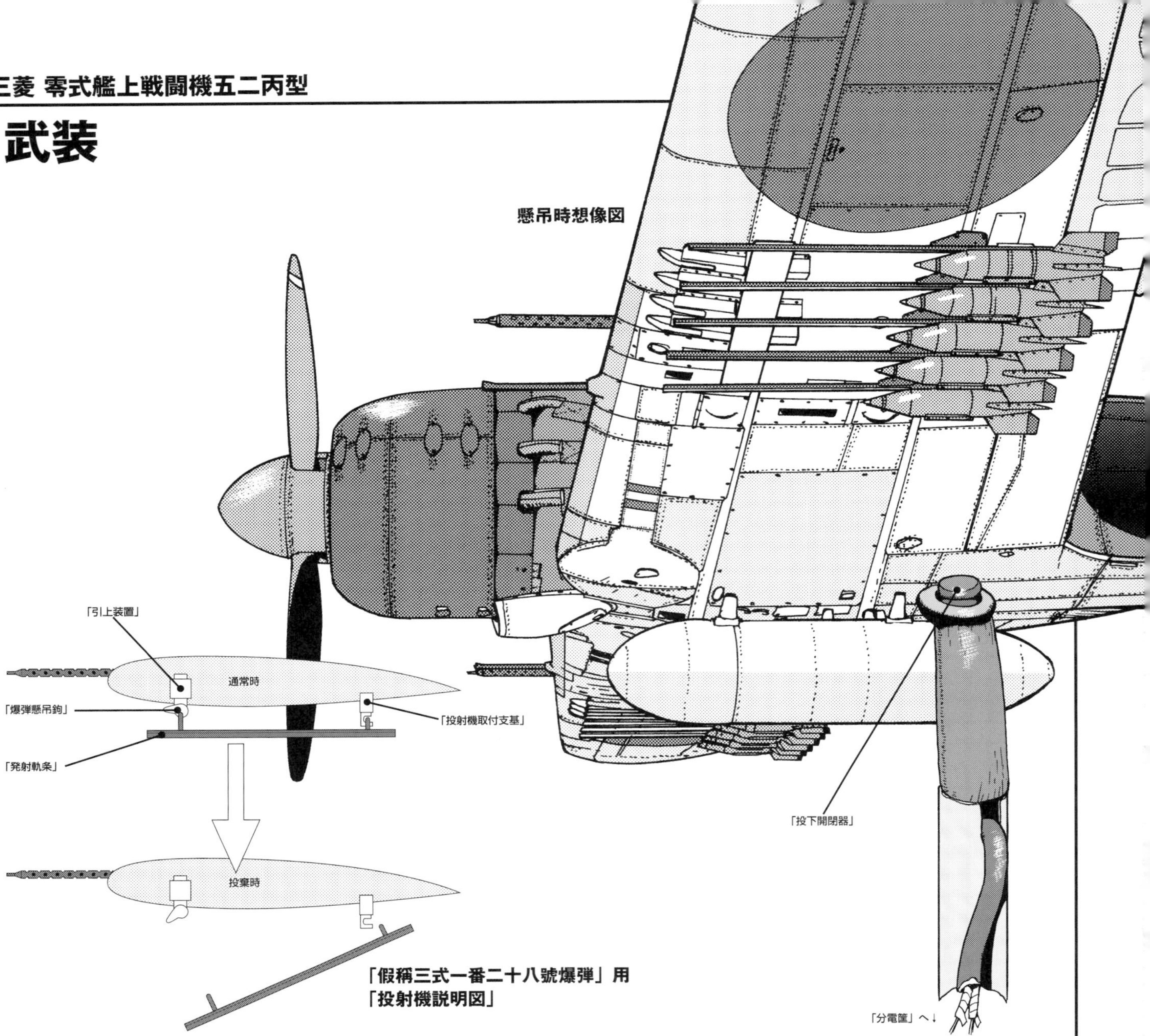

「假稱三式一番二十八號爆弾」用
「投射機説明図」

「五二丙型」の武装と云えばやはり「三式十三粍固定機銃」だ。何しろ3挺も追加されたのだ。仕様数値だけをみると……素晴らしい性能のテッポウだということが解る。やはりこれは無許可製造の「見取り」品とは云え米軍傑作銃「M2」を母親に、ホチキス社の13.2㎜弾を国産化した「九三式十三粍機銃」の弾丸を父親にもつ混血テッポウだけのことはある。正直、このテッポウはおもしろいのだがもっとおもしろいテーマである前頁で述べた「假稱三式一番二十八號爆弾」だ。本項ではコレを述べることにする。今回資料を総ざらいしたのだが名称が統一されていないことに立腹をした。「発射軌条」とするもの、また「投射機」とするものとがある。そこで戦中、「假稱三式一番二十八號爆弾」を実際に発砲した関係者達の口語『ロケット砲』、これを使うことにする。図のとおり弾の数だけ軌条がある極めて筋っぽい『ロケット砲』だ。こんなのを翼下に懸吊するのだ。当然大空気抵抗をもたらす。これでは陸上爆撃機「銀河」の「抗力板」と同じだ。タダでさえ速度が乏しい「五二丙型」にコレの懸吊は厳しい。しかし先人は賢い。前述のとおり小型爆弾投下用の「爆弾懸吊鉤」に引っ掛けているのだ。ロケット発砲後、操作をすれば『ロケット砲』は投棄されるシクミだ。これは発射と同時に否応なしに『ロケット砲』が機体より分離されるという性格のものなのかは不明だ。チナミに発射及び『ロケット砲』投棄は電気管制だ。

一度の発射で投棄とはいささかもったいないような気もするが熾烈な追撃戦の中、『もったいない』なんていう悠長なことを考えているヒマなんてないだろうし、もっと述べるなら全弾10発発射して1発でも命中すれば「B-29」でもコナゴナになるのだ。それを考えたら『ロケット砲』なんて安いものだとも思える。順番が逆になった。これらの発砲はどうするのだろうかとずっと疑問に思っていたのだが、操縦桿頂部にある釦を押し込めば発砲が叶うシクミだ。……切ないことにこれら「假稱三式一番二十八號爆弾」を搭載できるように根回しした構造なのに実戦では用いた記録がないとのこと。作られた数多くの「五二丙型」の「投射機取付支基」すべては一度も与えれた任務を全うすることなくこの世から消えたことになる。切ない。切な過ぎるではないかと考える次第だ。

あれから一言

じつはここだけのヒミツなのだが当初、描き起しの題材は「五二丙型」や扉に使用されたコミックのほかに新型射爆照準器「四式射爆照準器」も加わる予定だった。しかし結果はこの単行本版『アナタノ知ラナイ兵器』を最後まで読み進めてくだされば御判りのとおりだ。何分、筆者は遅筆だ。よくぞ担当氏はブチ切れないものだ。あるいは筆者の見えないトコロでブチ切れているのかもしれない。そう考えると申し訳な気持ちでイッパイだ。チャンスをいただくことが叶えば作中でも独白したとおり、「紫電改」共々「四式射爆照準器」を描いてみたいものだと考える次第だ。以上、筆者のシミッたれた言訳でした

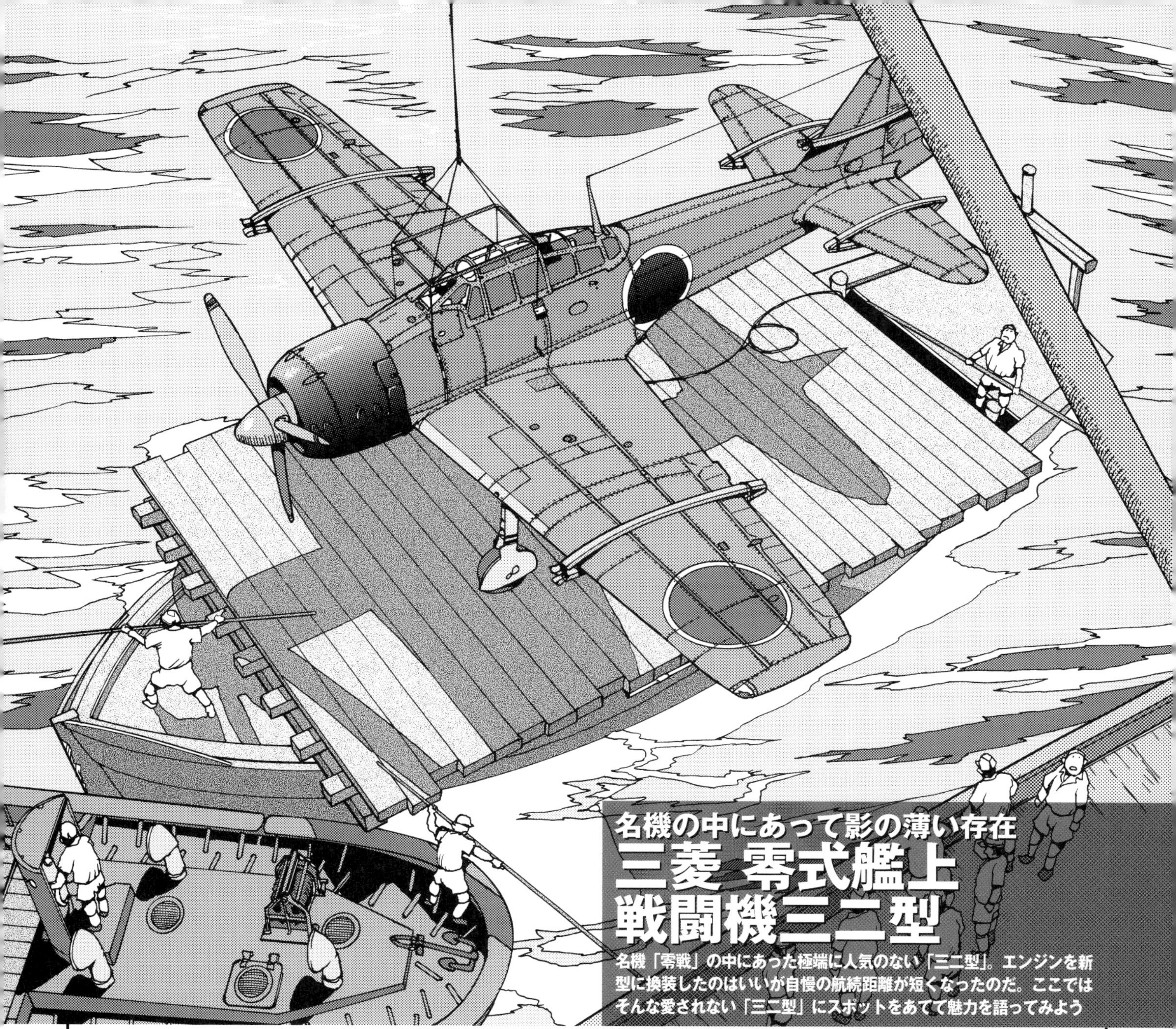

名機の中にあって影の薄い存在

三菱 零式艦上戦闘機三二型

名機「零戦」の中にあった極端に人気のない「三二型」。エンジンを新型に換装したのはいいが自慢の航続距離が短くなったのだ。ここではそんな愛されない「三二型」にスポットをあてて魅力を語ってみよう

三菱「零式艦上戦闘機」。もうこれだけで説明は不要だ。知名度、形状、遺した戦果など、思いつくすべての事柄を我が国民はトコトン愛している。その威光は絶大だ。まるで戦中航空機は「零式艦上戦闘機」(以下「零戦」と称する）しかなかったかのようだ。しかしそんな「零戦」も実は様々な形式が存在する。初期と末期では容姿こそ似ているが中身は大きく異なる。これは当然だ。何しろ目まぐるしく戦術が変る戦中の5年間、量産されたのだ。自動車だって頻繁に小改造を施し購買意欲を煽るのだ。生き死にが直接的に関わる戦闘機ならなおさら頻繁に、また執念深く改良は施される。発動機をそっくり換装という大々的なものは「零戦」の後にふたつの数字を、搭載機銃を変更した程度のものは十干のひとつを付け派生形式を表す。これらは実に多岐に亙り、敗戦から半世紀以上も経過した今日でも『新型』が認知される程だ。当然、それだけ派生型が多ければ改良の神様が微笑むものもあればそうでないのも出てくる。そこでここでは、改造・改良の神様が若干不機嫌だった「零戦三二型」を紹介しようと思う。余談ながら筆者が心から愛する「零戦」は「五二型乙」から「六三型」までの末期型だ。くたびれて売れなくなった芸能人が手を代え品を代え、何とかして第一線に踏みとどまろうと画策する『必死さ』が感じ取られ涙を禁じ得ない。因って筆者は絶頂期の「零戦」は好きではない。だが唯一「三二型」だけは別だ。神懸った機動の「二一型」、造ってみたら高性能だった「二二型」に挟まれ「三二型」は格段に影が薄い。冒頭、「零戦」は国民に愛された機体だと述べたが「三二型」は数ある「零戦」派生型で際立って目立たぬ型だ……といえる。しかしいくら神様が微笑まなくとも不機嫌でも、腐っても鯛、腐っても「零戦」だ。今回は「零戦三二型」が「三二型」たる理由の主翼構造およびあまり語られることのない胴体分解方法などを中心に描こう。では次ページから細部を述べたい。■

「三菱 零式艦上戦闘機三二型」主翼全体図

【主翼部分】

ここでは「零戦三二型」の主翼部分を述べる。「三二型」が登場する以前の「零戦」たちは全幅が12mあった。艦上戦闘機たる「甲戦」の「零戦」は航空母艦で運用されることを前提にしているのだがそれは昇降機の世話になることを意味する。一刻を争う時、重さが2トン半近い物体を作業員達の人力のみであらゆる障害物をかいくぐり、決して大きくはない昇降機に託すのだ。そのおり翼端が引っかかって……では困る。そこで両翼端を0.5mずつ、合計1m折畳める構造にした「零戦」が登場するのだがその折畳み機能を廃し全幅を11mにしたのが「三二型」の主翼だ。後に採用された艦爆「彗星」の病的なまでの徹底ぶりではないがそれに準じた空力の「零戦」。だが「三二型」の主翼先端部分は日本機に見慣れた目からすると面食らうような衝撃を受ける。「ばっさり」という表現がまさに当てはまる思い切った整形方法だ。どう整形したかは別項をご覧になってくださると幸甚である。

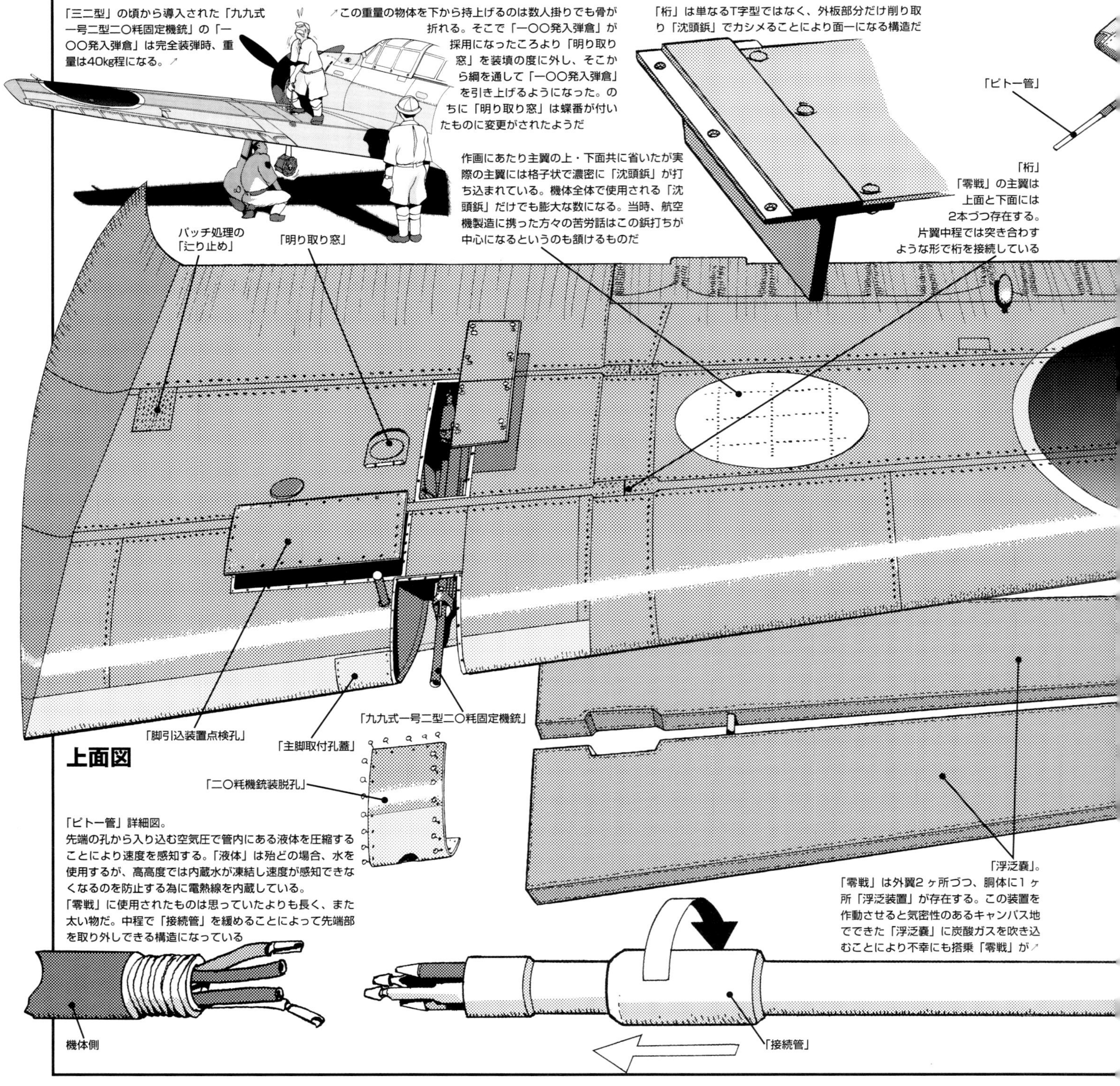

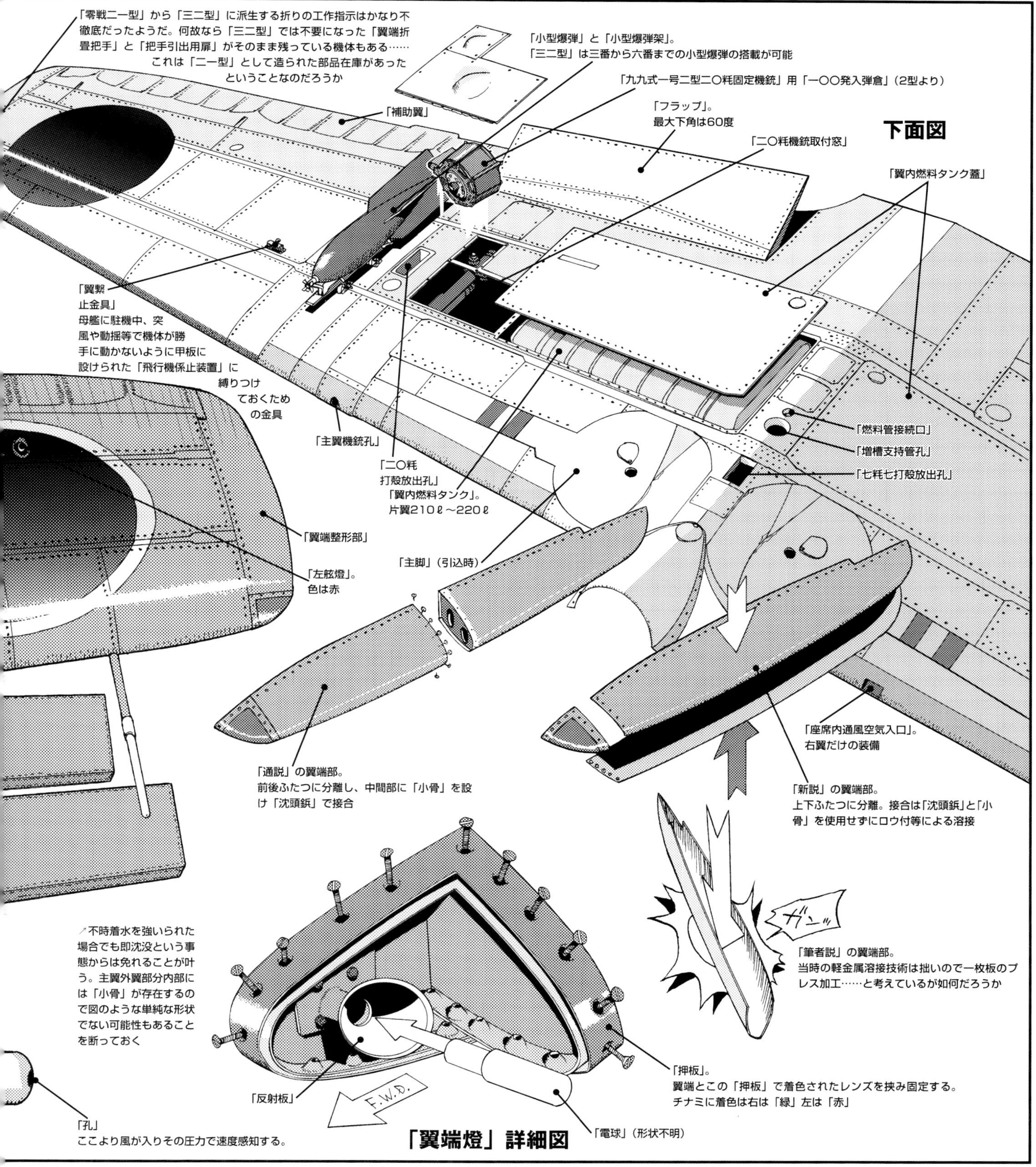
「零戦二一型」から「三二型」に派生する折りの工作指示はかなり不徹底だったようだ。何故なら「三二型」では不要になった「翼端折畳把手」と「把手引出用扉」がそのまま残っている機体もある……
これは「二一型」として造られた部品在庫があった
ということなのだろうか
「小型爆弾」と「小型爆弾架」。
「三二型」は三番から六番までの小型爆弾の搭載が可能
「九九式一号二型二〇粍固定機銃」用「一〇〇発入弾倉」（2型より）
「フラップ」。
最大下角は60度
下面図
「二〇粍機銃取付窓」
「翼内燃料タンク蓋」
「補助翼」
「翼繋止金具」
母艦に駐機中、突風や動揺等で機体が勝手に動かないように甲板に設けられた「飛行機係止装置」に縛りつけておくための金具
「主翼機銃孔」
「二〇粍打殻放出孔」
「翼内燃料タンク」。
片翼210ℓ～220ℓ
「燃料管接続口」
「増槽支持管孔」
「七粍七打殻放出孔」
「翼端整形部」
「左舷燈」。
色は赤
「主脚」（引込時）
「座席内通風空気入口」。
右翼だけの装備
「通説」の翼端部。
前後ふたつに分離し、中間部に「小骨」を設け「沈頭鋲」で接合
「新説」の翼端部。
上下ふたつに分離。接合は「沈頭鋲」と「小骨」を使用せずにロウ付等による溶接
ガンッ
「筆者説」の翼端部。
当時の軽金属溶接技術は拙いので一枚板のプレス加工……と考えているが如何だろうか
↗不時着水を強いられた場合でも即沈没という事態からは免れることが叶う。主翼外翼部分内部には「小骨」が存在するので図のような単純な形状でない可能性もあることを断っておく
「押板」。
翼端とこの「押板」で着色されたレンズを挟み固定する。
チナミに着色は右は「緑」左は「赤」
「反射板」
F.W.D.
「電球」（形状不明）
「孔」
ここより風が入りその圧力で速度感知する。
「翼端燈」詳細図

「三菱 零式艦上戦闘機三二型」胴体全体図

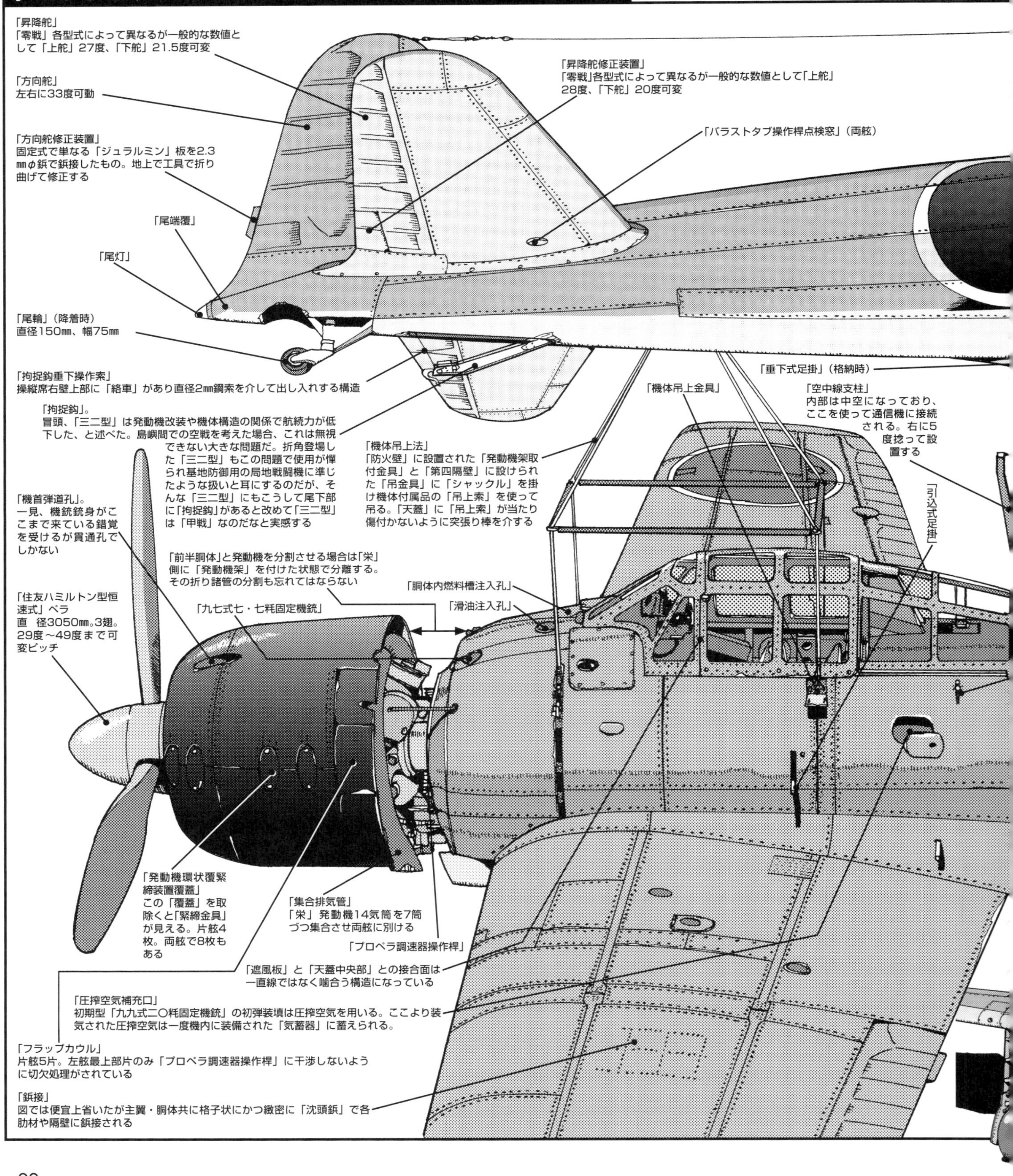

三菱 零式艦上戦闘機三二型

「栄」一二型発動機搭載の「零戦二一型」に比べ「零戦三二型」は奥行きのある「栄」二一型に変更、それにともない「発動機環状覆」の形状が改められた。加えて情容赦なく翼端折畳み機能を切断破棄し、語弊はあるが簡易に整形された翼端と相まって今まで目にしてきた大人しく御淑やかな「零戦二一型」から非常に男性的な容姿に生まれ変わったといえる。簡易に整形された翼端は数値よりも遥かに短く見え、より精悍度を増すように筆者は思えてならない。月並みかつ卑近な表現でナンだが素直にカッコ良いではないか。筆者のシュミで恐縮だが筆者の中では「零式艦上戦闘機」への愛情を示す曲線は「五二型乙」か徐々に登り始め「五二型丙」で頂点に達し、それ以降の型はなだらかに、それ以前の型は急激に曲線が下るものだったが例外的に「三二型」だけは曲線が上に伸びるのだ。ここに改めて「三二型」を描きその気持ちに変化がないことを確認する次第だ。「三二型」は不幸だ。翼端折畳み機能を情容赦なく切断するトコロまではよいがその整形方法を図説したような簡易型で妥協せず、のちの「五二型」に代表されるような本格的整形をしていれば……と。……これは答を知っている故の完全な筆者の後知恵でしかないが、これが叶っていればもう少し「三二型」の評価も上向いていたかもと切歯扼腕する思いだ。

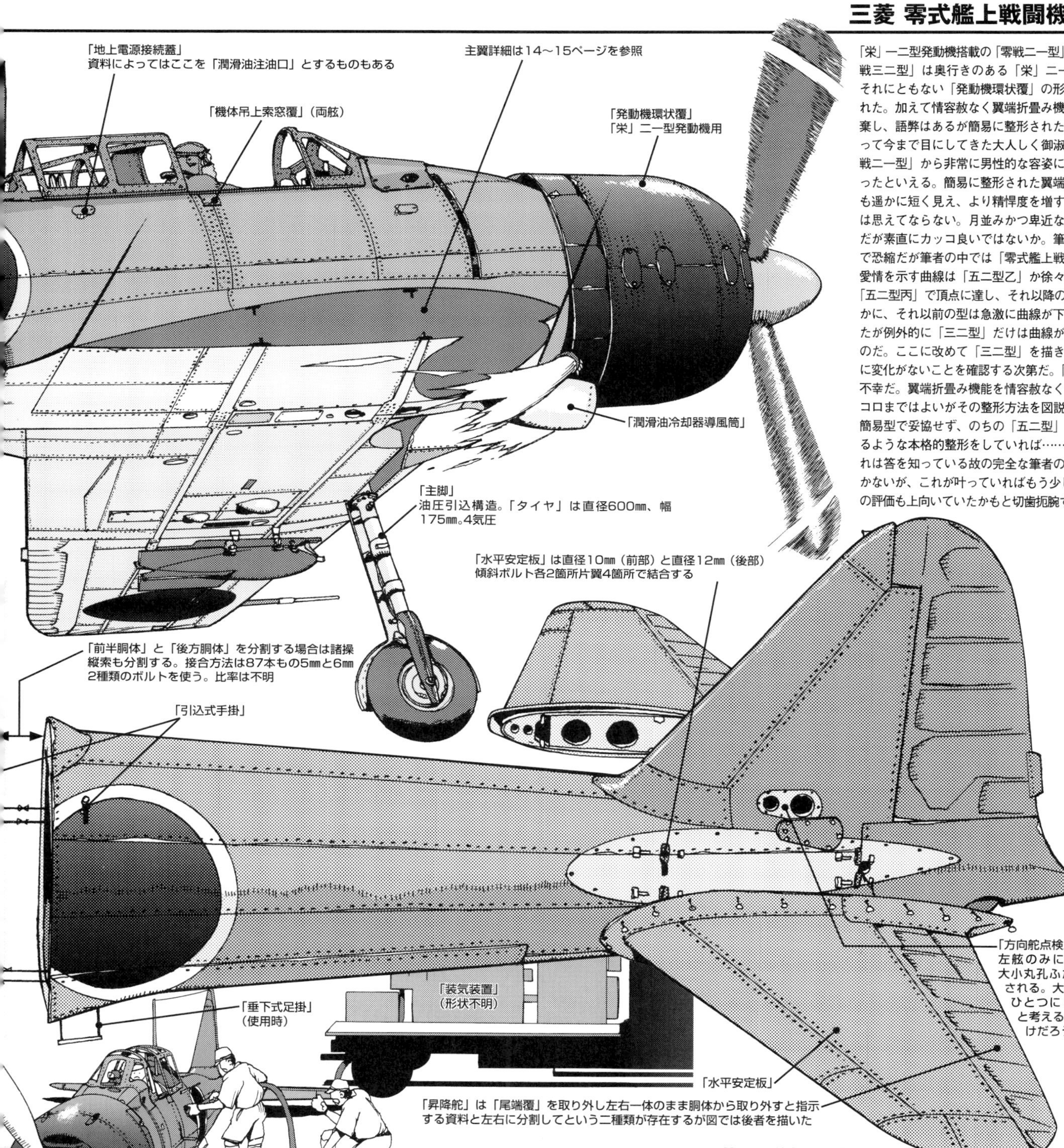

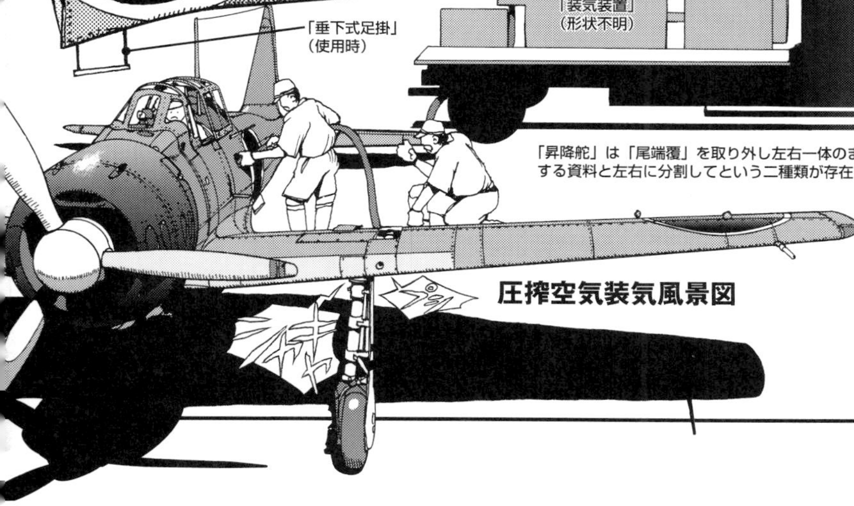

圧搾空気装気風景図

三菱 零式艦上戦闘機
三二型分割図

説明書には「零戦」は5つから6つに分割しろとある。この数値も時期と型式と方法によって、またその分割箇所が異なる。図は見栄えのする分割部分を描いた。図のように解体する理由は主に輸送だ。具体的な梱包方法は後半で述べるが胴体中央部分で躊躇なく分離するのは意外と知られていない構造でもあるが操縦席部分と主翼が一体構造になった「零戦」ならではの決断でもあるように思える。

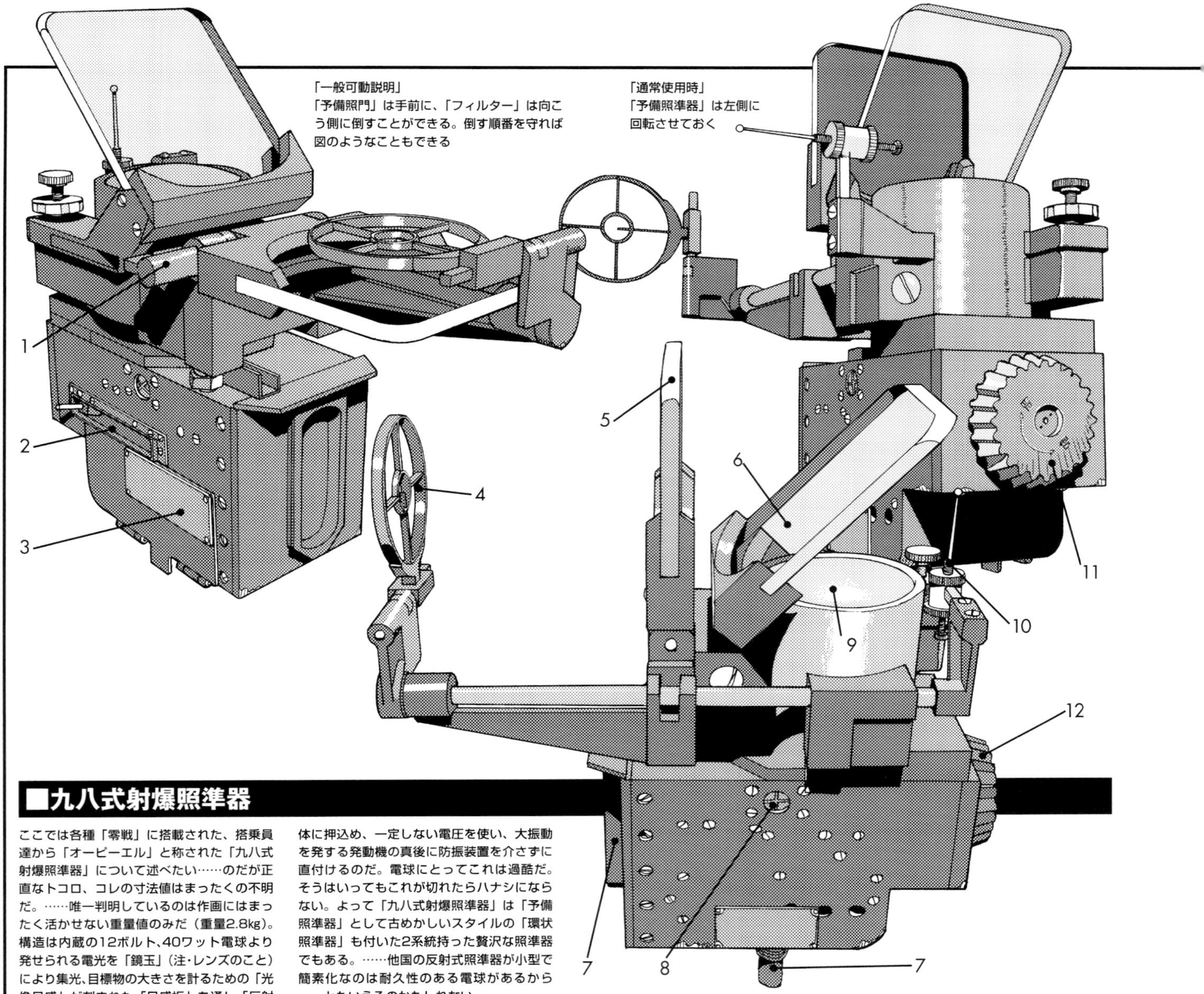

■九八式射爆照準器

ここでは各種「零戦」に搭載された、搭乗員達から「オーピーエル」と称された「九八式射爆照準器」について述べたい……のだが正直なトコロ、コレの寸法値はまったくの不明だ。……唯一判明しているのは作画にはまったく活かせない重量値のみだ（重量2.8kg）。構造は内蔵の12ボルト、40ワット電球より発せられる電光を「鏡玉」（注・レンズのこと）により集光、目標物の大きさを計るための「光像目盛」が刻まれた「目盛板」を通し「反射透明ガラス」に照らし出す反射型照準器だ。余談ながらこの「光像目盛」は複数種存在し、判明しているいくつかは別頁に図説したのでのちに読み進んでくださると筆者は幸甚なのだが、話を本筋に戻す。この形式照準器、栄えある採用第1号が「九八式射爆照準器」だ。ユエに苦労話は多い。構造は前述の通り簡単だが量産するに当たり「反射透明ガラス」に「光像目盛」が程よく照らし出される材質加減と、太陽方向に向かって照準する時に使う起倒式「フィルター」の遮光度を司る材料の入手方法が中々手強く「零戦」よりも2年ほど先に採用されたハズなのに中々数が揃わなかった苦心工業製品のヒトツでもある。図の通り「九八式射爆照準器」はとても仰々しいデザインだ。同時期、敵国のそれはもっと小型で単純な形状をしている。当時、我が国が持っていた工業レベルは『こんなものなのか』というのを「九八式射爆照準器」は語ってくれる。「光像目盛」を「反射透明ガラス」に照らし出す光源の電球だが、これはよく切れた。発熱する電球を密閉した真ちゅう製の筐体に押込め、一定しない電圧を使い、大振動を発する発動機の真後に防振装置を介さずに直付けるのだ。電球にとってこれは過酷だ。そうはいってもこれが切れたらハナシにならない。よって「九八式射爆照準器」は「予備照準器」として古めかしいスタイルの「環状照準器」も付いた2系統持った贅沢な照準器でもある。……他国の反射式照準器が小型で簡素化なのは耐久性のある電球があるから……ともいえるのかもしれない。

……ここまで述べてナンだが「九八式射爆照準器」の役目は「光像目盛」で目標の大きさを計るだけだ。相手の未来位置、弾道なども全て搭乗員本人の計算と経験とカンで行なう。現代の最新鋭戦闘機に搭載されているもののようなすべてを計算機が導き満星照準で発射すれば命中というものではない。「九八式射爆照準器」に限らず当時の照準器というシロモノはこの程度なのだ。よって搭乗員達はいう。『できうるだけ近寄って撃て。照準器からはみ出すくらいに近寄って撃て。』だ。大きさの割りにはそんな程度の役目ということは判っているのだがつくづく「九八式射爆照準器」は心に残る秀逸なデザインだと筆者は思う。

掲載図には描いていない「九八式射爆照準器」の装着品に触れるのは恐縮だが2点について述べたい。「衝撃防止ゴム」と「電纜」だ。「衝撃防止ゴム」とは不幸にも搭乗機が不時着をした場合など、例外なく搭乗員の顔面を「九八式射爆照準器」に打ち付け大怪我をする。これを少しでも緩和させるために緩衝材を装着した。それが「衝撃防止ゴム」だ。どうやらこれの形状はDVDレコーダー機などの家電底面に装着されたゴム足のような黒いゴムを螺子止めしたものと丁寧に皮で縫合した形状のもの、二種類があるようだ。どちらが前／後期型なのか、それとも製造元の気まぐれなのかは判明しない。縫合したものの中身はゴムなのか、それともカポック的なものが「アンコ」として入っているのかは不明だが筆者の推測で恐縮だが後者だと考えているし、ゴムなどの戦略資材が欠乏した結果、皮縫合になったという筆者がもつ推測も少しは理屈にあっているのではと考える次第だ。次に「電纜」だがこの「九八式射爆照準器」は「零戦」と電気的にどうやって接続されているのか疑問に思っていた。当然電纜先端は「ソケット」状になっているだろうとは思っていたが今回得た資料でそれは立証されたが形状は押し込んで90度捻り、発条で押し付けられる型のようだ。「零戦」に装着される場合、計器盤上部の「水平儀」上に設けられた軽め孔に「電纜」が入り込んでいたがどこの「ソケット」に差し込まれているだろうか。まったく疑問は尽きない。

1.「フィルター起倒把柄」
2.「集光鏡玉」
3.「電光蔽蓋」
4.「予備照門」
5.「フィルター」
6.「反射透明ガラス」
7.「電球掛外手掛」
切れやすい電球交換を迅速に行なうためのもの。飛行中に搭乗員が交換するのかは不明
8.「目盛回転及側方向調整ねぢ」
9.「鏡筒」。頭頂部に「鏡玉」が付く
10.「予備照星」。非常に細い尖った部品を使用しているが操作時や搭乗時に破損が多かったのではないだろうか
11.「抵抗器」。把手の形状は複数種あるようで確認できているものとして頂部が平らなものとやや丸みを帯びているものの二種類がある。ほかに「明」と「暗」という指示文字書体も複数種あるようだ
12.「抵抗器」

各種「光像目盛」

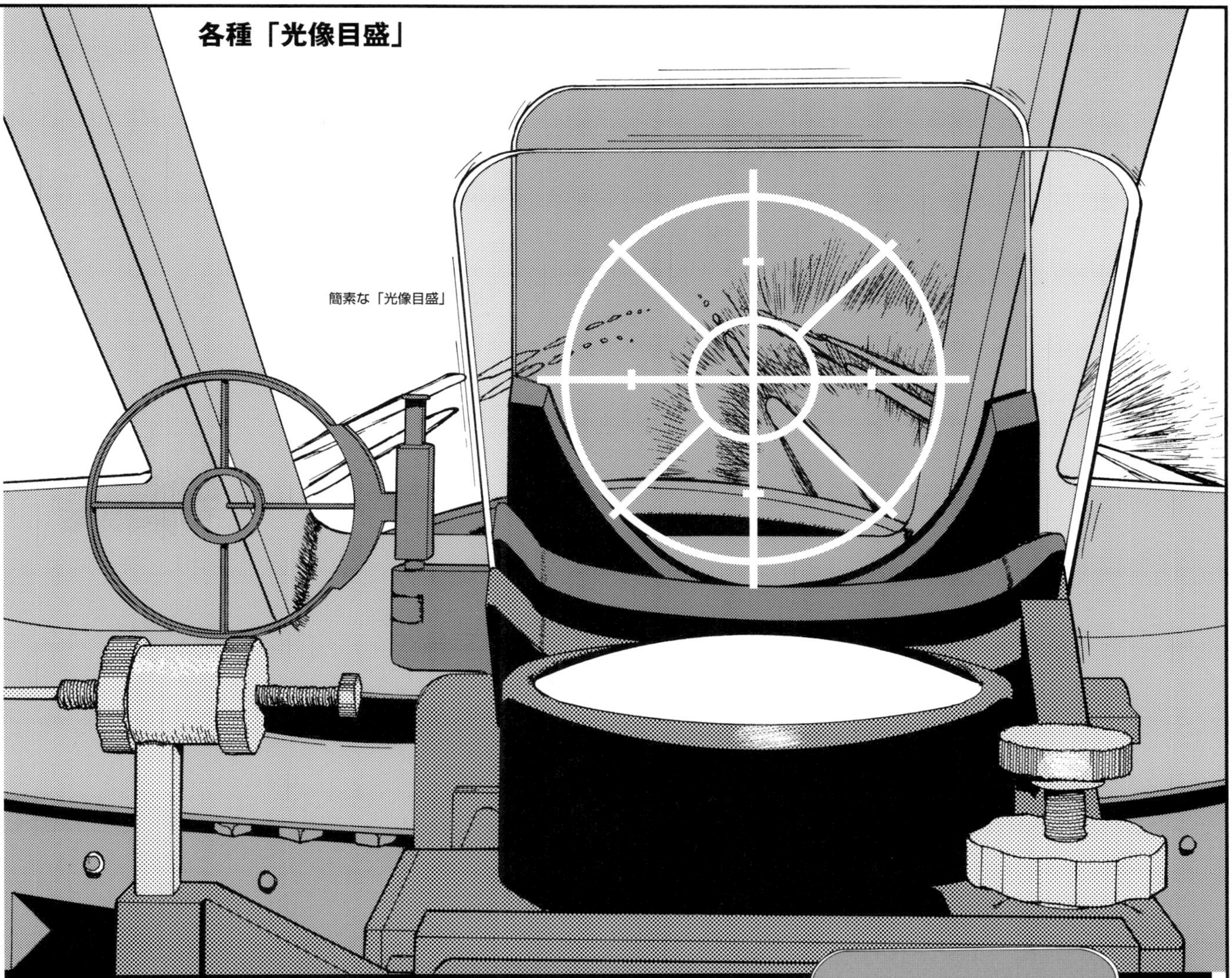

簡素な「光像目盛」

■九八式射爆照準器 光像目盛

「九八式射爆照準器」は我が国を代表する「反射光像式照準器」だ。当然各種派生型「零戦」にも搭載されたが末期「五二丙型」頃からは「三式/四式射爆照準器」らに代表された新型が採用されようだ。しかしこれら新型照準器はすっぱりと完全に切り替わったワケではなく『一部が』という程度だったようで大多数の「零戦」はこの「九八式射爆照準器」で戦い抜いた。ここではその「九八式射爆照準器」を「五二丙型」に搭載した時、どうなるかという筆者の想像とその後の調査で判明した「光像目盛」の派生型を中心に述べていきたい。

本書『アナタノ知ラナイ兵器』で「五二丙型」を述べたが機首右舷に「三式十三粍固定機銃」が従来の7.7㎜機銃に取って代わられた。照準器の設置される場所はタダでさえ発動機直後で常時震動が直接伝わる。事実、「九八式射爆照準器」が採用される前の「オイジ」と称された筒型照準器は複数箇所を固定するので震動は少なく、対する一点固定の「九八式射爆照準器」になってからは発動機の震動が伝わり揺れが気になった、と文献にはある。こんな何も発砲せずに飛ぶだけでも震動に見舞われるのだ。数十㎝真横に大口径の機銃があるのだ。発砲時は盛大に照準器は揺れただろうと容易に想像ができる。とくに「九八式射爆照準器」のような前後奥行のある照準器はその構造上揺れが大きいだろう。照準器換装の理由は視界や使いやすさなどの性能も当然あるだろうが「三式／四式射爆照準器」などの奥行のない縦方向に容積のある型が震動に見舞われないで済むということもあったのではないだろうかと筆者は想像する次第だ。各種文献で「九九式二〇粍二号固定機銃四型」は命中率が高くはなかったという一文を散見する。確かに「三式十三粍機銃弾」と「九九式二〇粍二号機銃弾」とを比較すると「九九式二〇粍二号機銃弾」は弾頭との比率だけをみると薬莢が小さいように思え、発射薬の分量が足らないからか……と推測できるのだが、別の角度から推測をしてみたいと思う。発動機の震動が照準器に伝わるということを述べたがこの震動が影響しているのでは、と。「零戦」の主翼構造はとても柔い。後期型の「五二甲型」からは外板厚を増してそれ相応に強化はされたが「三二型」のころは切ないほどに柔い。こんな柔い主翼に大口径の20㎜機銃を内蔵するのだ。発砲時には反動で主翼が踊り、それが命中率を下げる理由なのでは、という説だ。筆者はこの説にある程度の説得力を感じるのだが……如何だろうか。「三二型」が登場したころは搭乗員らの活きも良く命中率の悪いテッポウでも技量で補えた。「五二丙型」のころは搭乗員たちの活きも悪くなり銃身を延長した新型テッポウでも当てるのがむずかしくなっていた。「三式十三粍固定機銃」の命中率は素晴らしいものだったが、これでは頑丈な相手には効果は薄い。まさしくジレンマというヤツだ。……いっそのこと「九九式二〇粍二号固定機銃四型」を全廃して5挺すべて「三式十三粍固定機銃」にした「五二丙型」があったらなあと愚考する次第だ。

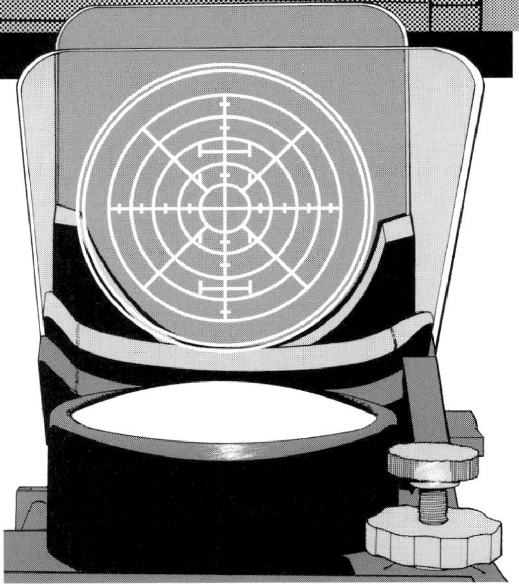

複雑な「光像目盛」

三菱 零式艦上戦闘機三二型

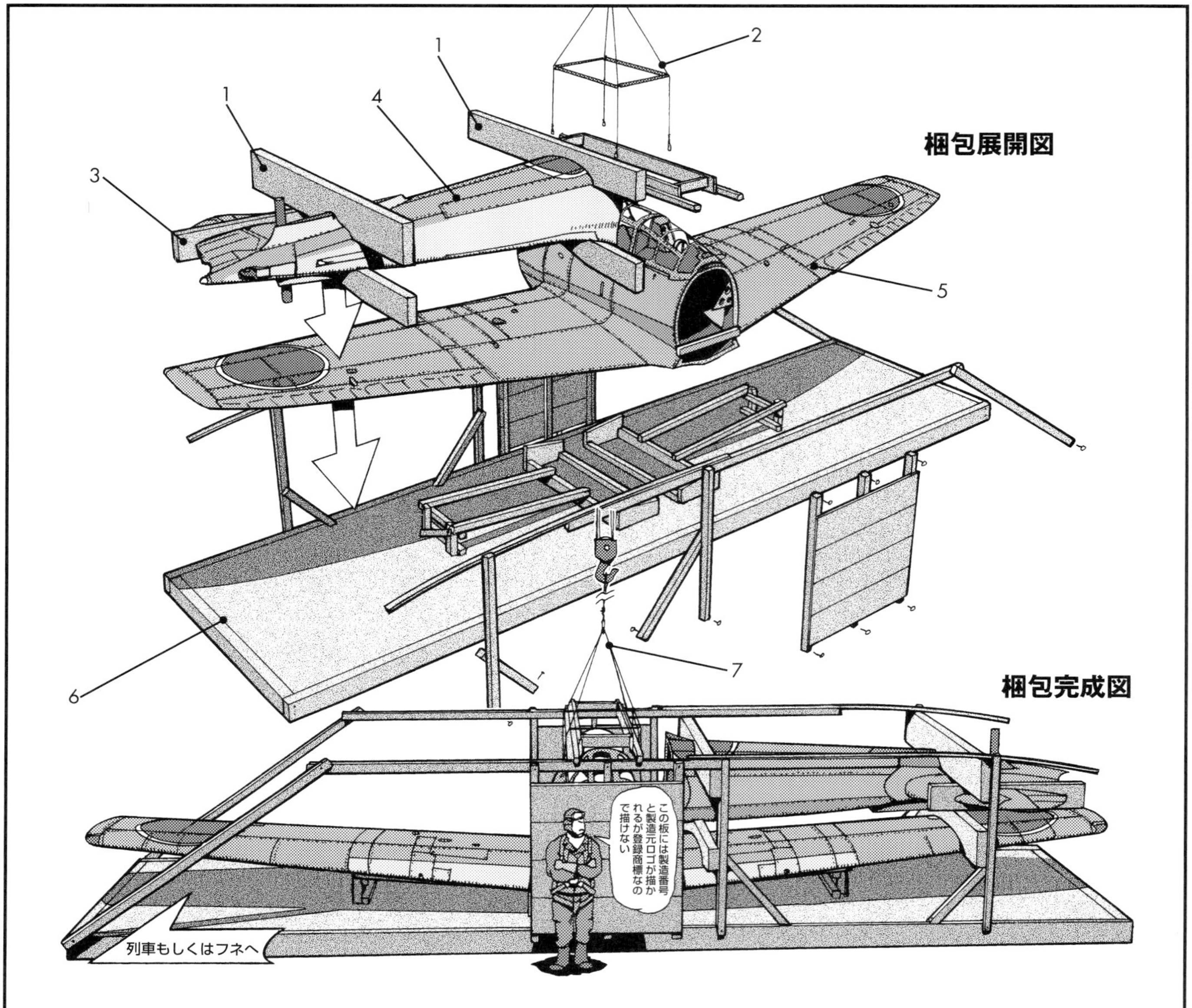

■「零戦」梱包方法

22～23ページで「零戦」胴体分割方法を描いたが、その分割した後どうするかを述べたい。先の大戦で勝敗を別けたのは補給戦だ。米軍のそれは規格化した箱に物品を詰め込み、その梱包を解かずに列車、船と運ぶ手段だけを変えて工場から前線まで届けたのに対し我が国のそれは語るのも恥ずかしい。振り返って航空機の輸送は人員の余裕がある時は直接飛ばしてという空輸も可能だが、これは天候など制限が多い。そこで考え出されたのがフネで纏めて輸送という手段だ。航空母艦がヒマなら話は別だが多くの場合は大型貨物船にそのまま載せ目的地に到着後、オープニング画のように起重機で吊上げ迎えに来た艀に託すというものだったがその大型貨物船ですら用意できない場合は前述の分割後に梱包をして輸送するということになる。「零戦」もこの手段で輸送される。とくに「三二型」は航続距離が短いのでこの分割・梱包輸送は多用されたのではないだろうか。「前半胴体」と主翼が一体構造になった「零戦」がバラしてもどれだけ小型化できるかは疑問だったが実際の梱包状況を見ると思わず感心してしまう。隙間なく、さながら組木細工のように主翼上に「後方胴体」を倒し、「盤木」で固定するサマは中々カッコイイと感じる。しかしながらこの梱包ヒトツで「零戦」は組立できない。図のとおり「水平尾翼」と「昇降舵」、加えて「ペラ」と「栄」発動機を内蔵した「発動機環状覆」らはこの梱包とは別になる。これは減点扱いだがバラして小さく纏めようとするという努力を評価したい。『輸送と補給』にまで頭が廻らなかった我が国が実はこのようなことをしていたという点は素晴らしいと考える。筆者はこの手の輸送手段にとても興味がある。私事で恐縮だが筆者の机の周囲は雑然としていて爆雷攻撃直後の甲標的内部のようだ。よって魔法のようにすき間なく物品を箱に押し込む電子回路や魚雷内部等は憧れをもって見つめてしまう。図で描いた発動機を別梱包とする方法に加え発動機を「前半胴体」に接合したまま梱包する手段も存在するのだが「零戦」が採用した手段は残念ながら徹底されていたとはいえない。その点、独軍機「Me163」のソレは緻密な国民性が余すところなく発揮され述べるのも悔しいほどに見事だ。上には上があると思い知らされる事柄だ。

1.「盤木」
2.「吊上索」。説明書には機体付属品とある
3.「方向舵固定具」。輸送中に動いて破損しないように固定するもの
4.「水平安定板」等を外した「後方胴体」
5.「前半胴体」
6.「床板」。図では便宜上省いたが「床板」は一枚板ではなく角材を隙間を設け敷き詰めた簀子状だ
7.この梱包を運ぶ場合は前述の「機体吊上法」にあった手段を使う。しかし左翼には「後方胴体」が乗っているので水平とは程遠い状態で吊上げられる

あれから一言

筆者にとって「零戦」は「五二丙型」だ。従って「三二型」の資料は揃えて居なかった。それを担当G氏に話したら日を置かずして各種資料と、「三二型」の模型を送ってくれた。模型は氏が時間がない中、組んでくれたものだ。正直、筆者はほろりと来た。こんな熱い担当巡り合えるなんて！ 今でもこの模型は目の前に吊ってある。本號から記事のフォーマットが決まったように感じる

巨大な発動機を小さな機体に搭載した海軍初の乙戦

三菱 局地戦闘機 雷電二一型

海軍初の局地戦闘機「雷電」。高速重武装の機体だったが零戦に慣れた搭乗員には操縦の難しい戦闘機として不当に低く評価されてきた。ここではそんな気難しい太っちょ「雷電」を紹介しよう

三菱・局地戦闘機「雷電」。いきなりだがこの機体は人気がない。軍艦「武蔵」を手掛けそして何よりも「零戦」という世界が息を飲む工業製品を世に送り出したヒットメーカー製なのに、だ。……長男の出来が余りによいために次男がグレるという家庭崩壊を描いたドラマではないが、性格の異なる「艦上戦闘機」たる「甲戦・零戦」と「局地戦闘機」たる「乙戦・雷電」とを比較するのは「雷電」にとって迷惑な話だが同社製品というだけで随分と冷や飯を食わされた。「雷電」が生きた人間ならストレスで過食し太い胴体がより太くなりそうだ。そこでここでは海軍初「乙戦」たる「雷電」を特集しよう。

冒頭、「雷電」は人気がないと述べた。これは戦後世代がではなく、「雷電」を目前にした当時の人気が、だ。乗り手を選ぶアクの強い機体に仕上がることを了承した海軍側がこともあろうか完成後に繰り返し文句をつけるという理不尽さには怒りを覚えるが、「筩温調節覆《カウルフラップ》操作には注意しろ、さもないと発動機が焼き付いて事故になる」というような注意喚起文が犇《ひし》めき合う「雷電」操作指導書でも判るとおり気難しい部分を多数内包しているのも、不人気だった理由と伺い知ることができる。敵機相手に死力を尽くした結果、撃墜されるのなら納得できても筩温調節覆《カウルフラップ》の開閉を怠っただけで命取りではタマッたものではない。この扱いにくさからくる不人気さは艦爆「彗星」と相通じるものを感じるが、使いこなしたその先には当時の日本機にはない刺激性の強い麻薬のような加速と上昇力の神様が微笑んでくれる機体なのだ。プロ向きの機体と「雷電」は云えるのかもしれない。扱いやすく拝んでも乗りたいと願う「零戦」とは対照的だ。そんな性格はまるで違う二機だが似通った部分が決して少なくないのも事実だ。では次ページからそんなところを中心に「雷電」主力生産型、二一型の細部を述べていきたい。■

「三菱 局地戦闘機 雷電二一型」全体図

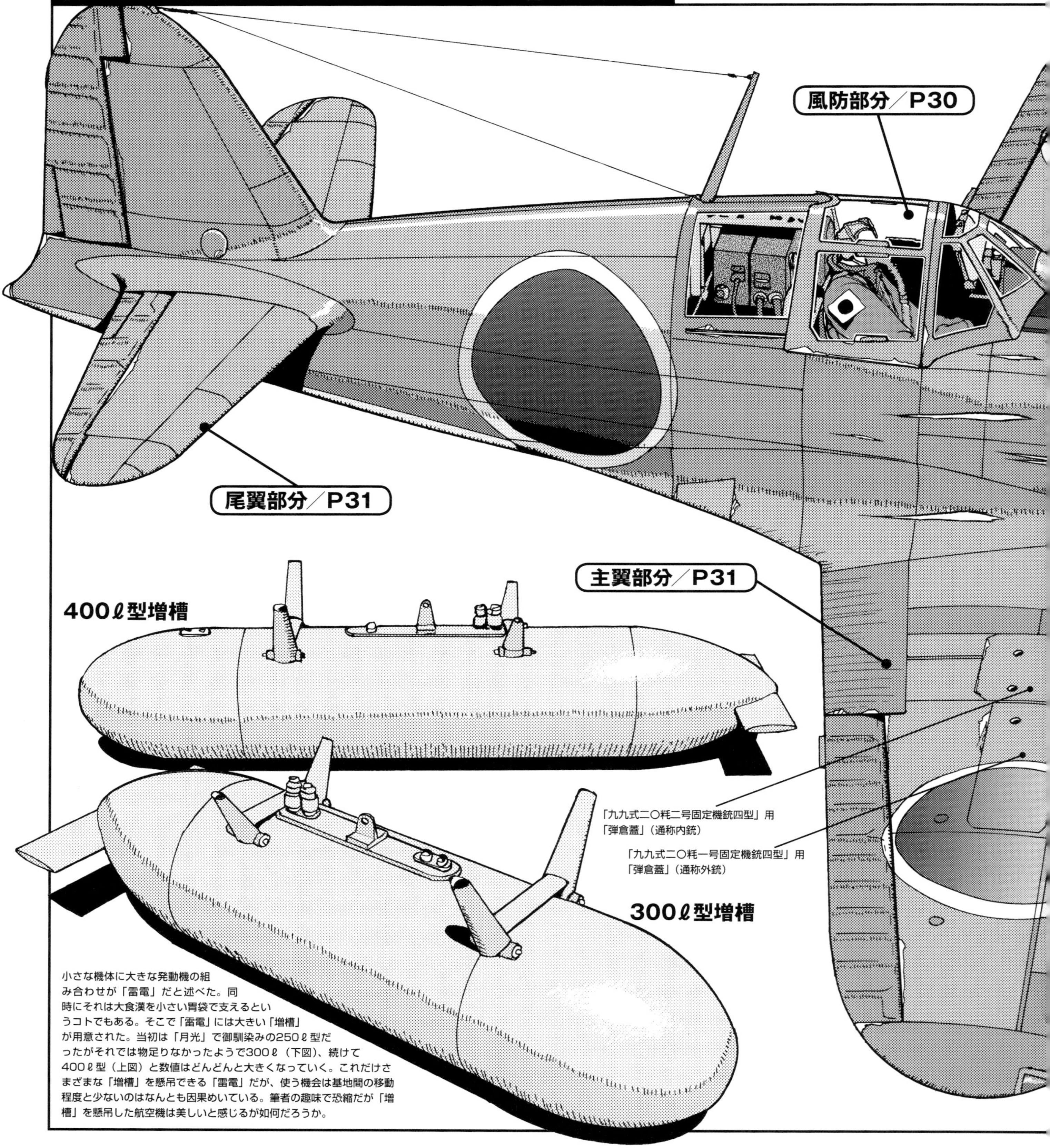

小さな機体に大きな発動機の組み合わせが「雷電」だと述べた。同時にそれは大食漢を小さい胃袋で支えるというコトでもある。そこで「雷電」には大きい「増槽」が用意された。当初は「月光」で御馴染みの250ℓ型だったがそれでは物足りなかったようで300ℓ（下図）、続けて400ℓ型（上図）と数値はどんどんと大きくなっていく。これだけさまざまな「増槽」を懸吊できる「雷電」だが、使う機会は基地間の移動程度と少ないのはなんとも因果めいている。筆者の趣味で恐縮だが「増槽」を懸吊した航空機は美しいと感じるが如何だろうか。

爆撃機用の大きな発動機を収めるために胴体を太くというコンセプト、これが「雷電」が「雷電」たるユエンである。トコロがカットをご覧になってもらえれば判る通り意外な程に機体は小さいことに気付く。搭乗員がデカいのではない。機体が小さいのだ。全幅は1万795㎜しかない。この数値は翼端を切り詰め整形した「零戦」五二型よりも小さい……と記すと少なからず衝撃を受ける。これに1,800馬力を超える発動機を搭載するのだ。加速・上昇力が抜群によいワケだ。通常航空機の風防ひとつ分、後方に下がり機体中央に配置された操縦席、我が国が手掛けた航空機の中では希有なデザインたる胴体と融合した「天蓋」など中々にして愉快な容姿を「雷電」は持っている。大きな発動機を収める太い胴体は「雷電」を苦しめた。しかしひとつだけ恩恵があったことを忘れてはイケナイ。それは「雷電」と云えば機体側面に描いた巨大な赤と橙の二色を用いた稲妻塗粧だ。これは有名だ。単座戦闘機中、一番といっても過言ではない巨大なキャンパスを持つのだ。さぞやのびのびと描けただろうと推定する。判でついたような、全く個性のない塗粧ばかりの海軍機で際立ったものを「雷電」は遺してくれた。これが「零戦」のような細い胴体なら叶わなかった点でもある。「可動天蓋」のハナシが出たついでに述べたいのだが、「雷電」のこれは非常に重かったらしい。枠を追加した後期型「雷電」の「三一型」や「三三型」等は把手を回転させて開閉させるものになった位だ。とは申せどれだけ重いのか筆者は計ったワケではないのだが。質量から来る『重さ』もあるだろうが、胴体と「可動天蓋」とを摺動させるための方法も大きな影響があるように思える。映画やアニメーションでは天蓋開放はまるで高級住宅のサッシのように『がらがら』と軽やかな音を発し指先ひとつでの軽い開閉が叶うようは錯覚しがちだが実際は先端を丸めた棒が天蓋四隅に突き出ていてそれを軌道に咬ませているので『がらがら』というコロをつかった滑らかなものではなく『ききき』と黒板を引っ掻くような嫌な音をして摺動するシクミだ。こうなったのはいくつか理由があると思うが動きが軽いと「天蓋」を開けて機首を下げた場合不用意に摺動して閉まりとても危険だ。何しろ重いのだ。もし空中脱出時などで首だけ出していた状況でこんなことになったらギロチン状態が待っているし、出すのは首だけではない。指なら確実に骨折か切断だ。……前述のとおりある程度摩擦係数を大きくしている意味がこれだ。そんな動きの悪いものでも勝手に動いては危険だということでロックピンが備付けられてはいるのだが、それも発条で常にテンションをかけて否応なしに固定位置にきたら『かちり』と固定されるものではない。残された「雷電」の風防写真を見ると素晴らしく視界がよいように筆者は思える。執拗に執拗に改修を求めた記録を見てケチを一度付けると一生それを引きずるという格言をつい思い出してしまうのは筆者だけだろうか。

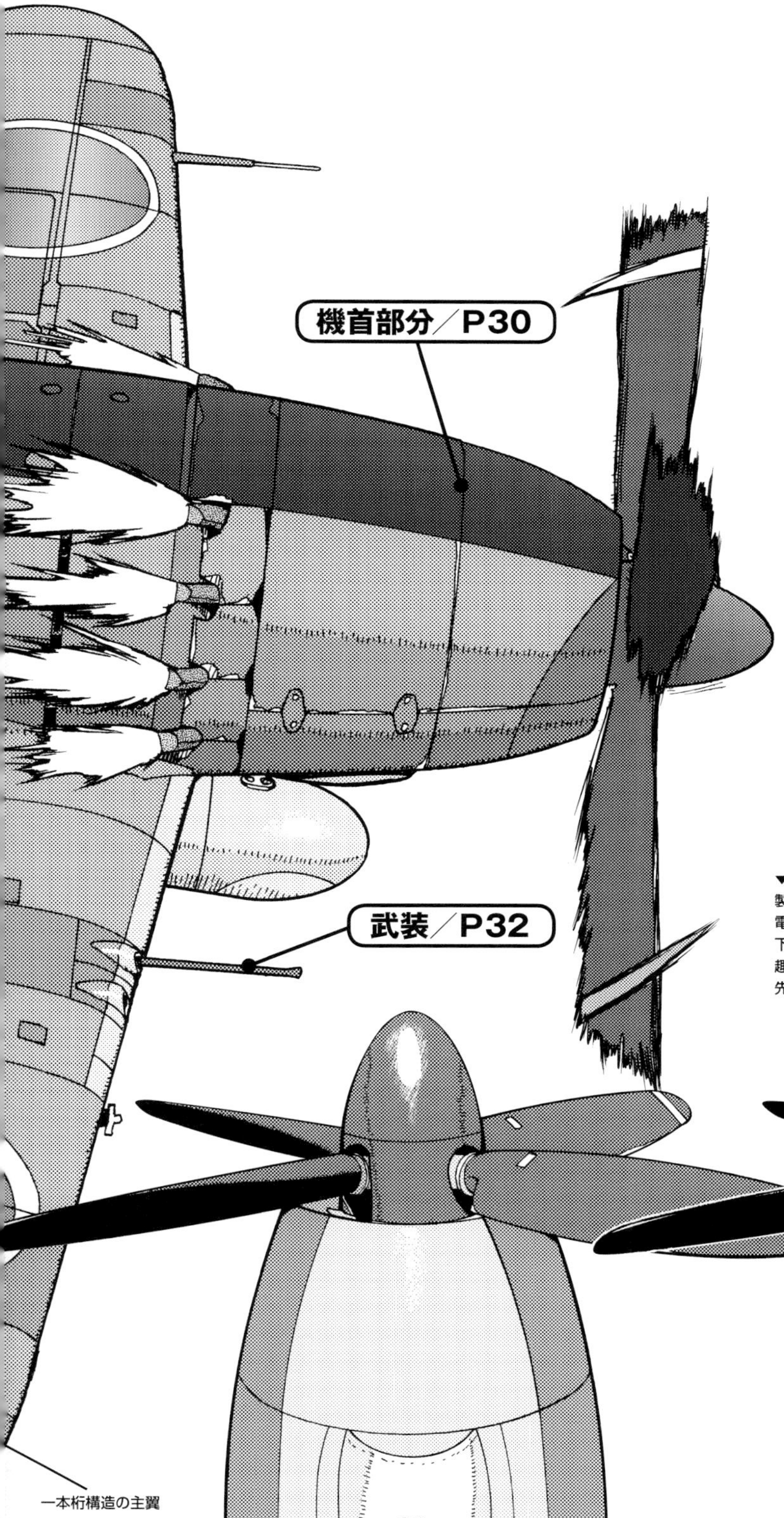

▼本家製造元の三菱製「零戦」とライセンス生産された中島製「零戦」とでは塗粧で判別できるというものがあるが、「雷電」に関してもそれは可能だ。「発動機整流環覆」下部の顎下部分に於ける濃緑色と明灰色の塗粧部分が異なる。個人的趣向で恐縮だが本家三菱塗粧（左図）よりもライセンス生産先の「高座工廠」製塗粧（右図）の方が好きである

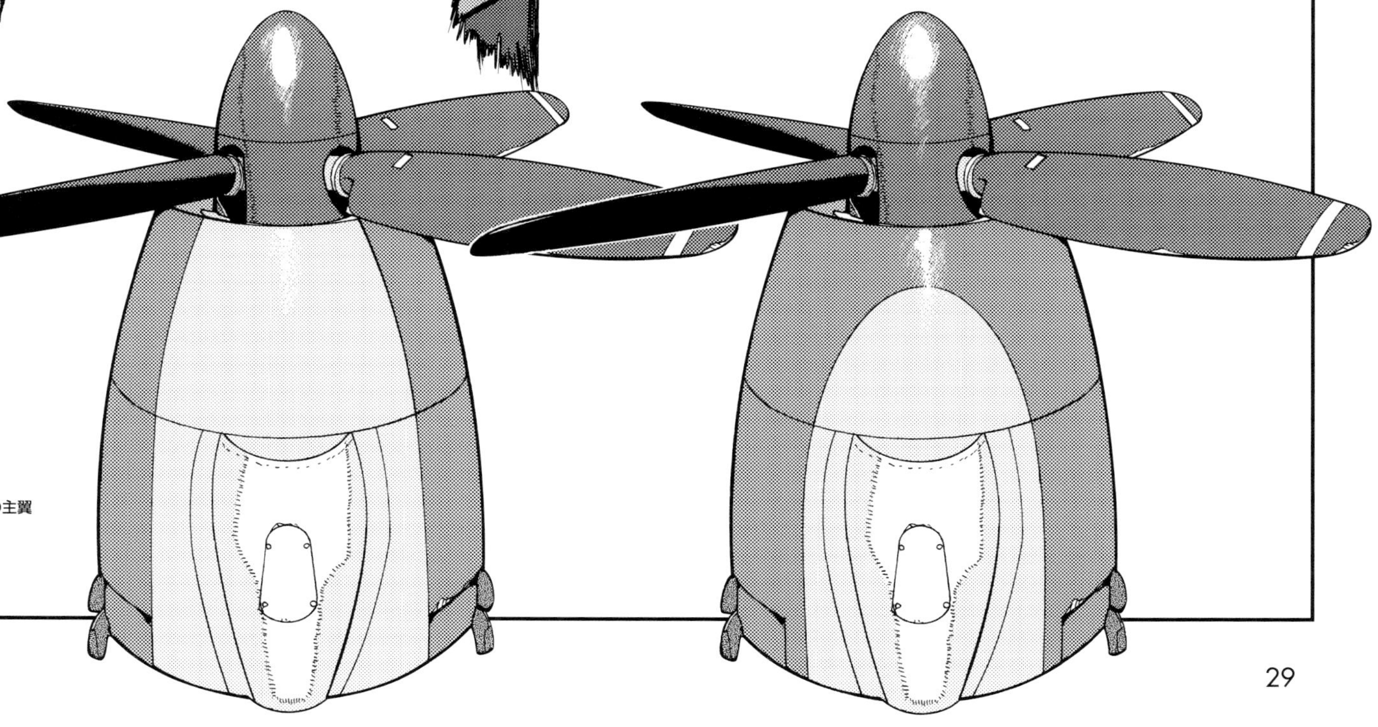

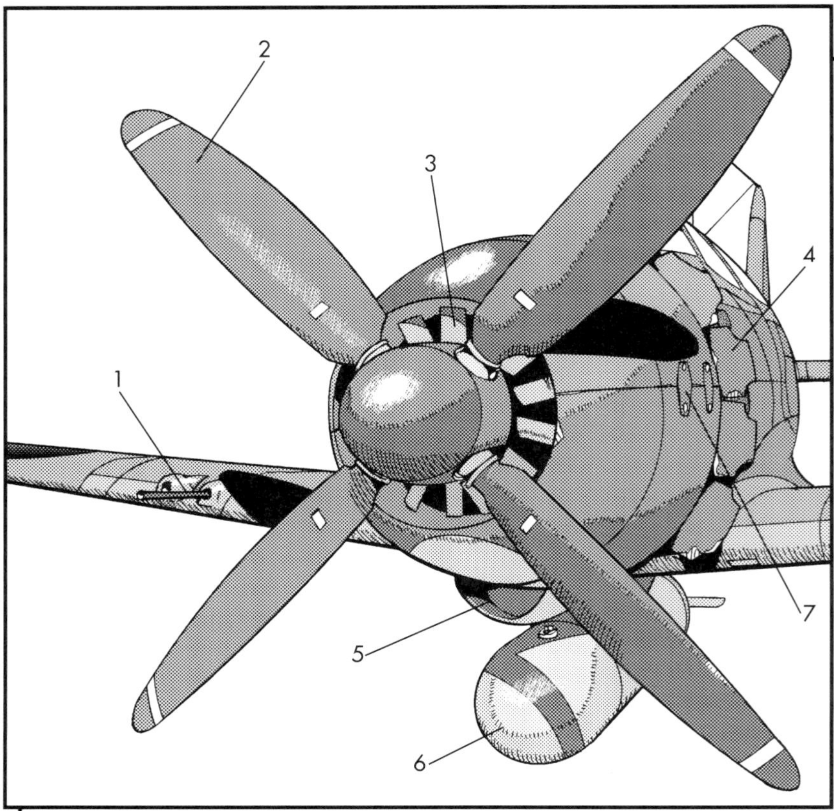

■機首部分

ここは「雷電」を苦しめ、採用を遅延させ、また採用後も悩ませ続けた振動や視界不良などの文字通り震源地だ。これらを克服するサマは興味深いが『アナタノ知ラナイ兵器』では割愛する。「零戦」などで使い慣れた「住友ハミルトン恒速式」3枚翅ではなく真新しい「住友ＶＤＭ恒速式」4枚翅を採用、使い慣れないゆえに幾度も変更された。大面積かつ大直径3.3mある翅はいちど見たら忘れない。また「発動機整流環覆」は空気抵抗を低減させるため、強く長く絞り発動機冷却が滞らぬよう「冷却ファン」を付け加えている。筆者は「冷却ファン」はペラ軸に直結させた単純なモノを想像していたが実際は歯車を介し、ペラ軸の回転数よりも高く「冷却ファン」が回転する凝った構造だと知り驚いている。この「冷却ファン」は都合14枚だ。余談ながら円周はこの数値で割ると端数が出る。どう処理しているのだろうか。

1.「九九式一・二號四型二〇粍機銃」
2.「住友VDM恒速式」4枚翅。回転方向は後進面から見て反時計回り。重量225kg。……これは重すぎる。酷いペラだ
3.「冷却ファン」。回転方向は後進面から見て反時計回り
4「筩温調節覆《カウルフラップ》」。片舷4片、外・内両方側に15度開く
5.「潤滑油冷却器」
6.「400ℓ増槽」
7.「発動機環状覆緊締装置」は「零戦」と同じだが数は半分の片舷2片

■風防部分

「遮風板」は「零戦」で見慣れた6枚構成だがほかは大きく異なり「可動天蓋」頂部がそのまま胴体に吸収される形も、また枠の少なさも正直シビれる。これに対抗できるのは同じ三菱製「秋水」くらいだと考える次第だ。「雷電」の「防弾硝子」取付処理は変っている。「零戦」後期型のように「遮風板」そのものを「防弾硝子」とする方法とは異なり、内部に円管をつき出しそれに設ける。筆者個人は好きな手段だがこれはよい方法ではない。なにしろ照準器の手前に分厚い「防弾硝子」が存在するのだ。照準器には「衝撃防止ゴム」がある。ぶつけても無怪我を願ったものだがまさかそれを「防弾硝子」に付けることはできないからだ。ただこの方法は「遮風板」の一部を「防弾硝子」に置き換えるよりも大きな面積で被えるのは利点だ。余談ながらこの「風防」部分だけをみると米「F6F」を思い出してしまうのは筆者だけだろうか。

1.「射爆照準機」。「雷電」には「九八式・四式」など複数種搭載が確認されている
2.「防弾硝子」
3.「外部可動天蓋開閉把手」。この把手を操作すると鈎が外れる
4.「把手」。「遮風板」内部両舷に存在する
5.「可動天蓋開閉把手」。先端に鈎が付いており「遮風板」内部に引っ掛ける構造
6.「頭当布団」。「雷電」のものは非常に大きい。後方に同形の八粍厚防弾板が付く
7.「空中線展張支柱」
8.「通信機」（形状不明）
9.「操縦席換気管」
10.「搭乗把手」。右舷のみの装備。押ボタン操作で飛び出る凝ったもの
11.「遮風板固定用具」
12.「肋材固定用円筒」

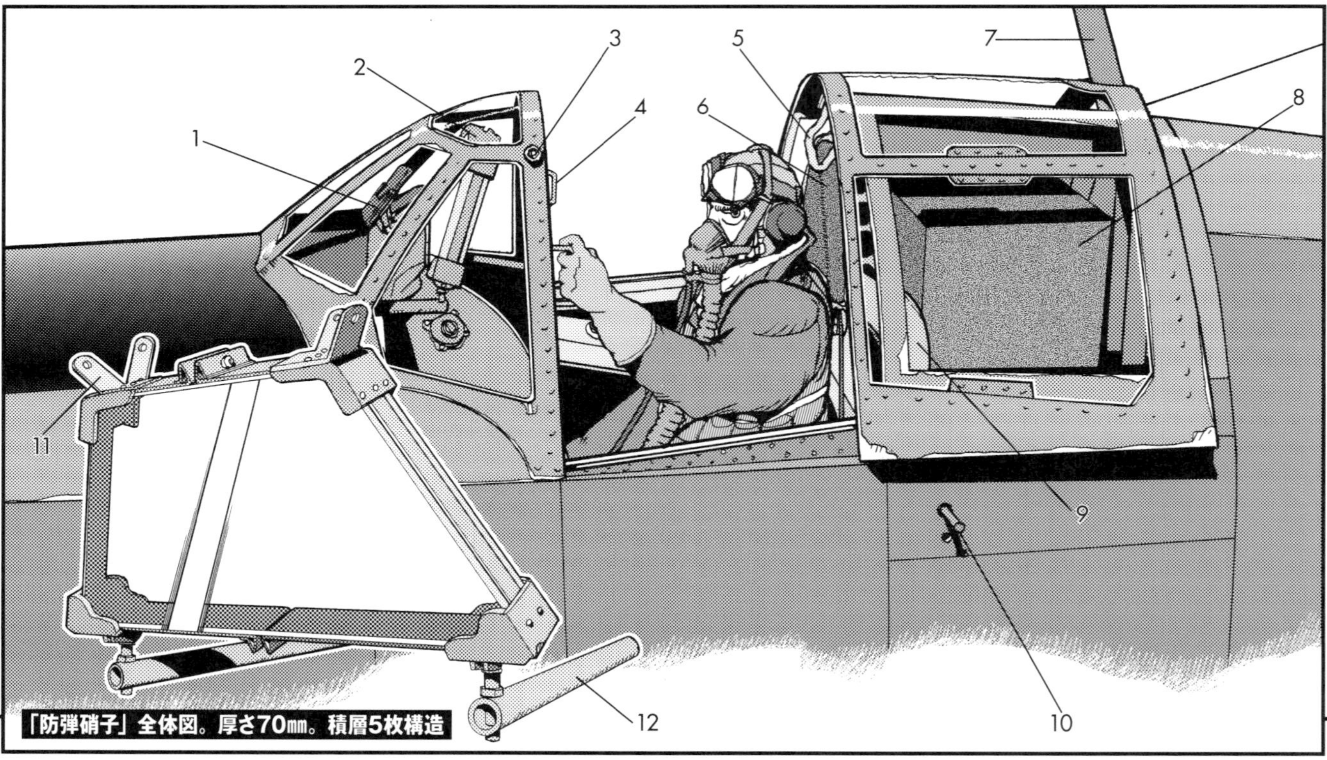

「防弾硝子」全体図。厚さ70㎜。積層5枚構造

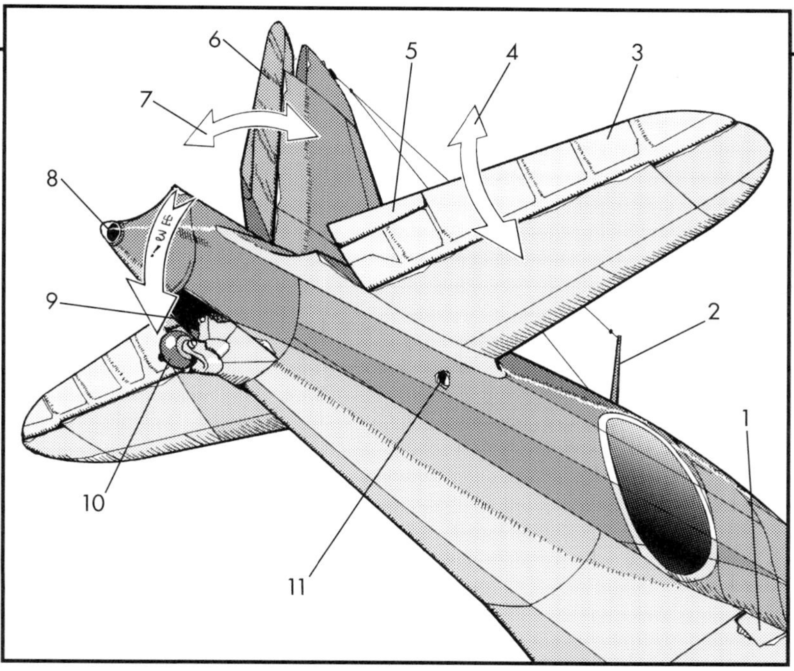

■尾翼部分

胴体断面が徐々に縮小し一点に纏まるという「零戦」と同じ尾部処理を「雷電」も採用している。語弊があるかもしれないがこと尾翼の外観に関していえば「零戦」を太らせたら「雷電」になる。「尾輪」は飛行中、胴体下部と面一に引込されるのも、また「股状金具」は地上運搬時・地上滑走時にと切り替えが可能でこれによって「尾輪」が全周自由回転と30度制限回転に選択でき、さらに地上滑走時に選択した場合はテンションがなくなると「制限横桿」に接続されたゴム紐と鋼索により0度に戻る構造となっている点も「零戦」とまったく同じだ。なぜ0度に戻るかの理由だが胴体引込時に「尾輪」がアサッテの方向を向いていると引っかかるからだ。外観は「零戦」と同じと述べたが内部はまったく違う。「零戦」の油圧に対して「雷電」は引込動力に電動機と可逆性のない「ウォームギア」を用いている。
「雷電」を語る時、発動機選定の苦悩を割愛してもテストパイロットが殉職した悲しく惨い事故だけは触れておきたい。この「尾輪」を固定した肋材強度が不足していたため、離着陸を繰り返す度に歪み、ついには「尾輪」の位置がずれ、結果、昇降舵鋼索に干渉し「尾輪」を胴体に引込むと同時に強制的に下げ舵に……という原因だった。「雷電」は「零戦」と比較されると述べてきた。「雷電」も「零戦」と同じく試作時代に殉職者を出している。こんなトコロまで同じでなくてもよいのに、と強く思う次第だ。

1.「蓄電池積降口」
2.「空中線展張支柱」
3.「昇降舵」
4.上舵34・30度。下舵23度まで作動範囲
5.「修正舵」上下とも17.5度まで作動範囲
6.「方向舵」
7.左右とも33度まで作動範囲
8.「尾灯」
9.便宜上省いたがここには埃が入り込まないようにキャンバス地で被う
10.「尾輪」。直径150㎜、幅75㎜
11.「担孔」

■主翼部分

主翼面積は「零戦」よりも小さいと前述した。当然、これは離着陸に影響を及ぼす。芸術的にまで着陸速度を抑えた「甲戦」・「零戦」と速度と上昇力を求めた「乙戦」たる「雷電」は理不尽にも比較されてしまう。そこで「雷電」採用のフラップはおのずと凝ったものになった。「ファウラー式」と称される主翼後縁よりせり出しつつ、下方に下る構造だ。余談だが「雷電」と同じ目的の陸軍「二式単戦　鍾馗」も同じフラップ構造だがせり出すための「軌条」が外に飛び出して男性的なのに対し「雷電」はすべてを内蔵し女性的なのは……おもしろい。「雷電」のフラップ操作はなかなか凝っていて、図のように操縦桿上面に主接続器が、前面に引金状の押ボタンがあり、空戦時はこれを手前に絞ることにより自動的にフラップは16度引き下がり「空戦フラップ」として「雷電」の旋回力を助ける。当然、押ボタンから指を放せば自動的にフラップは引込む優れた構造だ。これも操作動力を電動機にした恩恵で電纜と接続器の単純な組み合わせで理想的に制御できる。「零戦」では主翼に二本貫く「桁」も「雷電」では合理化され美しい一本桁になった。本『アナタノ知ラナイ兵器』では割愛した「主脚」だが、これの引出・引込動力も電動だ。不幸にも飛行中に引出が叶わない故障時は操縦席右床下にある「手動歯車筐」に専門の把手を突っ込み必死に手前に200回引くことにより叶う。「零戦」と同様故障時は手動で加圧処理をするが「雷電」のそれはレンチでねぢを緩める要領だ。

1.「右翼端灯」。色は緑
2.「ピトー管」
3.「補助翼」
4.小型爆弾。「九九式三番三號弾」に代表される六番までの小型空対空炸裂弾の搭載が可能
5.「九九式二號四型二〇粍機銃」(内銃)
6.「内銃用撃殻薬莢排出口」
7.「フラップ」
8.「主脚」。使用タイヤは直径600㎜、幅175㎜
9.「フラップ」は最大50度まで下る(離着陸使用時)
10.「増槽装備口」並びに「胴体燃料タンク排出口」
11.「外銃用撃殻薬莢排出口」
12.主接続器を「動」にする
13.押ボタンを絞ることにより「空戦フラップ」位置にフラップが下る

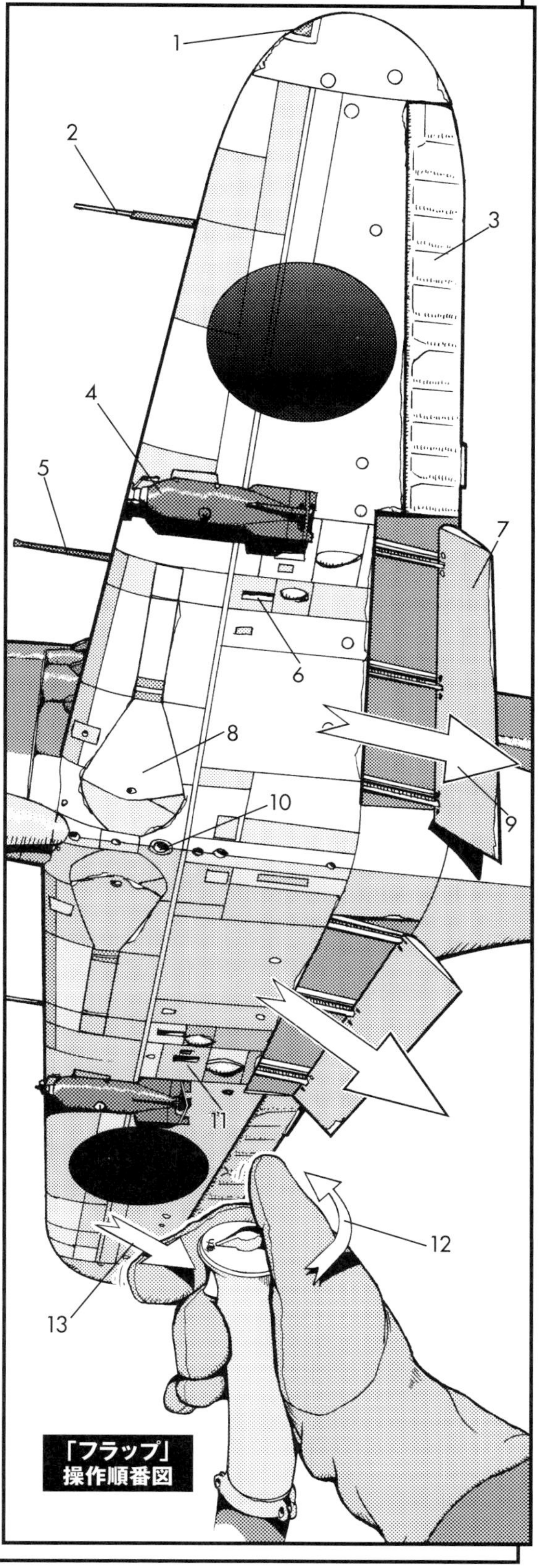

「フラップ」
操作順番図

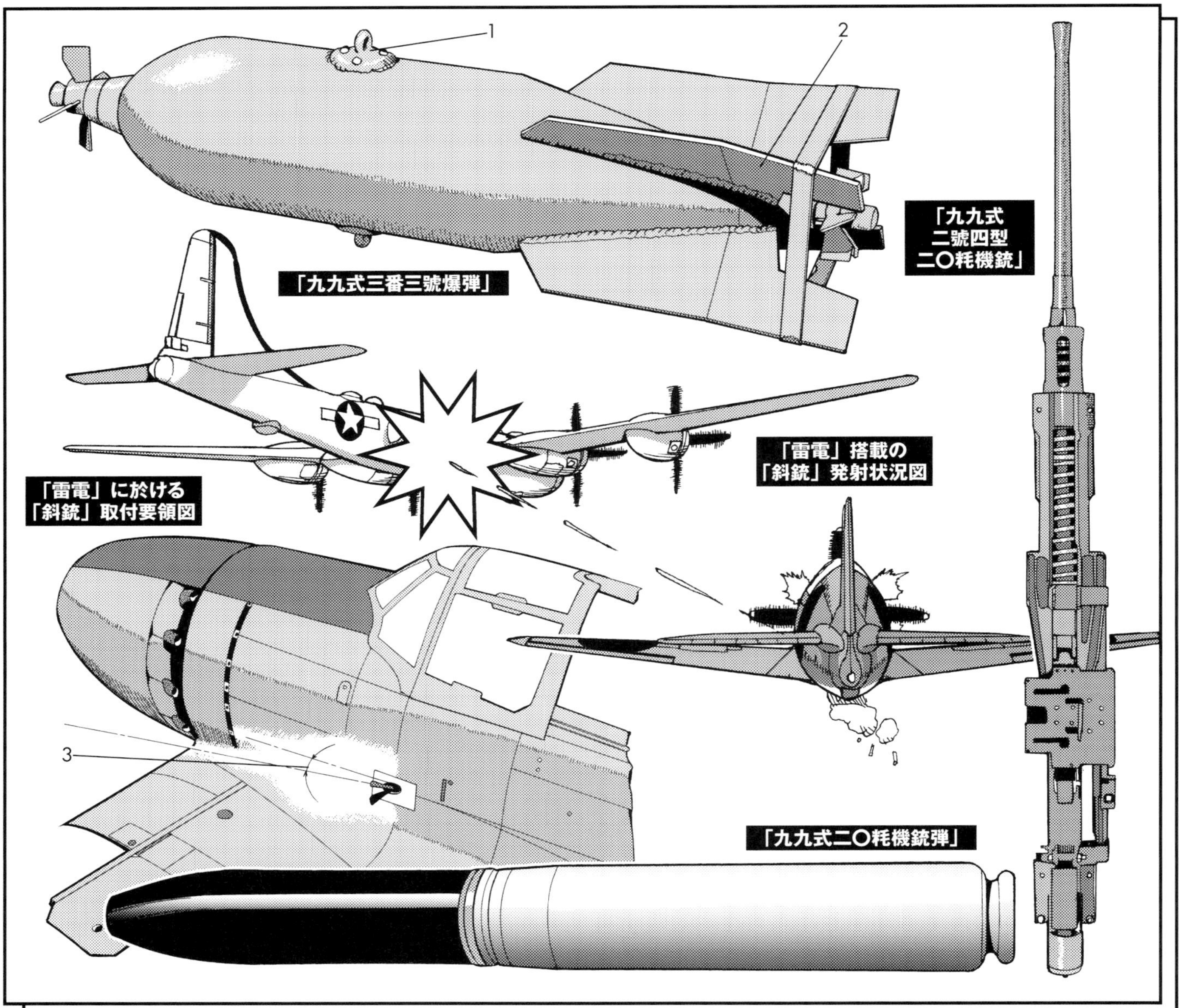

■武装

「雷電」二一型は両主翼に御馴染みの「九九式」と称された20㎜機銃を都合4挺搭載する強力なモノになっているが、問題は4挺すべて同じ「九九式」ではなく胴体側の「内銃」が「九九式二號四型二〇粍機銃」、外翼側の「外銃」が「九九式一號四型二〇粍機銃」というように長・短銃身の機銃を混同装備している点だ。たんに銃身の差だけなら我慢もできようが銃弾は共用できないまったく別物で当然弾道も違う。「雷電」のこの扱いの意図はなんなのだろう。一部資料では高性能機銃である「九九式二號四型二〇粍機銃」は同じ「乙戦」の「紫電改」に優先的に廻した結果……とするものがあるが、それが本当ならば海軍が持つ「雷電」への薄愛を示す悲しい証拠だ。機銃名称の「四型」が示すとおり、ベルト給弾方式の恩恵で「内銃」には190発、「外銃」には210発、両翼合計800発が携行されるが高性能銃側が少携行弾数という扱いは釈然としないが、弾が長く重いのだ。これは仕方がない。「雷電」の機銃搭載方法は他機にはない特徴がある。機銃取付角が推進軸に対して3.3～4.3度仰角している。これは「直上方攻撃」で逆落としに降下射撃する際の見越し角を考えて発砲するおり、どうしても機首下方の相手に照準する必要があるのだが、前述のとおり「雷電」の「発動機整流環覆」は太く長く見難いので見越し角分、機銃を仰角させているという訳だ。発想の逆転だ。頓智が利いているではないか。機銃に角度を付けた話が出たついでだが、「雷電」の特殊装備として「月光」で御馴染みの「斜銃」搭載例がある。機体中心軸より左側に30度、推進軸に対して仰角10度という上方斜めかつ、左斜めという恐ろしい搭載方法だ。とても狙いにくいのが御判りだと思うが同時に敵側からの照準もむずかしい。敵射弾が「雷電」に命中するのがさきか、「雷電」の20㎜弾が狙いどおり敵機を冒し撃墜するかがさきかの我慢比べみたいな搭載法だ。「雷電」搭乗員は照準中、敵機と平行飛行し進行方向とは異なる方向を敵弾に脅えつつ睨む。……こんな毒々機銃装備は10機以下改造されたそうだが当然不人気で早々に取り外された。余談ながら「雷電」の太い胴体ならさして苦労せずに搭載はできただろうと推定されるのだが。ほかに空対空爆弾である三番・六番各種「三號爆弾」を翼下に懸吊できる点も案外と「雷電」の知られていない武装のひとつだ。

1.「懸吊具」。回転するので重量を均等にさせるためこれは上下にある
2.図の通り後半は捻じってあり投下後、回転運動し安定飛翔する構造になっている
3.左に30度、上に10度の傾斜がついている

あれから一言

連載掲載時にオープニングで安易に『三菱だから鉛筆も作っていた』と記載したのだが、本誌発売ほどなくして付き合いは長いが一度も拝顔の栄に浴していないメル友からやんわりと指摘を受けた。『人を褒めるのは人前で、人を叱るのは陰で』という格言のとおりだ。M氏に感謝だ。筆者はこれでひとつ賢くなった。この年は筆者にとって「雷電」三昧な年になった記憶がある。個人出版で2作品「雷電」を題材にしたコミックを発表したからだ。世に「雷電」好きな方が多いということに気付かされた年でもあった

失敗転じて傑作機が生まれる

中島 夜間戦闘機 月光一一型

夜間戦闘機といえば「月光」が有名だが、そもそもこの機体は陸上戦闘機として開発され失敗作とされた機体を再利用したものだった。余分な贅肉を廃し戦闘機と生まれ変わったその姿をご覧にいれよう

ここは夜間戦闘機「月光」の機体だけを述べる。正直、筆者の「月光」に対する印象はよくない。大柄で間延びし、それでいて真新しいものがなく平凡、使ってみれば中途半端でなにをやっても芽が出ず、紆余曲折やっと夜間戦闘機に拾ってもらった……と「月光」にはなんの恨みもないが弁護する気持ちも失せるものだった。……ところが今回、その思いは消えた。と同時に設計者達の苦悩、モガキ、そして何とかしてものにしてやろうという『執念』を感じ、同情する気持になった。……人に例えるなら歌手にはなったが芽が出ず、歌謡ジャンルを転々……という感じだ。ほとんど演歌の世界だ。調べたら『月の光で涙酒』というタイトルでありそうだが。冗談はともかく中途半端の原因は海軍があれもこれも欲張ったからだ。これさえなければあんなに膨らみ、フヤけ、間延びして総合的にダメになるという醜態は避けられたはずだ。戦争中でなかったらこれでオシマイ、ゴクローサンだが夜間戦闘機への切望から名称も「月光」という見事なものを賜り再デビュー。適当な器として選ばれた運もあるが欲張った要求をクリアーすべくモガキ苦しんだ結果、潜在能力があったからでもある。といっても無茶な要求を出した海軍は褒められるモノではないのだが。「月光」のデビュー時は正しく漆黒の闇に光り輝く満月であった。しかしその輝きも急速に失われた。当たり前の話で「月光」という名称を賜ったからといって性能が向上するワケではない。所詮は間延びした「二式陸偵」だ。美しい「月光」の名称に恥じぬよう猛烈なるダイエットが始まった訳だが、初めの無茶な要求をすべて取り下げ『夜間戦闘機』という目的だけに絞って開発していたら……と後知恵なことを「月光」を見るたびに強く思う。月の光りのように仄かではあるが、記憶に残る機体だ。「月光」は。では次のページから「月光」の細部を述べていきたい。■

「中島 夜間戦闘機 月光一一型」全体図

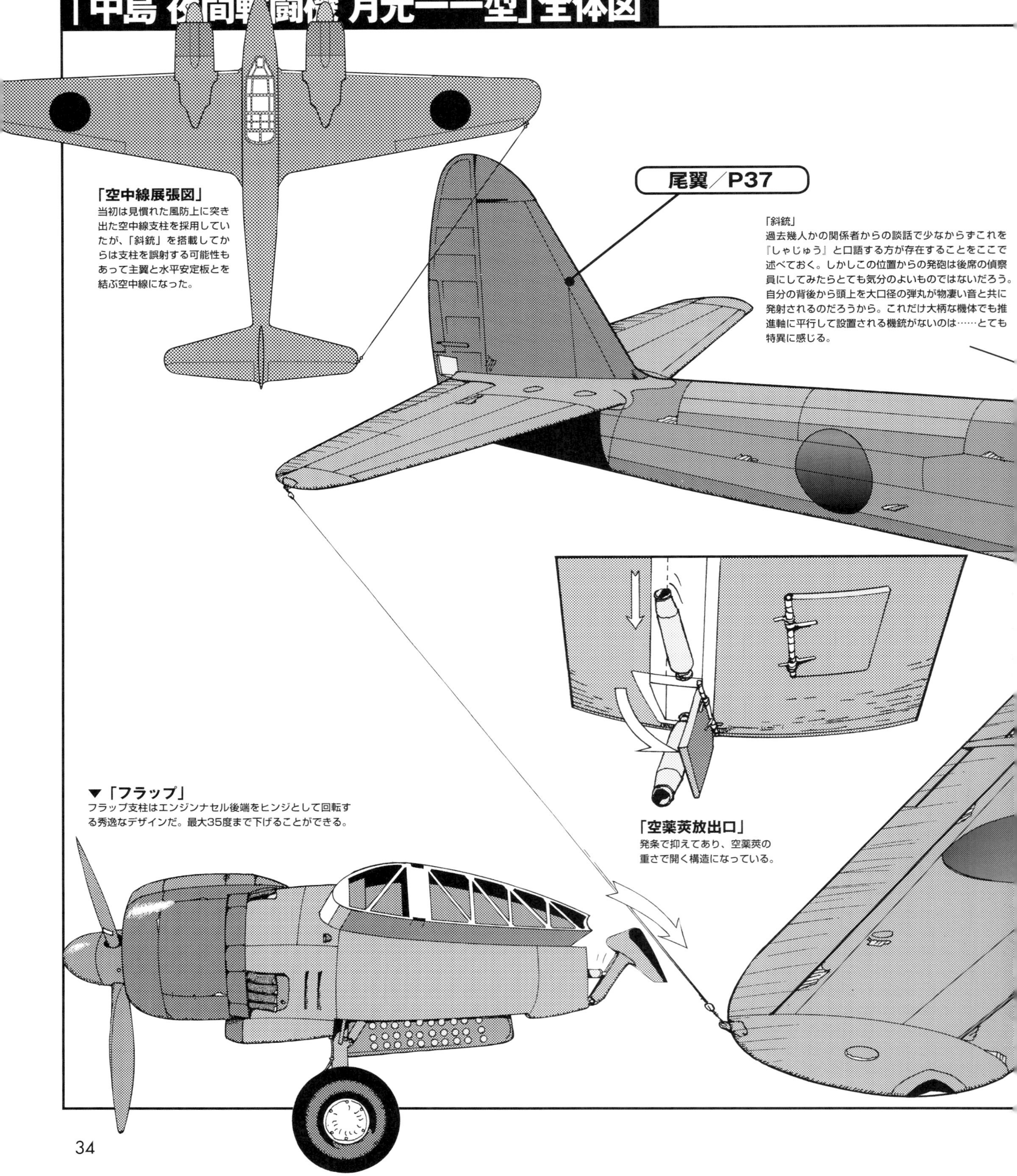

「空中線展張図」
当初は見慣れた風防上に突き出た空中線支柱を採用していたが、「斜銃」を搭載してからは支柱を誤射する可能性もあって主翼と水平安定板とを結ぶ空中線になった。

「斜銃」
過去幾人かの関係者からの談話で少なからずこれを『しゃじゅう』と口語する方が存在することをここで述べておく。しかしこの位置からの発砲は後席の偵察員にしてみたらとても気分のよいものではないだろう。自分の背後から頭上を大口径の弾丸が物凄い音と共に発射されるのだろうから。これだけ大柄な機体でも推進軸に平行して設置される機銃がないのは……とても特異に感じる。

▼「フラップ」
フラップ支柱はエンジンナセル後端をヒンジとして回転する秀逸なデザインだ。最大35度まで下げることができる。

「空薬莢放出口」
発条で抑えてあり、空薬莢の重さで開く構造になっている。

御覧になってもらいたい。この「月光」の引き締まった機体を。フヤけた「二式陸偵」とは完全に別物ではないか。『大柄だ』といえるかもしれないがじつに引き締まって精悍だ。固定／可動を含めた「風防」も「摺動式」の入れ子型に付纏う堪え難い段差もなく、一見開閉とは無縁のプラモデルやラジコン機ように感じてしまう程だ。その大きさも胴体との比率から見ても、嫌味がなく程よい大きさでじつにキマッているではないか。まるで単座戦闘機のようだ。複座なのにこじんまりと感じるこの部分は別項で後述するが開閉方法が「摺動式」を採用しなかったことに尽きるその恩恵からだ。……しかし枠の太さが若干気になるが構造上仕方がない。また、機首に備付けられた空対空機上用電探空中線も、「月光」の機体同様きりりと引き締まった精悍さを感じる容姿ではないか。……ただ余りに引き締まり過ぎて隣り合う空中線が近過ぎて問題はなかったのだろうか……と心配になってしまう程だ。この「空中線」、じつは各種存在し、別項を設けたのでそちらも御覧になってくださると幸甚だ。

やや話題が「月光」から逸脱するが筆者が「月光」のこの全体像を描き、ふと冷静になって強く感じたのは同じ中島製の「十八試局地戦闘機 天雷」（J5NI）だ。これと「月光」の母体となった「十三試双発三座戦闘機」は前述のとおり同社製だが作られた時期は5年も後の作だということをサテ置いても「天雷」は「十三試双発三座戦闘機」とその改修で誕生した「月光」らの苦労で得られたサマザマな知恵を吸い上げて練られた作品だと容易に想像出来る。確実に「月光」らの遺伝子を引き継いでいると筆者は強く思う次第だ。これで「天雷」がモノになっていれば「強風」が「紫電・紫電改」にと生まれ変わっていくサマと同列に語れる好例になったのに……と、悔しく切ない思いで一杯だ。

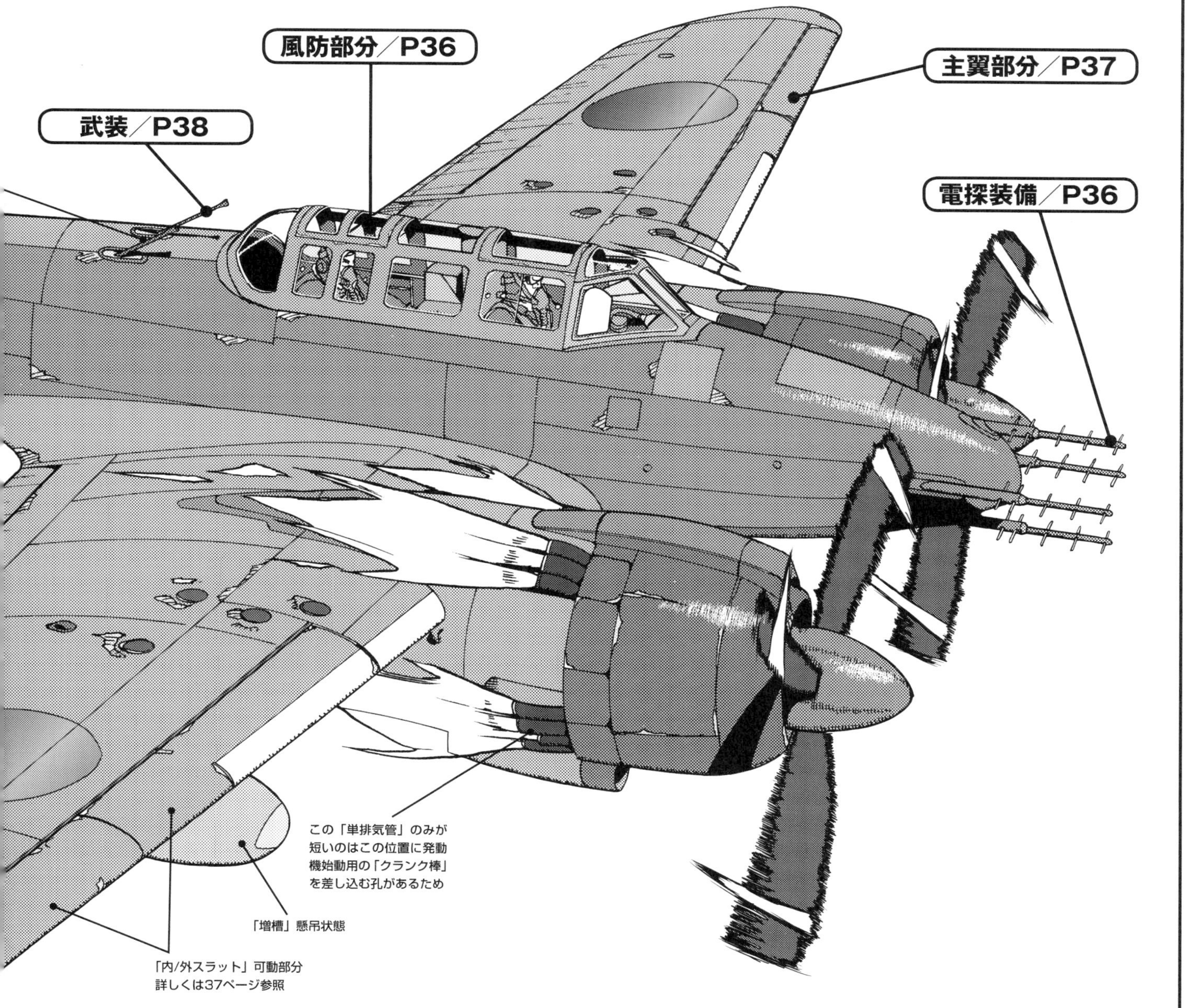

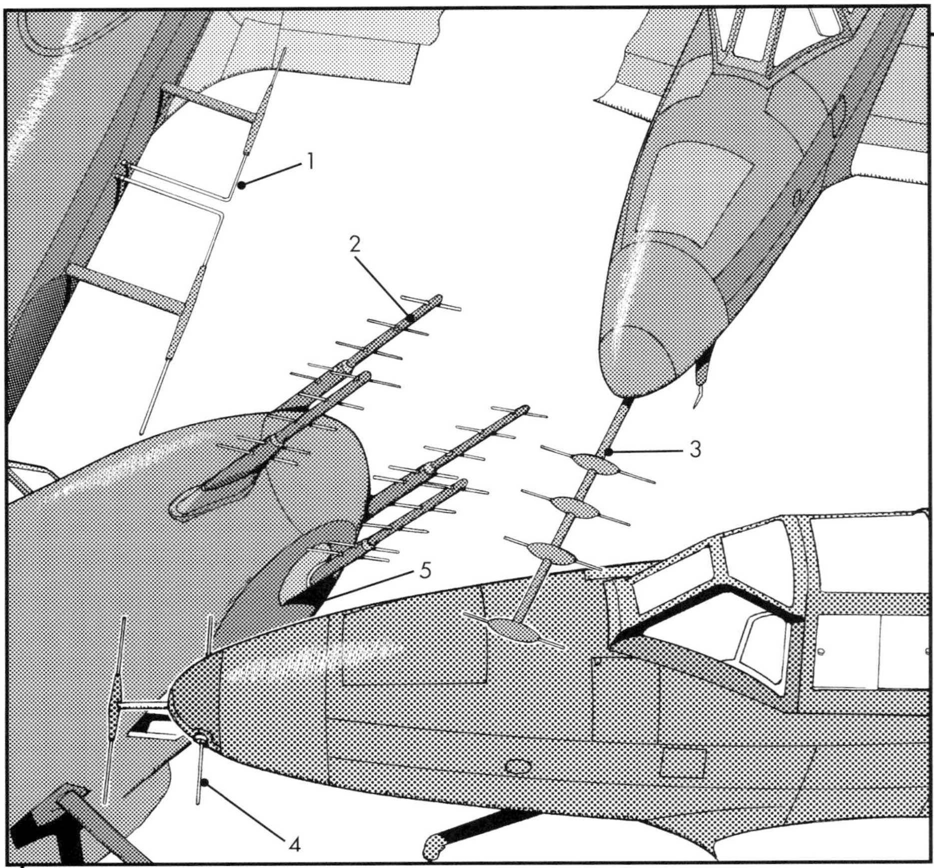

■電探装備

「月光」の特殊装備として電探が挙げられる。中でも機首から盛大に四本突き出た対航空機用機上索敵電探「FD-2型」はインパクトがある。

さて何故、電探空中線が四本も機首から突き出ているのか……と、その意味だが、資料によって意味と解釈がバラバラだ。『送・受信用で四本必要』など、諸説あるが筆者個人が支持する説は『前方・左右・下方の各方向索敵用』とするものだ。……だとすると四本ある「FD-2型」空中線のうち、3本は指向性の為、左右・下方向に僅かな角度で取り付けられているハズ、と考えているのだが皆さんはどう御考えになるのだろうか。

トカク、「夜間戦闘機」というと対航空機戦を思いガチだ。事実、前述の「FD-2型」はそれを目的とする電探だ。しかし「月光」は他の使用目的電探搭載型も存在する。「FD-2型」と比較すると慎ましい形状の「FM-1型」と称されるものだ。この見慣れぬ名称は対艦索敵用電探だ。「H-6型」と称された我が海軍ではポピュラーなものと同じ目的のものだ。「一式陸攻」二二型に搭載されたものに酷似した空中線素子をしている。他に空中線素子根元の取り付け部が太くて全体も長大な空中線の「FD-1型」もある。余談ながら筆者は過去に「月光」の整備員だった方と懇親する機会があったが電探装備の「月光」は『ノコギリザメに見えた』と述べておられたが今回、筆者も「FD-1型」電探装備の「月光」を描きその弁に膝を打った次第だ。

1.「FM-1型」胴体空中線
2.「FD-2型」空中線
3.「FD-1型」空中線
4.「FM-1型」空中線
5.「FD-2型」空中線を取り付ける場合、前視認窓は塞ぐ。

■風防部分

風防と纏めて呼称される部分だが機体に固定されている「遮風板」と可動する「天蓋」とに別けることができる。多くの航空機の「天蓋」開閉は前後に摺動させる方式だが「月光」は左側部分を上に跳ね上げる形で開閉する。ここでも『モガキ』の業が見受けられる。通常の摺動方法だと固定遮風板と「天蓋」の厚さ分だけ段差ができ、その分、空気抵抗になるし摺動させる軌条も、またそのクリアランスも必要で多座機に用いるのはアタマが痛い。言い切るのは早計かも知れないがこの僅かな段差をデザイナーは嫌ったのだろう。そういう意味では閉状況ですべての「天蓋」がツライチになり、その上開けた「天蓋」の場所も考えないで済む横開き式は優れていると言える。だが個人的にこの手法は好きではない。「摺動式」のは任意の場所で「天蓋」を固定できるが横開きのは全開か全閉しか選べない。そこで「月光」ではこの「天蓋」可動部分、先端の「遮風板」ガラスに食器棚の引き戸のような開閉手段を採っているのは……デザイナーの苦労を忘れて笑ってしまう。飛行中の脱出はレバーを引くと「天蓋」の蝶番が抜け「天蓋」可動部分がそっくり外れる構造になっている。

1.「三式小型射撃照準器」
2.夜間戦闘機の「月光」にはフィルターは不要だったのではないだろうか
3.「三式小型射撃照準器」取付要領。仰々しい台座で設置される
4.「遮風板」に設けられた換気窓。摺動して開閉する
5.上部防弾鋼板。必要に応じて上下できる
6.「羅針儀二型」
7.搭乗時に使う把手

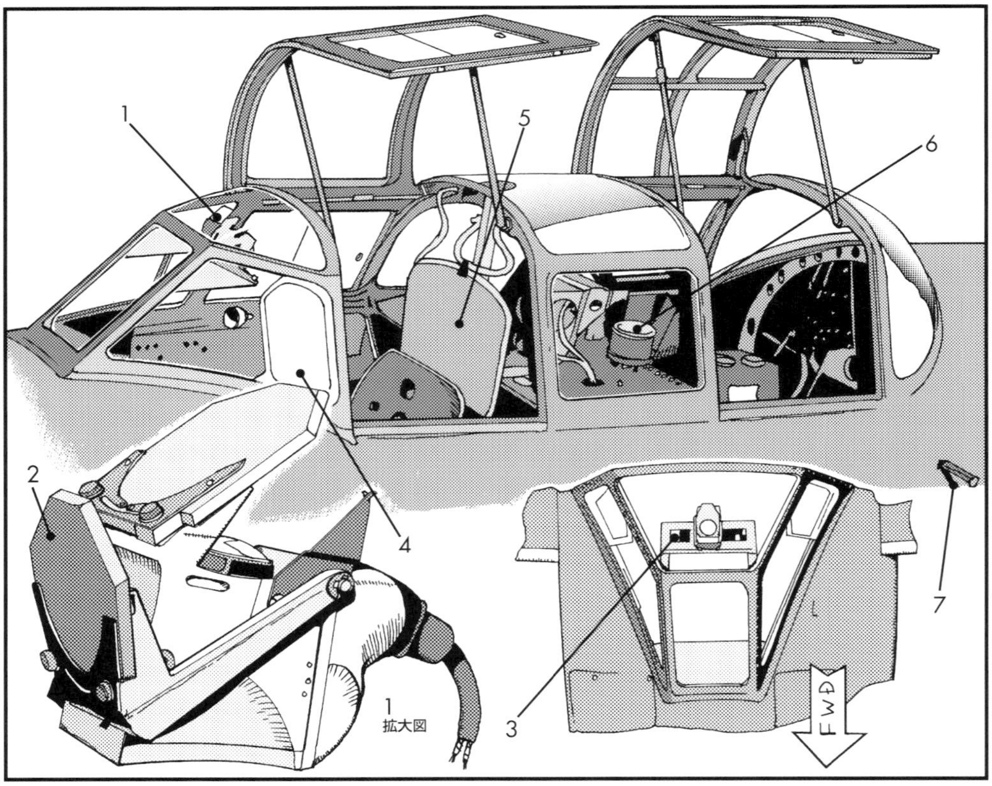

■主翼部分

主翼は平凡だ……と、筆者はそう思っていた。が、じつはそうではない。主翼前縁が前方に飛び出る「スラット」と呼ばれる、非常に凝ったカラクリが仕込んであるのだ。見ての通り、主翼前縁に二分割された状態で『飛び出る』。筆者は『飛び出る』という表現を用いたが実際は油圧でじわじわと迫り出すような作動だと推定する。これを用いることで翼端失速速度を低くすることが可能……とあるが問題はどの程度の恩恵があったか筆者の手元にはデータがなく不明だ。チナミに胴体側の「内翼スラット」は200㎜、翼端側の「外翼スラット」は150㎜『飛び出る』。テーパーのある主翼前縁から推力線と平行する形でスラットを迫り出すには分割させ、出す距離も異なった方が問題が少ないという判断からだろう。不明ばかりで恐縮だがこの「スラット」操作は非常に簡単なものだ。操縦席左にある把手で操るのだが、特筆すべきはこの「スラット」を出したままで加速操作をすると安全弁が作動、自動的に格納する構造になっている。チナミにこの「スラット」は「フラップ」との連動で作動するので「フラップ」も同様に収納される。これは格納を忘れて飛行するような注意力散漫な搭乗員にはとてもありがたい装置だ。もしかすると二分割されている理由は自動検知の構造上必要な工夫かもしれない。この構造を取り入れた我が国の戦中航空機というのは艦上偵察機の「彩雲」と局地戦闘機の「秋水」くらいしか筆者は知らない。この「月光」の「スラット」、近年自衛隊厚木基地地下未発見の隧道より発見されニュースとなったことは記憶に新しい。繰り出すロッドが各二本ついて居りまさしく図で描いたものであった。同日、当家に新聞社から電話があり記者氏にスラットの説明をしたのは楽しい想い出だ。

1.「外翼スラット」150㎜出る
2.「内翼スラット」200㎜出る
3.「三三〇ℓ落下増槽」。後期の鰭が付くタイプは名目上は330ℓだが実際は310ℓだ

■尾翼部分

こちらも主翼同様、外見は何の変哲もないデザインに見えガチだが細部を見ると『モガキ』の業がある。胴体と方向舵の整合方法はデザイナーの手腕の見せ所だが「月光」のそれは胴体が方向舵と同じ厚みになるように左右が徐々に狭くなる、という手段を採っている。この手法だと昇降舵とカチ合ってしまうので昇降舵末端をV字状に切り欠いてクリアランスを設けるのだが「月光」の場合はこの切り欠きで空気抵抗が増えるのを嫌い方向舵に思い切って穴を設け、そこを水平安定板と昇降舵が貫くという、良い言い方をすれば発想の逆転の細心設計、悪く言えば病的だ。この部分をみて海外の、特にグラマン社のニンゲンなどは鼻で笑ったに違いない。……空力的には優秀なデザインかも知れないが、もし何かの衝撃で方向舵、水平安定板、昇降舵の何れかがユガんだ場合、引っ掛かりツッかえて操縦不能になる危険性もあるだろうし、隙間なく工作する微細な手間は……正直無駄に思えてならない。ここをV字状に切り欠いた一般的な構造でどの程度の飛行性能の差があったのか知りたいものだ。思うに殆ど差が無いだろうし、逆に重量が軽減されて速度が高まるかも、とさえ思える。何より作り易い。こういう微細な設計はレーサー機くらいにして欲しいなあと思えるのだが、如何だろうか。

1.無線機空中線取付部（右水平安定板のみ）
2.昇降舵
3.尾輪。サイズは400㎜×140㎜。飛行中は完全に格納される
4.尾灯と尾灯窓

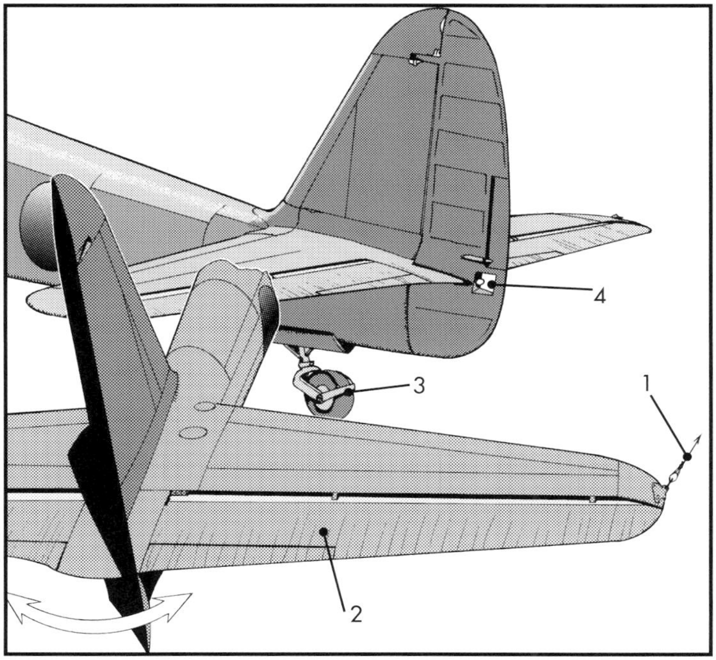

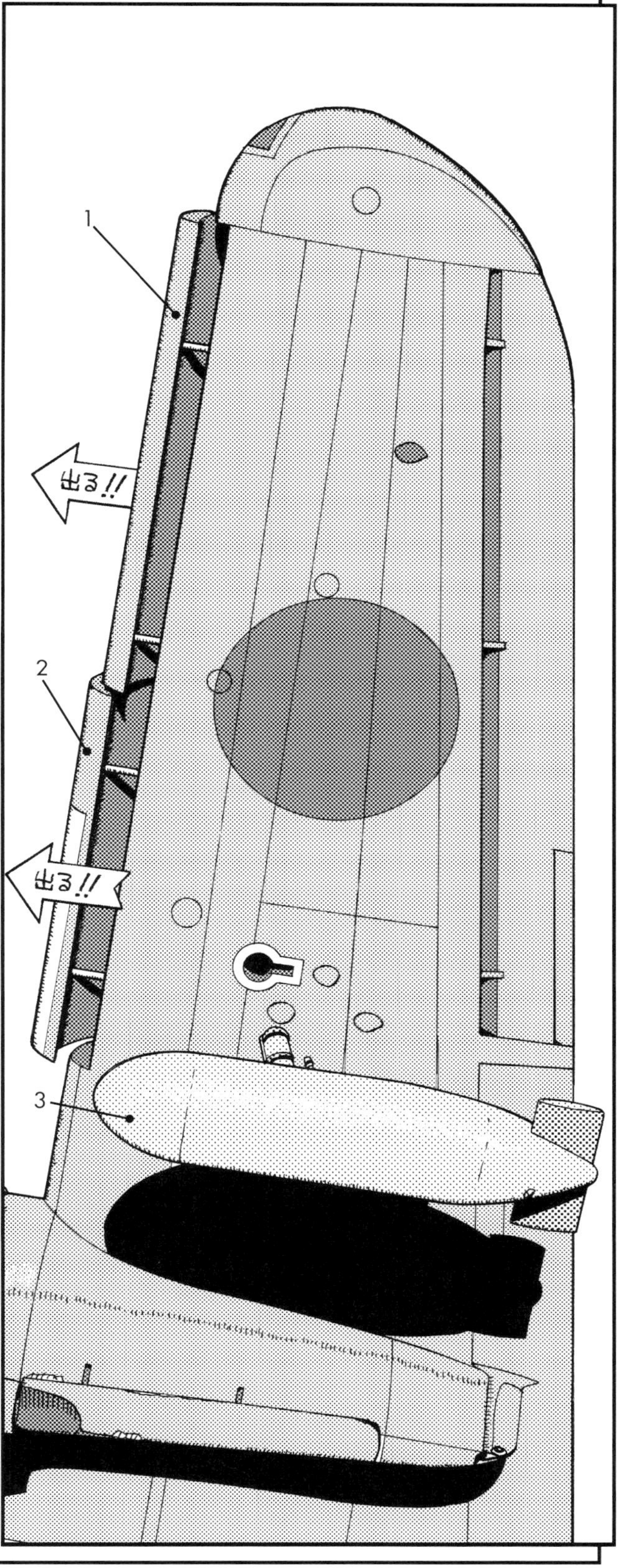

中島 夜間戦闘機 月光一一型

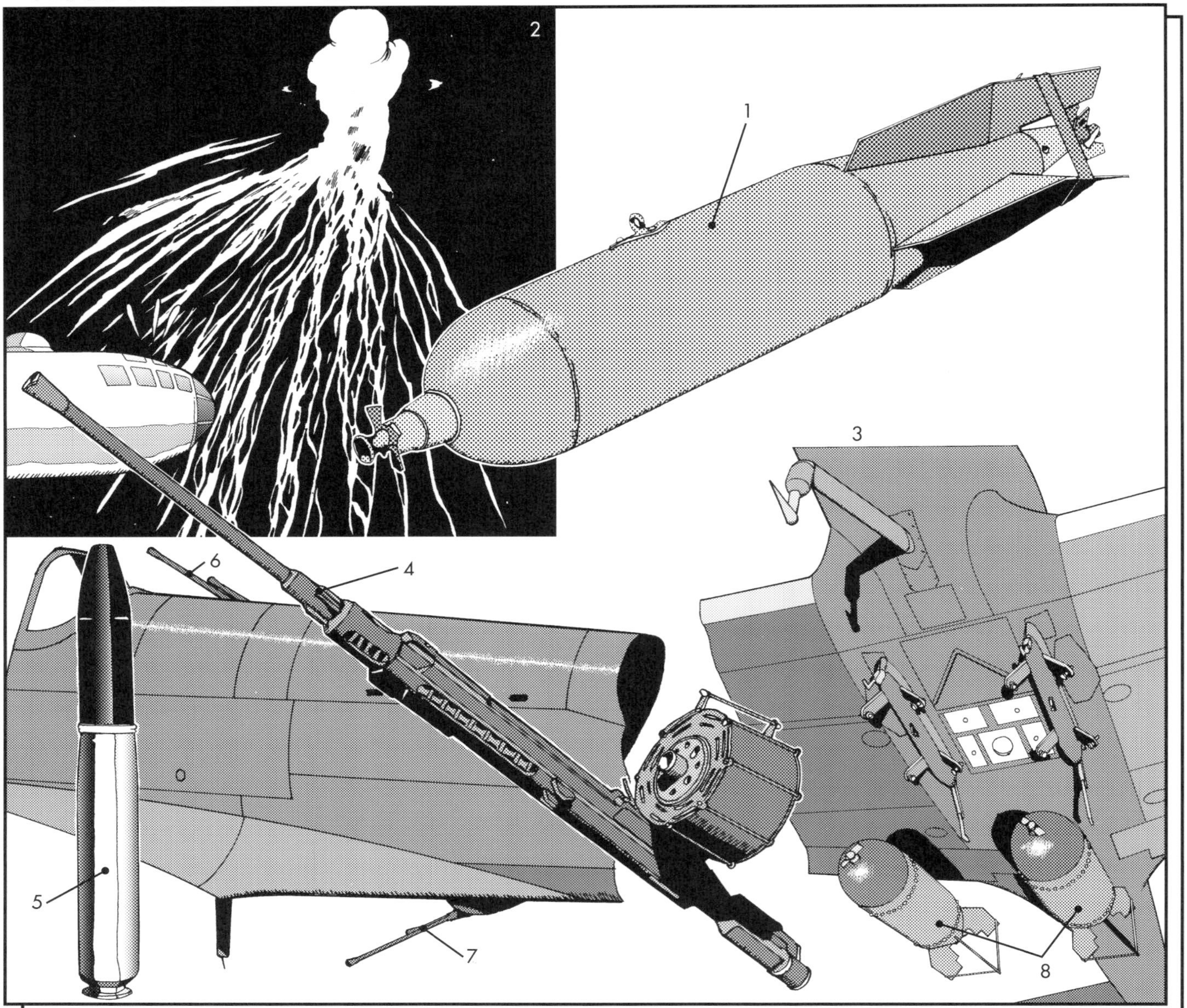

■武装

筆頭は推進軸に対して30度の角度で設置された「九九式二号三型二〇粍機銃」が挙げられる。この変則装備には「斜銃」という名称が与えられていることは周知の事実だ。胴体より長く突き出す精悍な機銃は当初、上向きに2挺、下向きに同じく2挺の、合計4挺であったが、「月光」が実戦デビューを飾ったラボール（ラバウル）では相手に気付かれることのないまま小判鮫のように張り付き、2挺の「斜銃」でも長時間の射撃が可能だった。が、相手もバカではない。早々に気付くようになり、威力を増すため上方銃の数を3挺にし、合計5挺とした。海軍航空機でこの数を越えた「九九式二〇粍機銃」を搭載したものは「一式陸攻」と特殊装備の「銀河」くらいしか思いつかない。しかしこの数、ただでさえ低速な「月光」には過ぎたものだったらしく最終的には使用頻度の少ない下方銃全てを取り払い上方3挺に決着した。すでに使われていたそれまでの上下2挺「月光」は下方銃を取り去った機も多いようだ。弾倉は「回転式弾倉」と称された100発入りのが2挺、追加された1挺のみは200発ベルト給弾の「九九式二号四型二〇粍機銃」だったが我が国の発条製造技術の稚拙さは深刻で満杯装塡では円滑に作動せず一割程減らした携行弾数だった。「月光」の武装はこれら「斜銃」だけではない。「二式陸偵」からの改造「月光」は機首に20㎜機銃が残っていたものもあるがそれは希有な例。「月光」は胴体下に二五番までの爆弾を2発懸吊できるのは意外と知られていない。「三号爆弾」と称された空中で炸裂し、内包する弾子を振り撒く特殊爆弾も重量が二五番までなら各種搭載が可能だ。2発で500kgもの重量を抱え込んで高々度まで上がるのは「月光」では荒唐無稽な武装ではある。

三番や六番等の小型「三号爆弾」なら可能だろうが何しろ照準器は「斜銃」用なのでアサッテの方を向いている。ただでさえ投下のタイミングの難しい「三号爆弾」を照準器が使えない状況での使用となると効果は推して知るべしだ。本コーナーで「月光」の搭載電探を前述したが対艦用電探の「FM-1型」搭載例がある通り、海軍は「月光」に通常爆弾を搭載して夜間艦艇爆撃をも考えていたのでその意味を含めた二十五番装備なのだと推測される。万能機を目論んだ「十三試双陸戦」の通り、名前が「月光」になっても海軍はどうしても「月光」にいろいろ仕事をさせたいらしい。

1.「三号爆弾」。投下時に安定した弾道を描くように施条運動するよう尾翼が曲げられている
2.「三号爆弾」炸裂状況
3.爆弾架取付要領。二十五番までの各種爆弾が搭載できる
4.「九九式二号三型二〇粍機銃」
5.「二〇粍機銃弾薬包」
6.「上方銃」
7.「下方銃」
8.「九八式二五番陸用爆弾一型改一」（搭載例）

あれから一言

この號の少し前に『ネイビーヤード』誌で筆者を拾ってくださった担当G氏が『スケールアヴィエーション』誌に売り込んでくださったお陰で連載が叶った。その連載第1回目だ。マサに棚から牡丹餅、棚から連載だ。しかも各種大量の資料提供してくださった。とても嬉しかった記憶がある。これは若干記憶が曖昧だが、『ネイビーヤード』誌の原稿を完遂させたのちに本誌を着手したのだが、日程の都合で本號の方が先に発表された記憶がある。こんな理由から第1回目から編集御中には迷惑を掛けてしまった苦い記憶もあるのだが

海軍唯一の急降下爆撃可能な双発機

空技廠 陸上爆撃機 銀河一一型

「銀河」は登場時期が遅かっただけに活躍の機会に恵まれなかったが、「陸上爆撃機」として急降下爆撃も可能であったその性能は、瞠目すべきものがあった。そんな「銀河」の知られざる魅力をお伝えしよう

ここでは陸上爆撃機「銀河」（P1Y系）の機体だけを筆者が見たまま、感じたままを述べる。

『洋の東西を問わず、航空機で星の名前をつけたヤツはロクなモノがない』……と、こんなジンクスめいたことを筆者は何度も耳にしたことがある。ドイツのロケット戦闘機「コメート」（Me163系）、艦上爆撃機「彗星」（D4Y系）……。ざっと挙げてみても確かに一癖も二癖もある、そんじょそこらの一筋縄では行かない航空機ばかりだ（個人的にこれらは、心から愛すべき機体ではあるが）。その『星』が文字通り星の数程集まったのが『銀河』となる。前述のとおりなら、この名を賜った陸上爆撃機「銀河」は筋金入りの『ロクでもない』航空機のハズだ。『ロクでもない』かどうかはさて置き『タダモノではない』と思えるのはその肩書だ。なにしろ『陸上爆撃機』だ。これがつく我が国の航空機は戦中に限らず戦前・戦後を通して「銀河」のみだ。肩書もスゴければ機体サイズも搭乗する要員数もタダモノではない。全幅20mもありながら乗員数は3名のみ。機体の直接的な視点からは逸脱するが量産された数も1000機を超える。対米戦ではその程度ではものの数ではないかも知れない。しかしずっと小さく単発機の「紫電」でも造られた数はその程度なのだ。そこまで製造側を熱くさせるなにかが「銀河」にはあるのだろうか。そんな「銀河」は許容降下角60度、330ノット（許容降下速度）で急降下爆撃をするのだ。『ロクでもない』どころか正気の沙汰ではない。このテの常識から逸脱した機体の搭乗評価はえてして散々なモノだが「銀河」は違う。筆者は元「銀河」搭乗員からこの航空機の凄さを耳にしたことがある。曰く、機体と発動機さえ万全なら『死ぬ気がしない』と。そういわしめるにはそれなりの理由と説得力が必要だが敵グラマン約30機に囲まれた状況を、この「銀河」で切り抜けたのだ。これ以上の言葉は必要ない。『ロクでもない』……そんなことをいったら「銀河」からバチを賜りそうだ。では次ページから細部を述べたい。■

「空技廠 陸上爆撃機 銀河一一型」全体図

この機体を描き、強く感じたのは月並みな表現で恐縮だが『細く長い』ということだ。主翼後縁から水平安定板までの距離が寸法を間違えたのではないかという程に長い。それを一層強化するように主翼の長大さと胴体の痩身が相俟って矢を番（つが）えた弓のようにも感じられる。これが飛んでいる姿は……きっと誰よりも遠く優雅に飛べるアルバトロスのようだっただろう。「キ七四」同様、飛行している姿を見たい航空機のひとつだ。実際の機体は全幅20m、全長は15mある。「天山」などでは大型に感じる「三式空六号無線電信機四型」（通称H-6電探）胴体空中線も「銀河」ではもの足らない程に小さく感じてしまう。「遮風板」と「天蓋」らを纏めた「風防」部分だが、なだらかな曲線で構成される。世に『涙滴風防』というコトバがあるのだが有機硝子精製がままならない当時でもそれを充分に名乗れる、量産製を無視したような微細な工作ではないかと思える。本機の前に掲載された「月光」に採用された直線的だが段差のないそれと比較すると「風防」を構成する手段は沢山あるのだなあと感心してしまう次第だ。非常におもしろいと感じる。

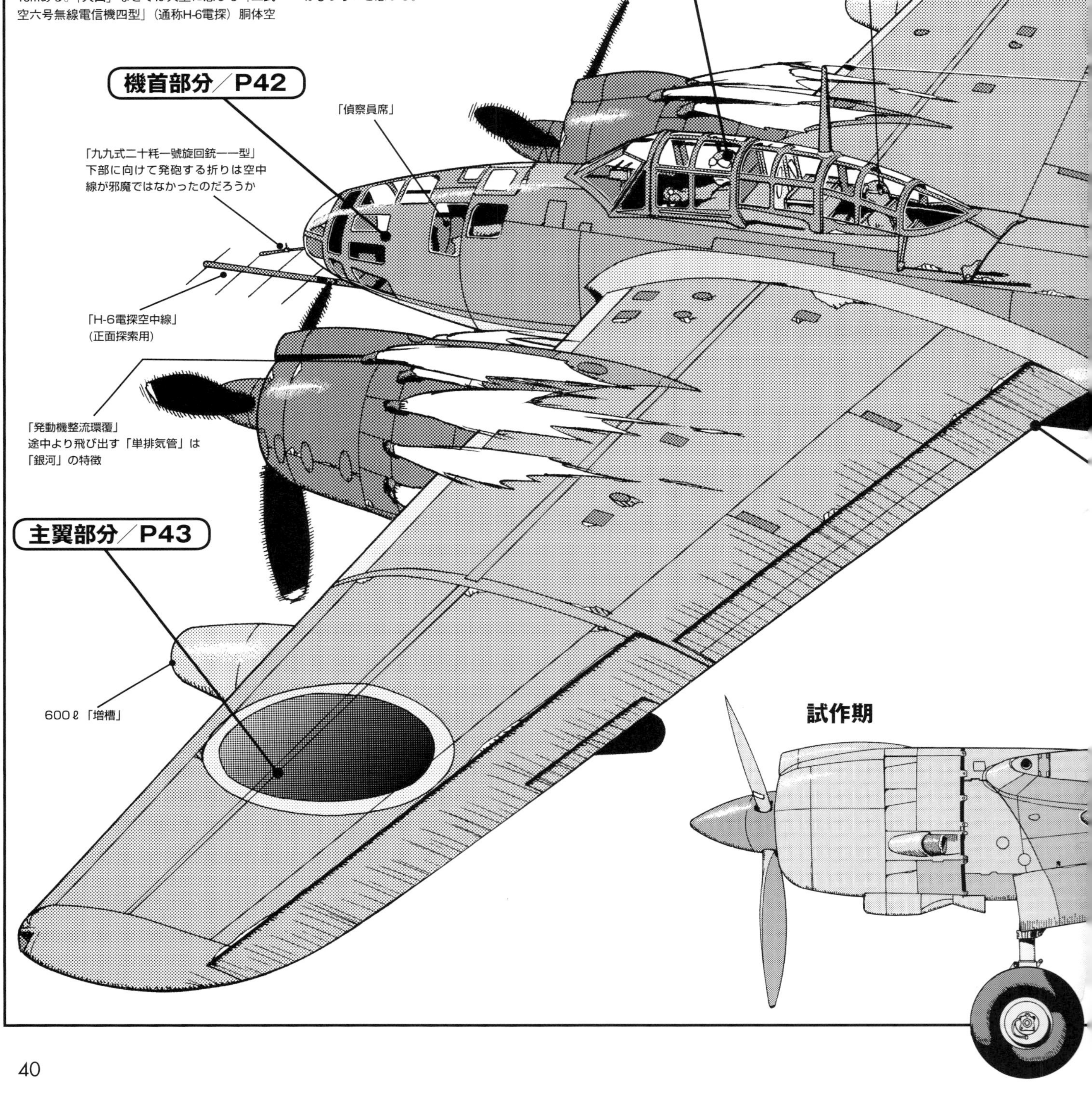

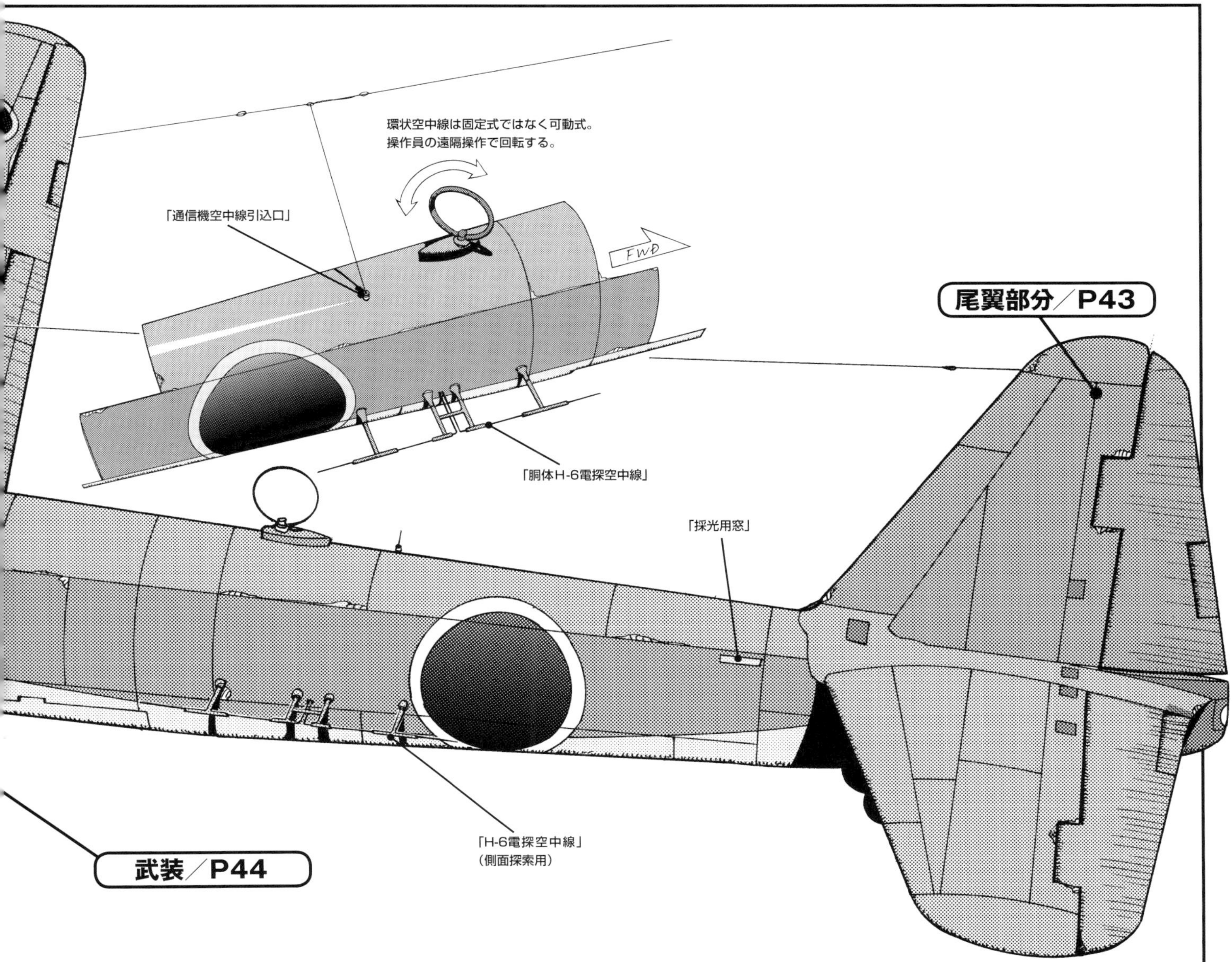

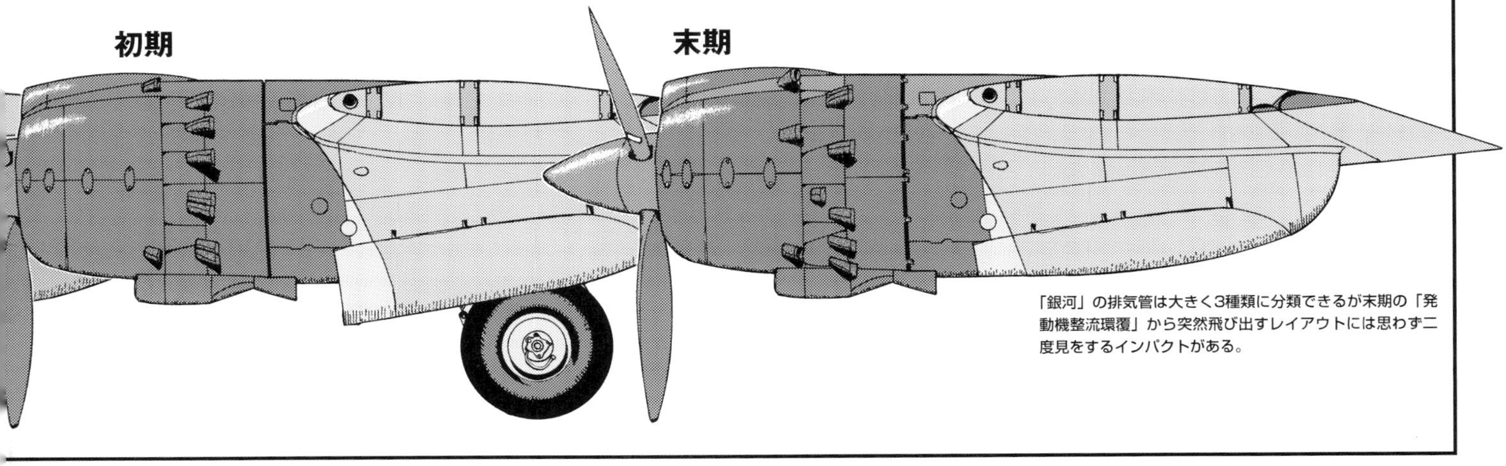

「銀河」の排気管は大きく3種類に分類できるが末期の「発動機整流環覆」から突然飛び出すレイアウトには思わず二度見をするインパクトがある。

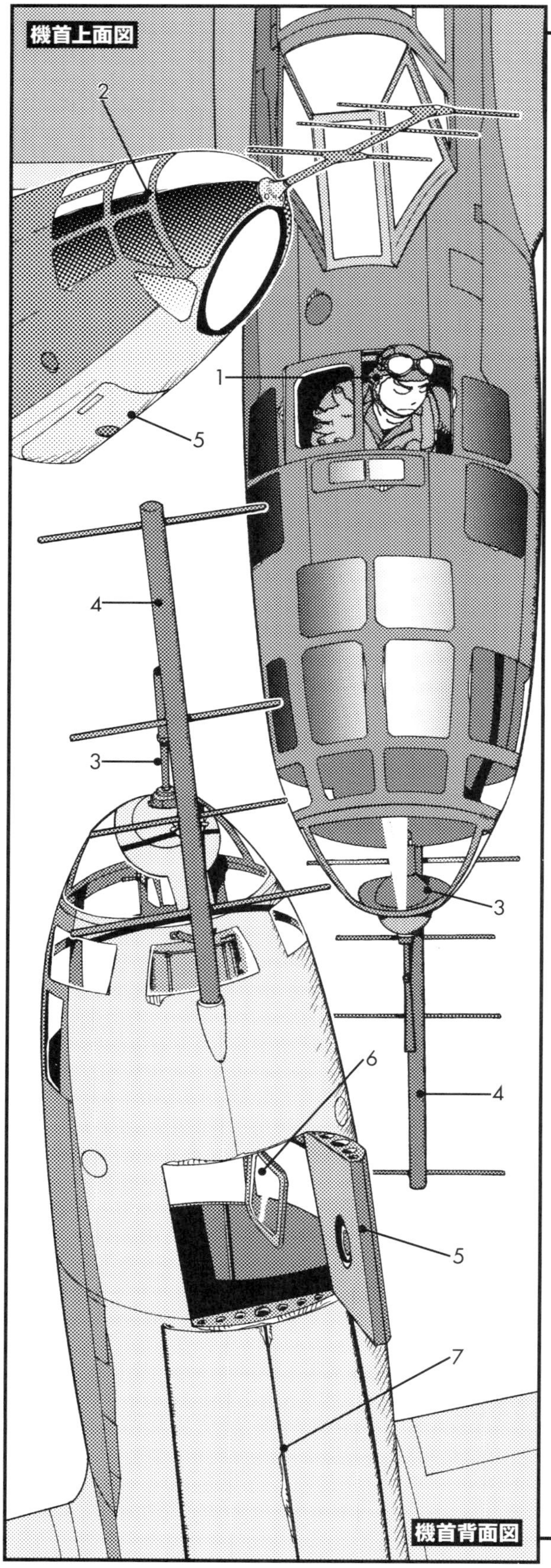

■機首部分

「一式陸攻」の感覚ならここに配置される搭乗員は水平爆撃を担当するのだが「銀河」はその任務に加え航法も、また急降下中に高度や速度の読み上げ担当もする偵察員席となっている。従って羅針儀を始めとする各種計器も装備されている。航空機の多くは機体中心線に羅針儀を設置するが「銀河」のそれは機体左内壁にある。中心に設置されるのは爆撃照準器だが普段は外して内壁の所定の場所に収納している。ここへの出入り方法は「一式陸攻」のような胴体内を通ってという贅沢は叶わず、狭くちいさい上部の観音開きするハッチ（天測窓）か下部ハッチからだが、左右両方向、手を延ばせば届く至近距離で轟音を発しながら1,800馬力を越えるチカラで回転するペラがあるのは……恐怖でしかない。オマケに死角なく見渡せるように配置されたプレキシガラス窓は常に高速回転するペラが見える。迂闊にハッチから身を乗り出せばペラに巻き込まれてコッパミジン、機首の偵察席に丸く縮こまっていても胴体着陸などをしようものなら窓だらけで強度などほとんどない偵察員席は無残な結果になる。さらに付け加えると苛烈な弾幕を形成する目標に急降下中は世界の誰よりも恐怖を味わう席でもある。「銀河」に搭乗できるチャンスが訪れても高所恐怖症で先端恐怖症の筆者はここの配置だけは「B-17」の下部動力銃座同様、丁重にお断りを申し上げたいと思う。

1.偵察員上部出入口（天測窓）
2.機首風防別バージョン
3.「九九式二十粍一号旋回機銃一一型」
4.「機首H-6電探空中線」
5.偵察員下部扉
6.偵察員出入口天蓋（内部にハの字に開く）
7.弾扉

■風防部分

胴体風防には操縦員と電信員が搭乗する。風防構成は前より「遮風板」、「第一可動天蓋」、「中央固定天蓋」、「第二可動天蓋」、「第三可動天蓋」、加えて最後尾の「摺動式外板」合計6つだ。初期型「銀河」は最前方の「遮風板」は平面が極端に少ない現在のジェット機のような近代的なデザインだったが夜間飛行中は計器盤照明光が映り込み、大変に不評で「零戦」のものに近い6枚形状のものに変更された。照明光の映り込みが原因ならばまずその改良をすべきでこのような平面構造に変更された本当の原因は透明度の均等な曲面プレキシガラスがうまく作れなかったからではないかと筆者は考えているのだがいかがだろうか。さらに筆者の個人的見解で恐縮なのだが「零戦」のような6枚構成「遮風板」よりも「月光」や「紫電改」のような4枚構成「遮風板」にしてもらいたかった……と強く思う。なお、飛行中の脱出という緊急時、「銀河」の風防は他に例のない壮絶な手段が採られる。「応急離脱装置」と称されるものだ。安全装置を解除し「離脱レバー」を操作すると風圧で「第一可動天蓋」が浮き上がりその力で天蓋を銜えた軌条を固定するボルトが次々と折れ天蓋共々軌条ごと、前述の「遮風板」と「摺動式外板」以外、全て飛散……という、ニワカには信じがたい機能だ。この「応急離脱装置」が「遮風板」の形状が変更になった後期型にも受け継がれたかどうかはまったくの不明だ。

1.「第一可動天蓋」は後方に下げる。
2.「第三可動天蓋」はハネ上げ水平にする。
3.「第二可動天蓋」は「第三可動天蓋」と一緒に「中央固定天蓋」下に押し込む
4.旋回機銃を使う時は「摺動式外板」を後方に押し下げる
5.「遮風板」
6.「第一可動天蓋」
7.「中央固定天蓋」
8.「第二可動天蓋」
9.「第三可動天蓋」

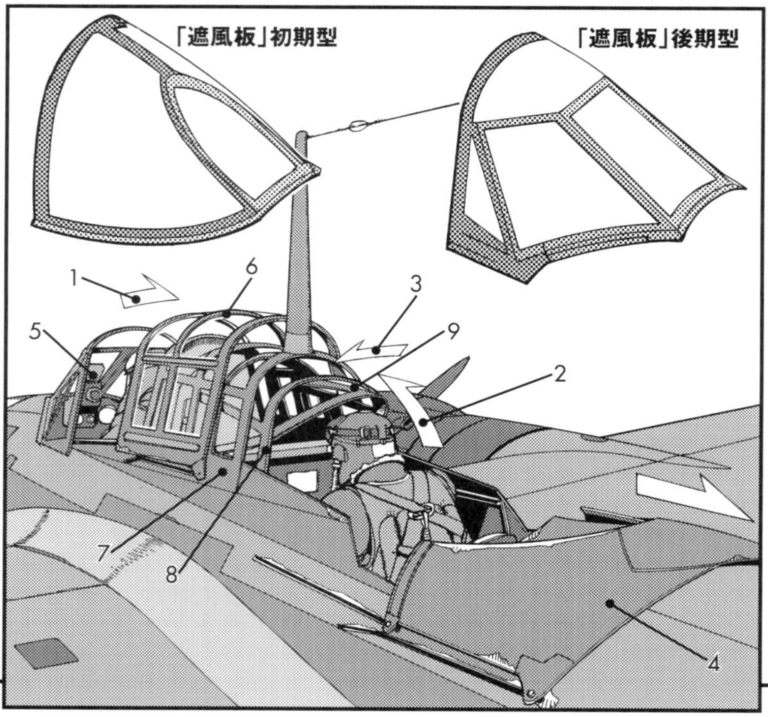

■主翼部分

冒頭に述べた通り、「銀河」は陸上爆撃機なのだ。海軍のいう『爆撃機』は急降下爆撃機を指す。そのためにいろいろな工夫が施されている。急降下爆撃機には速度が出過ぎるのを防止するために「抗力板」と称するエアブレーキが装備されるが「銀河」にも当然装備されている。本来、空気抵抗をできるだけ少なくしようと画策する機体に意図的に、しかも任意に空気抵抗を増すモノを付け加えるのは思っている以上に困難だ。「銀河」のそれは片翼に3枚、合計6枚で構成される。作動方法は艦上爆撃機「彗星」で懲りた電動を用いずに油圧方式だ。作動各度はほぼ直角といえる80度に回転し突き出る。この「抗力板」はすぐれていて速度を殺す目的の外に図に描いたように「銀河」はフラップを最大に下げると主翼後縁とフラップはすき間ができてしまうのだが、その透き間に空気が流れ込まないように防止する安定板の役目をするよう、エアブレーキとは逆方向の上方向にも動く。スゴいのはその動作はフラップと連動され自動だということだ。便宜上描いたが図のように「抗力板」も「フラップ」も全開という状況は実機ではありえない。

1. 「600ℓ増槽」
2. 「ピトー管」
3. 「子フラップ」。フラップからさらに開く45度、構造になっている
4. 「フラップ」。主翼のレールに沿うように30度迫り出す構造
5. 「抗力板」。各85度回転して立つ構造になっている
6. 「フラップ」と主翼のすき間

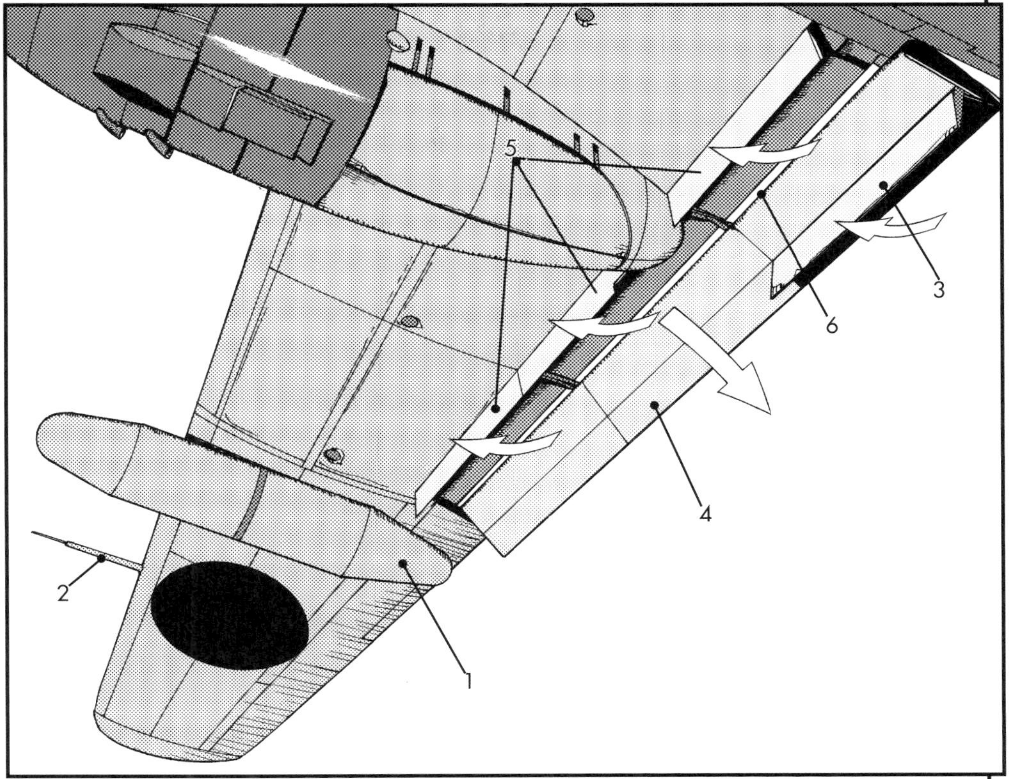

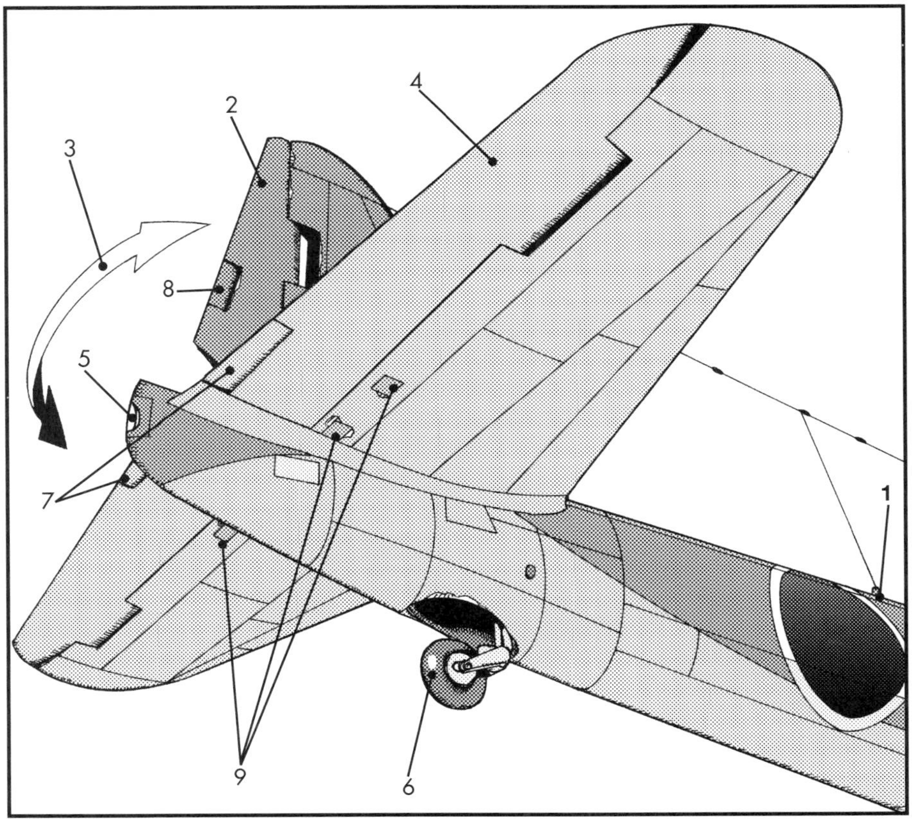

■尾翼部分

方向舵は水平安定板より上部のみが可動するデザインを採用している。それより下の胴体部分は可動しない。筆者の個人的な話で恐縮なのだが、「九九艦爆」のような曲線で構成された尾翼デザインは好みではない。「銀河」のそれは直線的で非常にすっきりし、頼もしくも感じる。「一式陸攻」の富士山を写し取ったような形状も良いがオムスビのようなナリの「銀河」もよしである。方向舵は左右に30度可動する。尾灯は胴体後端に設置されているのも『よし』であると筆者は考える。強調するような構図で描いたワケではないが水平安定板と昇降舵は非常に大きく感じるがそれもそのはず。「銀河」は急降下から引き起こすのだ。当然これだけの面積と形状が必要なのかとも改めて知る次第だ。昇降舵は上下に30度可動する。操縦桿や踏棒からこれらの舵への動作伝達は鋼索は用いずにロッドを使用している。鋼索にアリガチな悩みの延びは解消されるが、ロッドの撓みはどのように解決したのかは興味があるところではある。「銀河」との名称を賜る前、増加試作機時代の尾脚は戦闘機と同じ扱いの胴体内に収納され、格納扉で完全に隠顕される凝ったものだったが戦闘機以外のこれの採用は贅沢とされ固定式となる。尾輪のサイズは幅140㎜、直径は400㎜だ。余談だが、敗戦後にこの「銀河」の尾輪はオート三輪などの小型自動車試作車製作に平和流用されたそうだ。虎は死んで皮を残すが「銀河」のそれはなんとも形容しがたい切ないものだと筆者は感じる。前述もしたが、細い胴体に大きな舵を付けたサマは矢のようである。

1. 「通信機空中線引込口」
2. 「方向舵」
3. 左右30度づつ可動する
4. 「昇降舵」。上下に30度づつ可動する
5. 「尾灯」
6. 「尾輪」。サイズは幅140㎜、直径は400㎜
7. 「昇降舵タブ」
8. 「方向舵タブ」
9. 「昇降舵点検口」

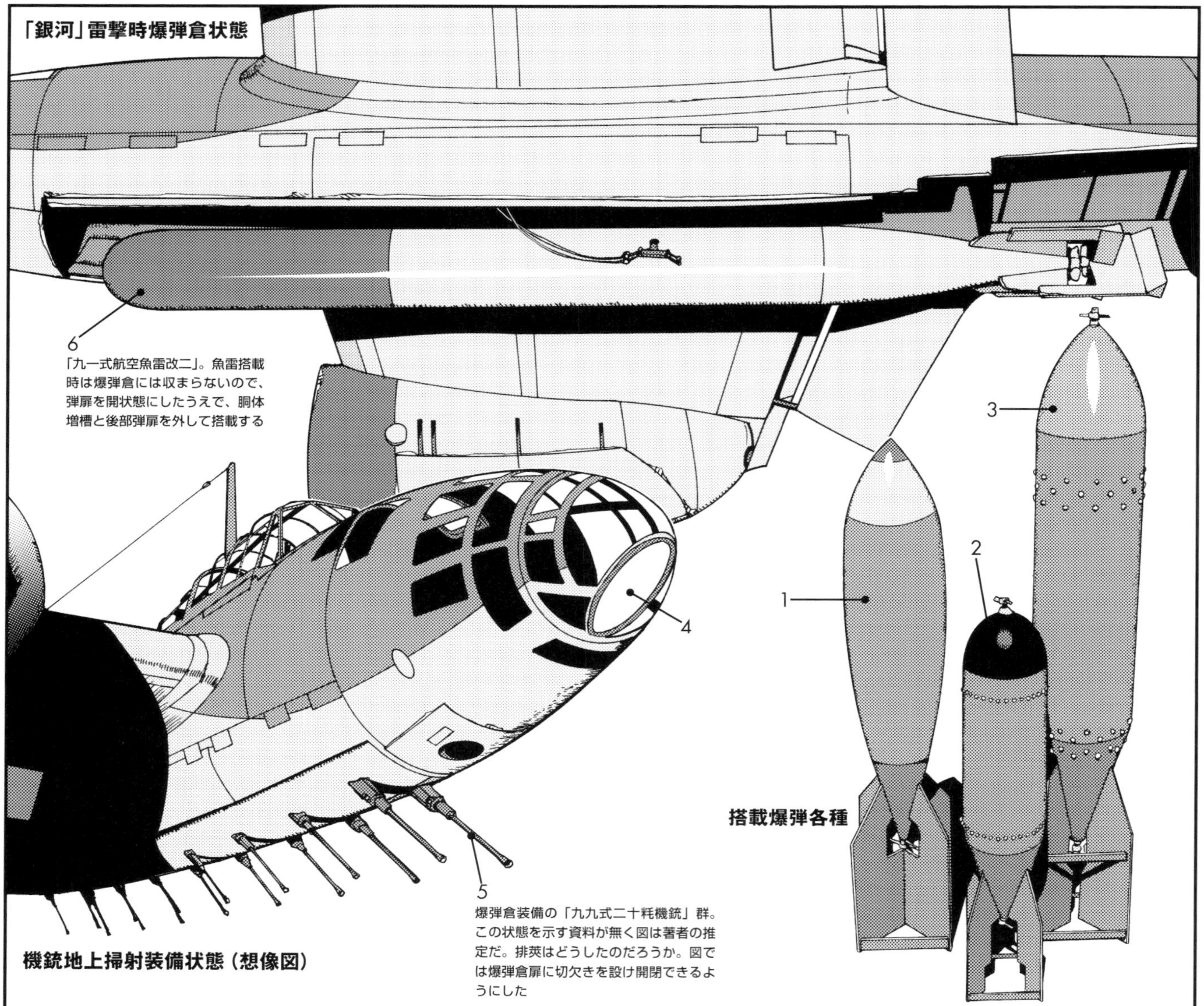

「銀河」雷撃時爆弾倉状態

6「九一式航空魚雷改二」。魚雷搭載時は爆弾倉には収まらないので、弾扉を開状態にしたうえで、胴体増槽と後部弾扉を外して搭載する

搭載爆弾各種

機銃地上掃射装備状態（想像図）

5 爆弾倉装備の「九九式二十粍機銃」群。この状態を示す資料が無く図は著者の推定だ。排莢はどうしたのだろうか。図では爆弾倉扉に切欠きを設け開閉できるようにした

■武装

「銀河」爆弾倉は当たり前のハナシだが各種爆弾が搭載できるがそれは、面倒で非効率そのものだ。面倒なのは八〇番爆弾を2発搭載時には爆弾尾部安定翼を中程から切断し短くするという細工を施したのちにやっと搭載が可能……とあるが、これは八〇番爆弾の搭載は本来1発のみというのが建前で重要任務時に於ける緊急搭載方法だと筆者は考える。『非効率の極み』なのは爆弾倉内には「爆弾誘導桿」がふたつしか設置できないので大型の八〇番爆弾でも小型の六番爆弾でも2発しか搭載できないという点だ。これは目を疑うような非効率さだ。航空基地や上陸拠点を攻撃する小型爆弾を水平爆撃……という任務は「銀河」向きではない証しだ。さらに「銀河」はこの爆弾倉に航空魚雷を搭載できる。「一式陸攻」のように実用航空魚雷で最大の「改七」が搭載できるかは不明だが、ポピュラーな「改二」はすっぽりと爆弾倉に収まる。ただ残念ながら弾扉は閉じることができない。よって「銀河」の雷撃任務は想像以上に速度が低下する。……この弾扉問題はさんざん「一式陸攻」で懲りたハズなのに、だ。「銀河」の変則武装として背中に「斜銃」を搭載するという夜間戦闘機仕様も存在するが急降下ができるとはいえ所詮は爆撃機。結果はかんばしくはなく「月光」ほどは活躍できなかった。ヨーロッパ方面では爆撃機改造夜間戦闘機が大活躍なのだが我が国のそれはうまくいかなかった。それら海外爆撃機改造夜間戦闘機に「銀河」が劣ったというワケではなくたんに相手の「B-29」が強すぎ、役立つ機上用電探が無かったからということに尽きる。ならば飛行中に太刀打ちできなければ地上で、ということになり駐機中の「B-29」を「銀河」で焼き討ちにする作戦が立案される。その手段として小型爆弾でという選択肢も当然含まれるが際立ったものとして爆弾倉内に「九九式二十粍機銃」を斜銃の下向き銃要領で多数搭載し（資料によって数は前後するが12挺から20挺、搭載の「九九式二十粍機銃」の型式も不明）、水平飛行しつつ駐機の「B-29」を手当たり次第に掃射しようというものだ。「月光」のように操縦者が前下方を目視できる空間も存在しないので、機首に陣取る偵察員が座席より腰を浮かせて操縦員に大声で指示したのだろうか。あるいは射撃操作も偵察員が行なったかもしれない。この爆弾倉からムカデの足のように機銃を突き出した特殊装備「銀河」は少数改造に止まったようだがこれだけの機銃数装備機は我が国陸海軍を通じて「銀河」だけだ。やはり『スゴい機体』だと改めて思う次第である。

1.「九九式八〇番五号徹甲爆弾」
2.「九八式二五番陸用爆弾一型改一」
3.「八〇番通常爆弾」
4.良視界を得るためにこの部分の風防ガラスは平面に変換された
5.爆弾倉装備の「九九式二十粍機銃」群
6.「九一式航空魚雷改二」。魚雷の全長は5.6mもあるので爆弾倉の4.485mには収まらず、弾扉を開いて胴体増槽と後部弾扉を外して搭載する

あれから一言

スケールアヴィエーションの特集が銀色塗粧だったのを幸いに名称に『銀』が入る「銀河」を題材にしたいと担当G氏に恐る恐る申し出た記憶がある。こんな理不尽な申出を快諾したG氏に対し、器の大きさを認識した次第。この作品を発表したのち、知人らから『双発機ばかりじゃないか』と冷やかされたことも、また本誌で製作された模型の出来とそれを本物らしく撮影する技術の高さに……絶句した記憶がある。模型を作らない筆者にとって未知の世界でもあるし、映像や特殊撮影に大きな興味があるのも驚きを大きくさせた。いつかはこの撮影に同席が叶えばと密かに思っている

革新的な主翼折り畳み機構を持つ「最後の複葉機」

三菱 零式水上観測機

一見羽布張りの複葉機で古くさいデザインに見える「零式水上観測機」だが、その主翼の折り畳み機構はほかの日本海軍機にはない合理的な仕組みだったという。本機の隠された可能性についても考察を試みる

我が海軍では目的に応じて細分化された陸上機や艦上機を造るような感覚で極めて任務の限定された水上機を世に出した。そこでここでは、『最期の複葉機』とイカした肩書きの「零式観測機」を特集する。思えば数ある水上機達で、頭に「零式」というカンムリが付くのは多い。本題の「零式観測機」（以下「零観」とする）に加え潜水艦にバラして艦載する「零式小型水上機」や汎用性の高い「零式水上偵察機」など、皇紀二六〇〇年は単発水上機の当たり年でもあるなと改めて思う次第だ。

大戦末期の兵器を愛する筆者の好みからすると可動舵以外に「羽布」を使う本機は減点対象だ。周知のとおり本機の主翼後半は「羽布張り」である。しかしそのような減点部分を差し引いても「零観」には魅力がある。そんな細部はのちほどで述べるとして結果からいうとこの「零観」という機体ほど、当初の目的以外に使われた機体はないだろう。本機「零観」の目的とは何か。大艦巨砲システムに特化した戦艦ら艦艇に艦載し、艦隊決戦直前に解き放ち、水平線の彼方に見え隠れする敵艦隊への砲撃を的確に導くためとその効果を観測・連絡する水上機……だ。何と贅沢、ここまで目的を絞って特化した航空機だ……と思わずにはいられない。贅沢すぎて思わず笑いたくなる程だ。と、同時に本機「零観」の砲撃戦における動かしがたい重要な役目を感じずには居られないが、こんな限られた目的のみなら各戦艦に2機程度を艦載し、都合30機程度の製造で本機「零観」は人々の記憶から消え去るべきだが周知の通り600機以上（資料によって差異があり多いものでは合計1000機とするものもある）も量産され、しかも設計元の『本家』三菱以外に佐世保工廠でもライセンス生産をされているのだ。需要が前述以外にも明らかにあった結果でもある。この辺はのちに述べるとして次ページより「零観」のおおまかな部分を述べていきたい。■

「三菱 零式水上観測機」全体図

本機「零観」の特徴として複葉機だということ、またその嵩張る複葉が見事なまでに小型にかつ簡易に折り畳めるのは……二重記述がいささかも恥ずかしくもない程に見事でしかない。主翼の折畳み方法はじつに良く考えられている。『主翼の折畳み方法』という点に特化したというものはサスガに潜水艦艦載用の「零式小型水上機」や特殊攻撃機「晴嵐」には一歩譲るものでもあるし、と同時に潜水艦搭載型航空機は『主翼の折畳み方法』と区分するよりも『分解方法』に近いとも云えるのだが、しかし憎みつつも愛する米国艦上戦闘機のグラマン社の「F4F」／「F6F」や艦上雷撃機「TBF」らのあの突き抜けた『主翼の折畳み方法』と比較すれば輝きも劣るが、にしても充分に評価できるものだ。

「零観」の上下翼根元にはハネ上げるカタチで可動する「副翼」と呼ばれる小翼があり、これを主翼折畳み時にハネ上げ、そのできた空間を使い緩い傾斜をつけたヒンジでやや後上方にぱったりと畳む。……これはじつに素晴らしい。この折畳み時に折り畳まれた側の上下外翼部分だが小口を支えるものがなくなったため、強度がなくなりそれでは困るとのことでここに支え棒を入れ、初めて一連の折畳み行為が完遂するのだが……この最後の支え棒処置は……筆者としてはやや不満な点ではある。操縦/偵察の密閉される「天蓋」までケチって重量を稼いでいるのだ。この支柱が必要なくなるまでの強度を持たせろという行為自体無粋か。

なお、カットでは便宜上、比較状態を描くために左右翼を格納状態と飛行状態と各々別動作状態で描いたがこんな状態で吊上げた場合はバランスが崩れ大変に危険だ。良いコはやってはいけない。機首部分の説明文でも少し触れたが三菱単発機では御馴染みの分割する「発動機整流環覆」をカシめる「発動機整流環覆緊締」とその「覆」は存在せず「発動機整流環覆」だけをみると中島製品の、とくに「月光」のもののように錯覚してしまうのは筆者だけだろうか。今回、「零観」を作画するまでは「零観」の機首廻りは「雷電」のように先端をぐっと絞り込んだイメージが強かったがそれは幻想だった。小粒でぷりんとした形状はどことなく可愛らしいとさえ思える。意外だったのは「主浮舟」だ。これの後端には零式水上偵察機」などでは見慣れた「水中舵」がないことだ。また、「主浮舟」上には長短5本の紐出し加工がされており強度を高める意味と上部を歩くときに足を踏み外さないようにとの配慮がされているのは中々細かいと感じる。

以下に述べる事は辛く切ないことだが大戦末期になると様々な航空機達が爆弾を抱いてそのまま敵に体当たりする戦術が採られた。本項の「零観」もこの戦術に参加した。しかし、翼下に小型対潜爆弾や「三号弾」などは懸吊できても大型水上艦艇に引導を渡すような大型爆弾の懸吊は叶わない。そこで相当に無茶な懸吊方法が指示される。……述べるのも辛いが特攻自体、充分に無茶ではあるのだが。この懸吊方法は各部隊によって大きく異なるようだが胴体と「主浮舟」を接合する「前脚」横に二十五番を直接溶接するというものだ。これは前述のとおり無茶な手段だ。「前脚」のどちら側に溶接されたのかや、その『溶接指示』も軽金属と重量のある鉄製爆弾とを直接溶接する……というのは荒唐無稽なので恐らく懸吊具に使えそうな金属環を「前脚」内部にある「支柱」に鋲接ないし溶接し、これに爆弾を縛りつけ固定するというものだろうと推定される。また航続距離を確保するため、「主浮舟」本体に白羽の矢が立った。具体的には「主浮舟」本体内部に燃料槽を設けたなどのにわかに信じ難い逸話も過去耳にしたことがある。本当なら何と惨い改造なのだろう。華の艦隊決戦の目となるべくして誕生した本機が……斯様な無謀かつ惨い改造を施されるのだ。涙なくして語れない。本機の知られざる情報として掲載する次第だ。

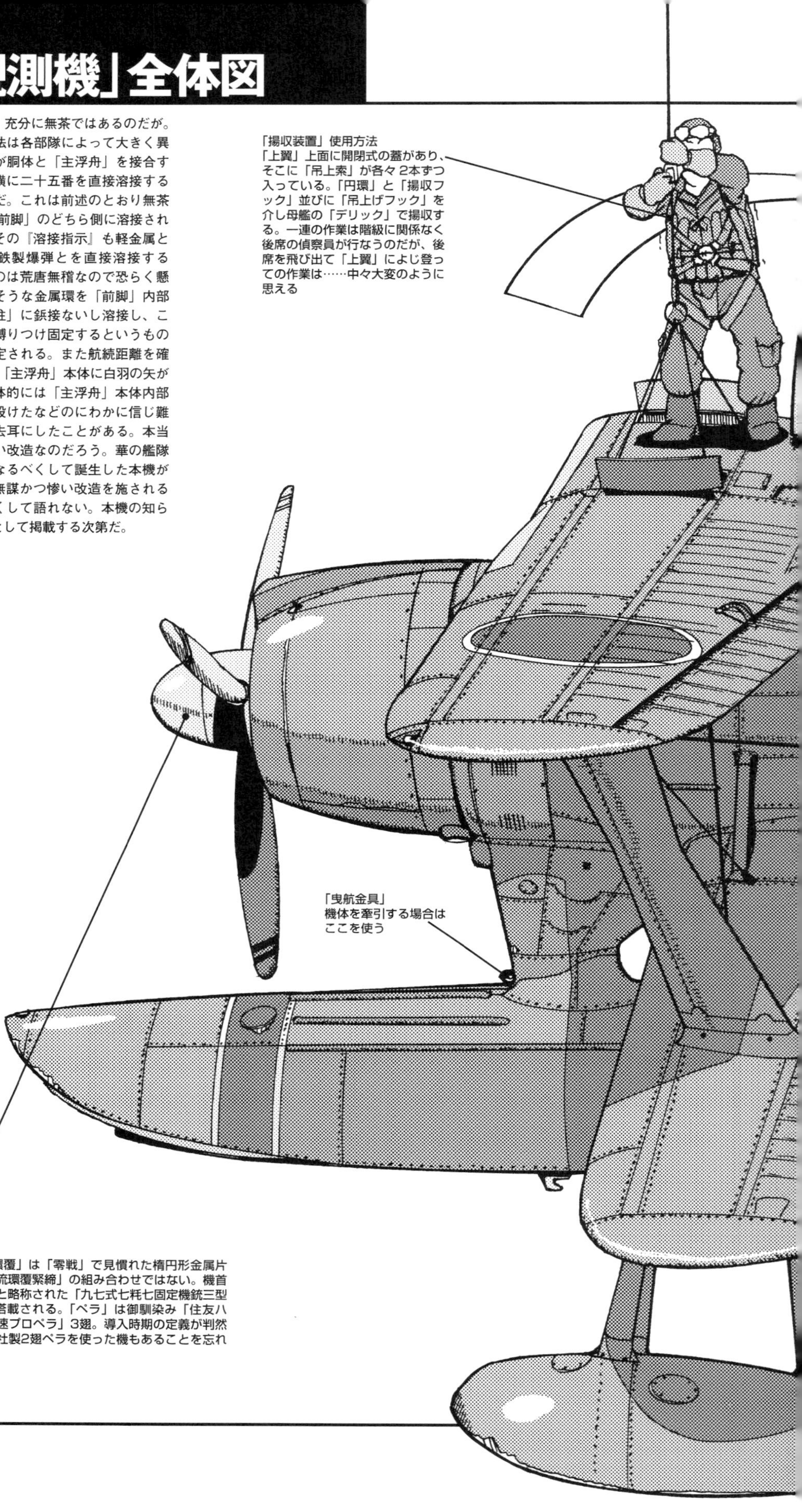

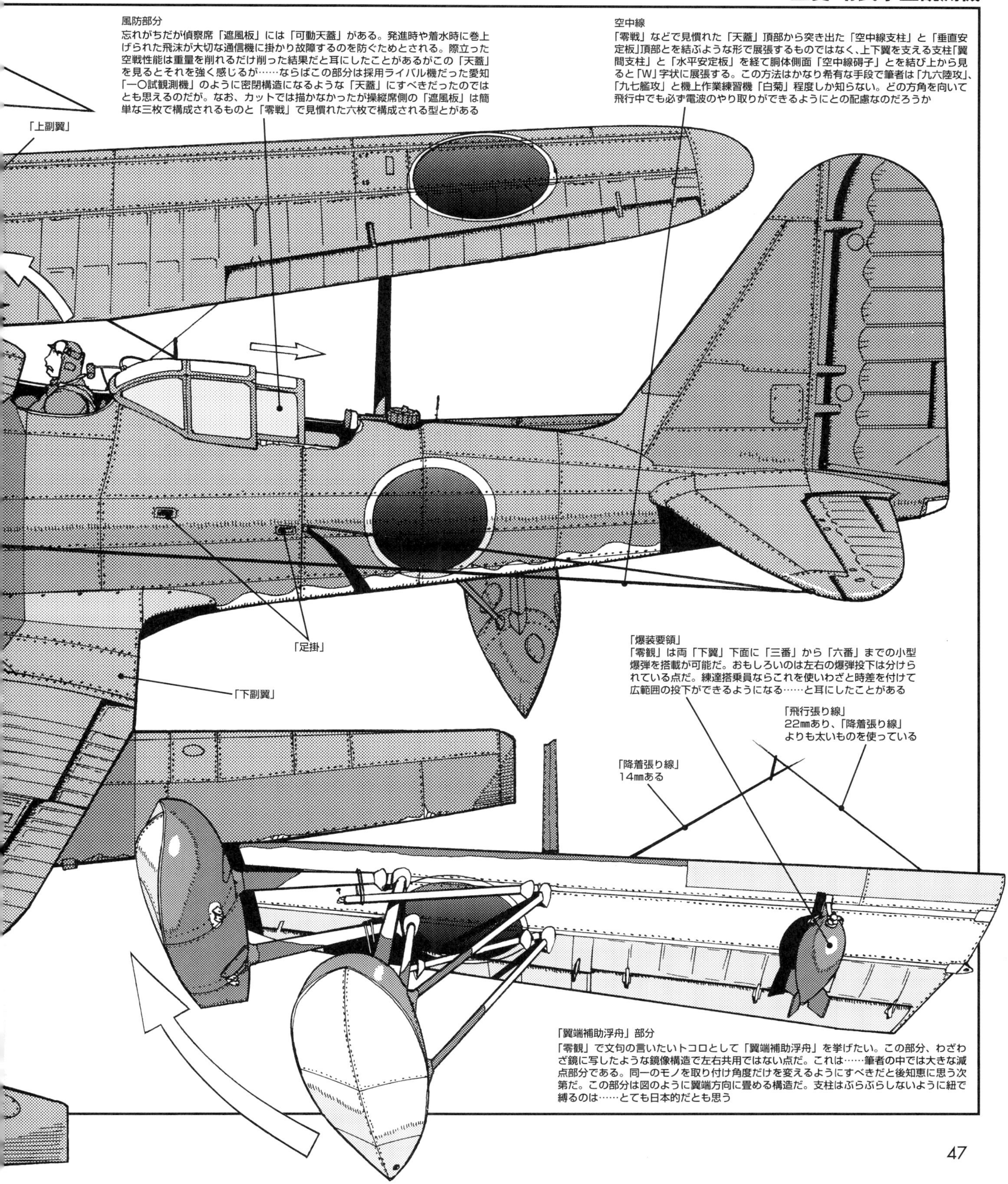

風防部分

忘れがちだが偵察席「遮風板」には「可動天蓋」がある。発進時や着水時に巻上げられた飛沫が大切な通信機に掛かり故障するのを防ぐためとされる。際立った空戦性能は重量を削れるだけ削った結果だと耳にしたことがあるがこの「天蓋」を見るとそれを強く感じるが……ならばこの部分は採用ライバル機だった愛知「一〇試観測機」のように密閉構造になるような「天蓋」にすべきだったのではとも思えるのだが。なお、カットでは描かなかったが操縦席側の「遮風板」は簡単な三枚で構成されるものと「零戦」で見慣れた六枚で構成される型とがある

空中線

「零戦」などで見慣れた「天蓋」頂部から突き出た「空中線支柱」と「垂直安定板」頂部とを結ぶような形で展張するものではなく、上下翼を支える支柱「翼間支柱」と「水平安定板」を経て胴体側面「空中線碍子」とを結び上から見ると「W」字状に展張する。この方法はかなり希有な手段で筆者は「九六陸攻」、「九七艦攻」と機上作業練習機「白菊」程度しか知らない。どの方角を向いて飛行中でも必ず電波のやり取りができるようにとの配慮なのだろうか

「爆装要領」

「零観」は両「下翼」下面に「三番」から「六番」までの小型爆弾を搭載が可能だ。おもしろいのは左右の爆弾投下は分けられている点だ。練達搭乗員ならこれを使いわざと時差を付けて広範囲の投下ができるようになる……と耳にしたことがある

「翼端補助浮舟」部分

「零観」で文句の言いたいトコロとして「翼端補助浮舟」を挙げたい。この部分、わざわざ鏡に写したような鏡像構造で左右共用ではない点だ。これは……筆者の中では大きな減点部分である。同一のモノを取り付け角度だけを変えるようにすべきだと後知恵に思う次第だ。この部分は図のように翼端方向に畳める構造だ。支柱はぶらぶらしないように紐で縛るのは……とても日本的だとも思う

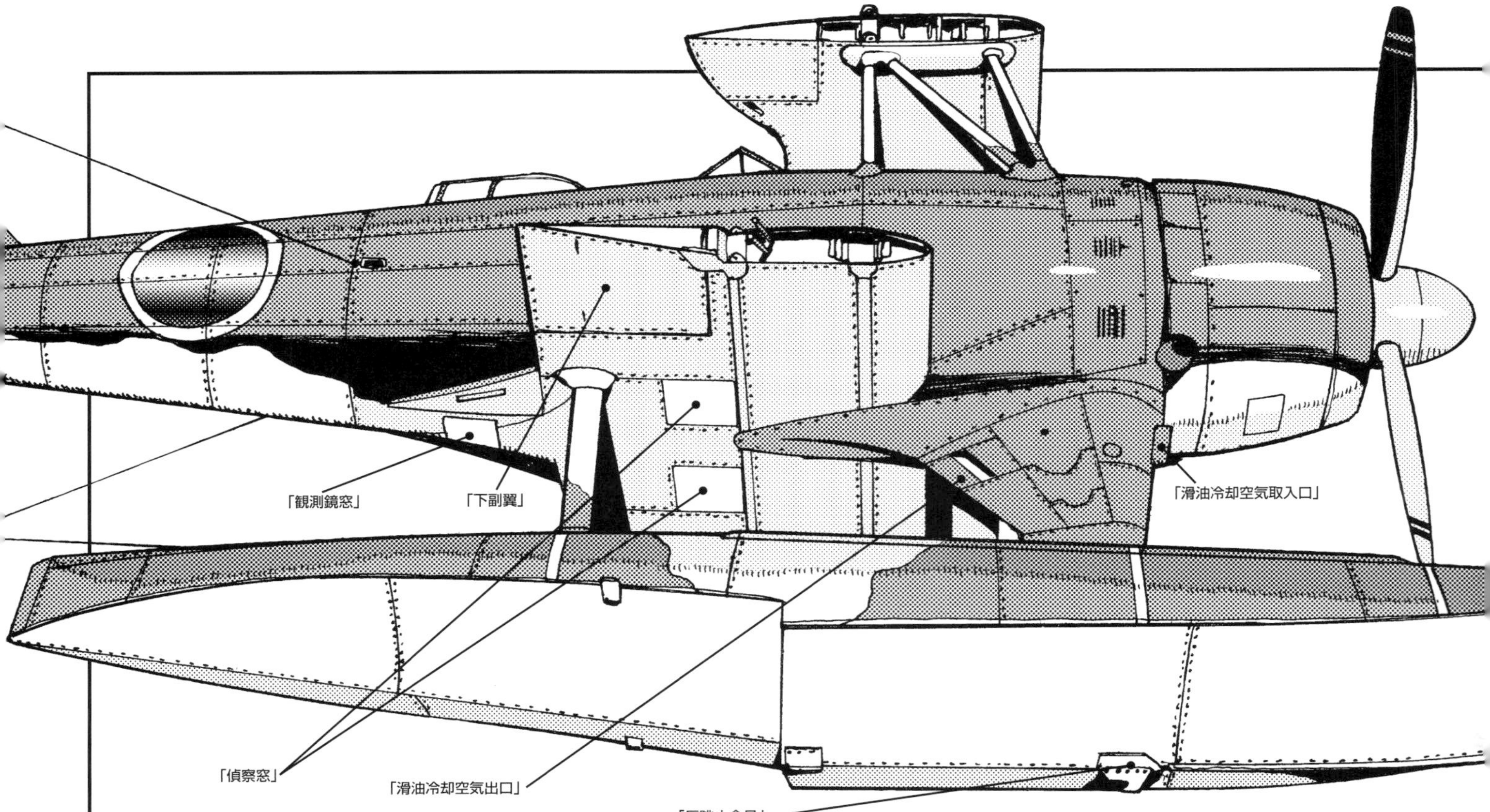

本機の発展性

夢の艦隊決戦を有利に導く為に本機「零観」は企画・立案・量産されたと冒頭に述べた。しかし先の大戦をひも解ければ周知とおり、そんな絵に描いたようなものはほとんど存在せず、本機本来の目的たる『砲戦観測』はゴクゴク限られた希有なものでしかなかった。ただ日本海軍のスゴイところとして限定的な発想力の素晴らしさだけは述べておきたい。艦隊決戦時、本機「零観」を解き放ち、殲滅すべき敵艦隊を目視距離に留まり味方艦隊砲戦の結果の子細を逐一伝える……とここまでがおおまかだが『砲戦観測』の内容だ。その『逐一伝達する』ために通信機の空中線展張が豪勢だったとは別項でも述べたとおりだが、以下に述べる点が日本海軍の『発想力』のスゴイトコロだ。敵艦隊もバカではない。当然、本機「零観」と同じ任務を担った航空機、また艦隊上空護衛機もいらっしゃるだろうからそれらを本機「零観」で撃墜できるような空戦性能を持たせたよう、とその仕様要求だ。製造元もこれに応えたのもスゴイことではあるのだが、一見この余分とも思える要求の御陰で「零観」はほかの使用にも耐えるような『途』を残すことになったのは……何やら因果めいたものさえ感じる。加えて艦隊決戦に使われるのだ。それは劣悪な居住性と折り紙付きの我が国戦艦に搭載されることを示す。小容積になるよう上下2枚の主翼は他項で前述のとおり折畳み機能があり幅5mほどにまで小さくなる機能、この点も素晴らしい。こんな素晴らしい「零観」をもっと執念深くトコトン使いこなすべきだったと筆者は考える次第だ。スナワチ、米潜水艦からの驚異を少しでも減らす為に本機「零観」を船団護衛に使えばと。

確かに本機は船団護衛にも使われた。しかしそれらは皆最寄り基地からの運営だ。折角艦載機としての秀逸な機能があるのならこれを使わない手はない。大型客船を改造して本格的水上母艦化する必要はない。幅5mほど、長さは10mほどの空間と本機を吊上げ運搬できるデリックがヒトツ程度の出費でそれは叶う。周辺基地から本機が出向き、帰投燃料を気にしつつ上空から睨みを効かせるよりも遥かに長時間かつ確実に哨戒が叶ったハズだ……と。本機は何も射出機から飛び立つ必要はないのだ。デリックでそっと海面に卸し、そこより水上滑走させることが叶う海域は少なくないハズだ。哨戒終了時は発進した輸送艦のデリックで再び収納すればいいことだし、周辺海域が穏やかでなかったり天候が変ったのなら最寄り基地に「零観」を向かわせるのだって可能……とこれらは、完全なる後知恵でしかないが米軍のような商船改装空母を年間50ハイ以上生産するようなプランに比べれば遥かに実現性のある案だと筆者は考える。

そんなことを妄想するととても悔やまれる機体、それが「零観」ではないだろうか。戦中に筆者が述べたようなことかそれに準じたような試案が出され議論の結果、幅5m長さ10mの空間があれば医薬品や食料の物資がそれこそ何トンも積載できるからと却下になっていたなどのイキサツがひとつくらいあって欲しいものだと願わずにはいられない。

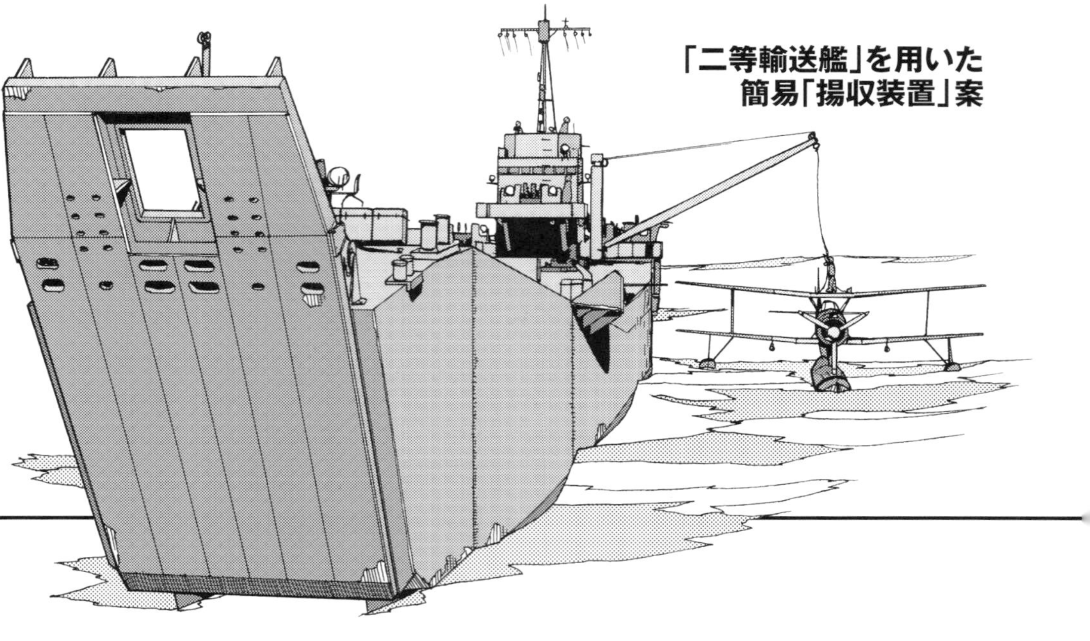

「二等輸送艦」を用いた簡易「揚収装置」案

あれから一言

小説家が旅行先で執筆をする姿に憧れたが、この作品でそれは叶った。じつは筆者、この時米TV番組の日本側アドバイザーの補佐として布哇へ行っていた。布哇には連載記事を完遂して旅立つのが礼儀だが遅筆の筆者はこれが叶わずこの號からの担当となったF氏にこの状況を説明、連載頁数を少し減らしてもらったのだがそれでも叶わなかった。結果、掲載記事の大部分を布哇で作成した……というイキサツだ。これらで新担当F氏には文字通り七転八倒の迷惑をかけてしまったのだが、ここだけの話、日中は日本人は筆者ともうひとりだけであとは全員米国人の要員らとともに布哇島各所を駆け巡り、夜間は「零観」の記事作成という生活、この上なく楽しかった。本號の作成と顛末、筆者は生涯忘れない

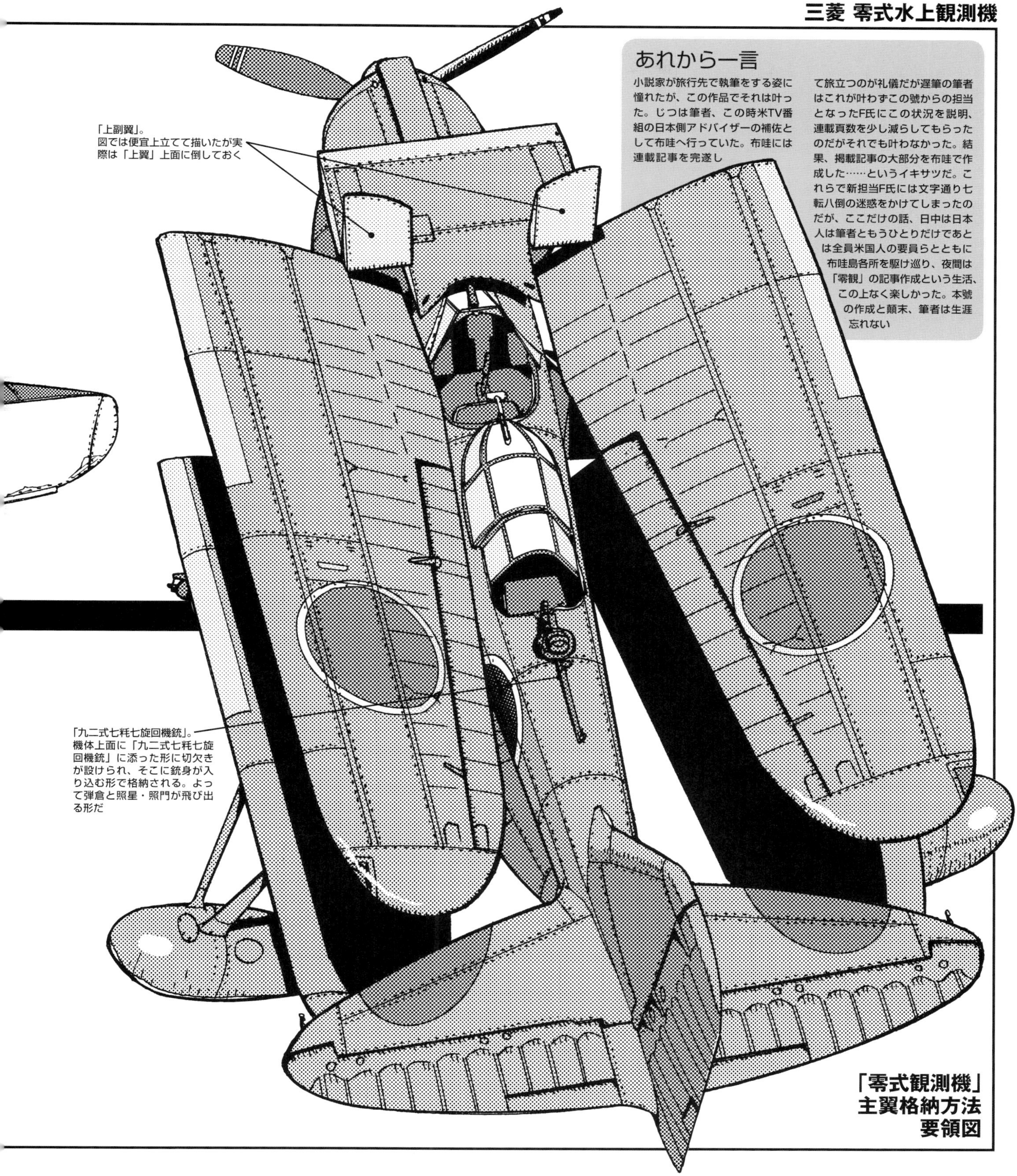

「零式観測機」主翼格納方法要領図

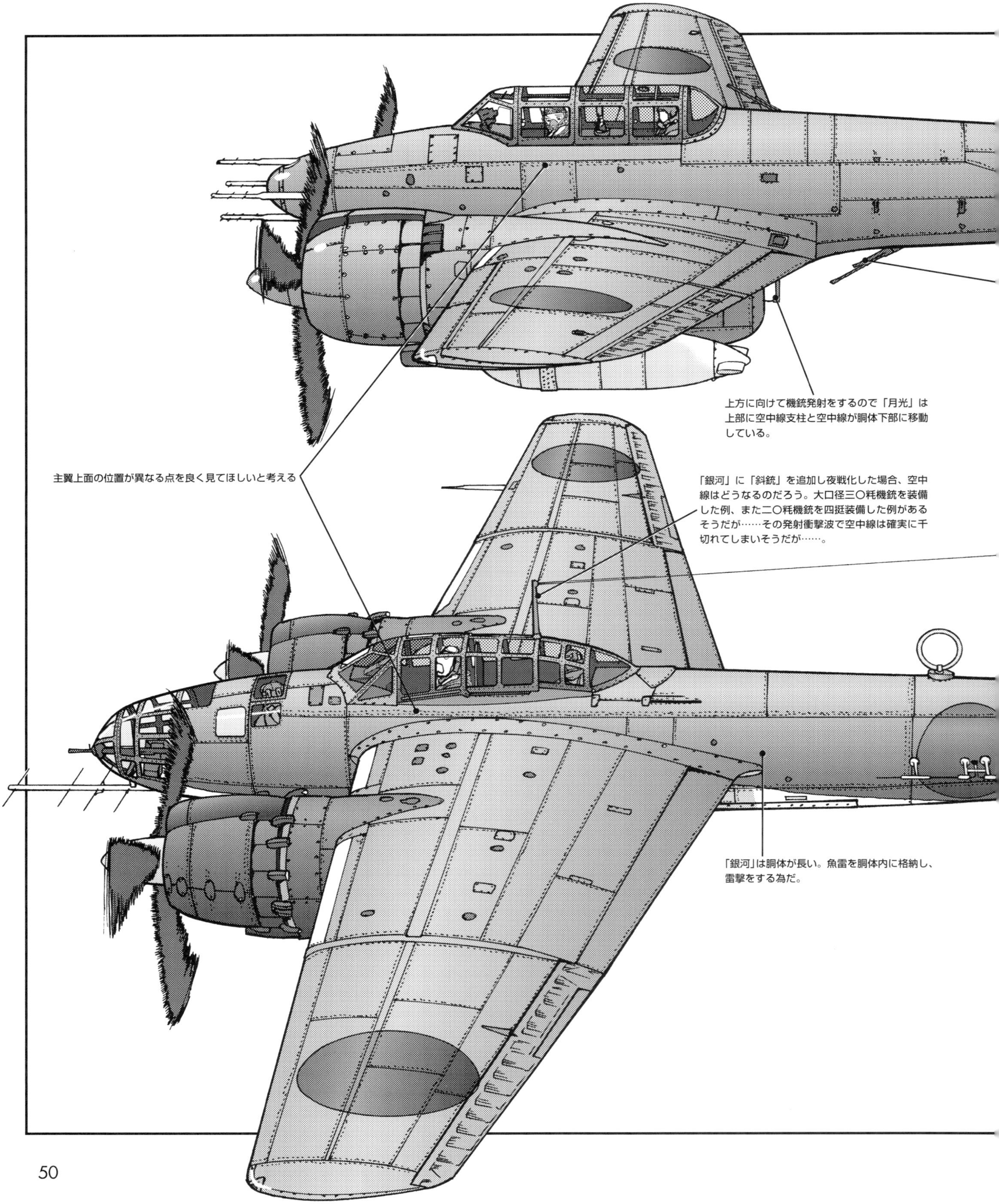

上方に向けて機銃発射をするので「月光」は上部に空中線支柱と空中線が胴体下部に移動している。
主翼上面の位置が異なる点を良く見てほしいと考える
「銀河」に「斜銃」を追加し夜戦化した場合、空中線はどうなるのだろう。大口径三〇粍機銃を装備した例、また二〇粍機銃を四挺装備した例があるそうだが……その発射衝撃波で空中線は確実に千切れてしまいそうだが……。
「銀河」は胴体が長い。魚雷を胴体内に格納し、雷撃をする為だ。

アナタノ知ラナイ兵器1増補改訂版特別描き下ろし3

【「月光」と「銀河」の寸法対比図】

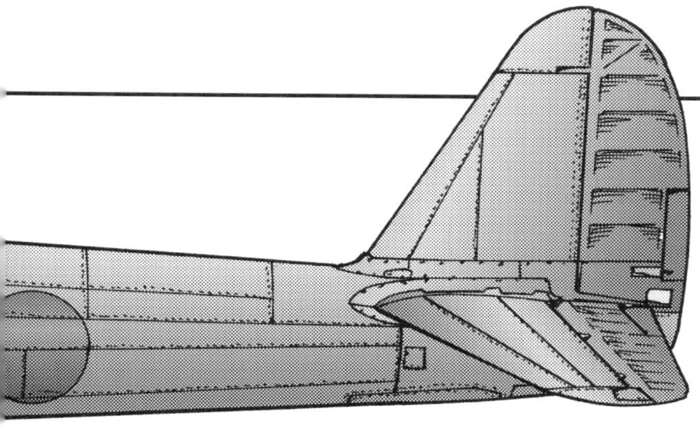

本土防空に投入された「月光」は使用頻度の低い下側「斜銃」を撤去・軽量化し上側「斜銃」を一挺追加したりした。トコロが比島戦に投入された「月光」は入組んだ多数の小島間を細々輸送する味方「大発」を襲う敵魚雷艇を狩る為に下側「斜銃」を愛用していた……とのことだ。この辺の柔軟な対応、筆者は高く評価したいと思う。

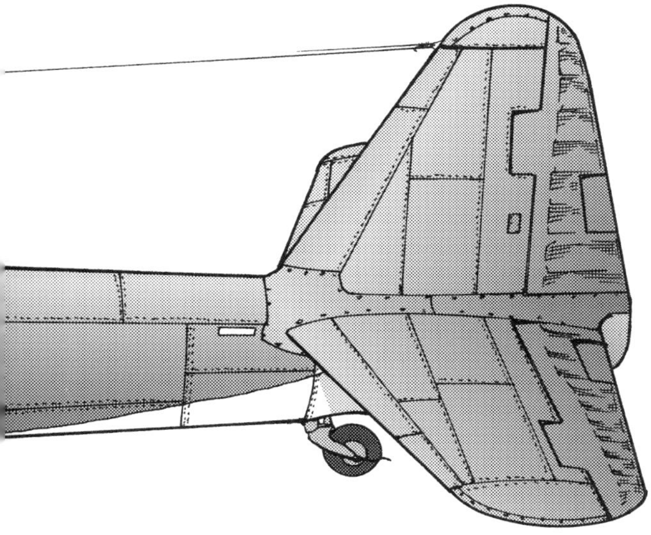

……こう……同寸で二製品を描くと双方とものけ反る程にカッコいいなあ……と強く思う。
「銀河」が本気を出せば「月光」は追いつけない高速だし、「月光」は主翼前縁にスラットが付いたりするかなり贅沢な装備を持った製品だということもどうか本書を手になさった方々は御記憶に留めてもらいたいと筆者は思う次第だ。

筆者の『見たまま感じたまま』を述べるのが本書の基本概念だが個々に述べた戦中工業製品らがどの程度の大きさなのかを述べる必要があるなと感じ本見開きを設けた。
本見開きでは上図「月光」と下図「銀河」を比較する。
この二製品、用途も異なるが双発機という共通点の他に何かと相重なる部分が多い製品なのだ。
何しろ製造会社が同じだ。『あれ?「銀河」は空技廠製だろう』と思いがちだが少なくない割合で中島飛行機が生産を請け負っている。「月光」は中島飛行機が設計・量産している。但し昭和十九年に「月光」量産は終了しているのでこの二製品、出来立てのホヤホヤな状態で駐機場に並んだかは不明なのだが。
「月光」も「銀河」も発動機外翼側に「増槽」を懸吊出来、更に航続距離を延伸出来る点も共通点と言えるだろう。
そして用途だ。「月光」は我が国初の夜間戦闘機だ。トコロが丁寧に作り、気合の入った整備と空気密度が最適の高度で飛ばした試作機ですら最大速度が時速五〇〇キロ程。試作機と大きく異なり慌てて雑に作った量産機となると性能の一割減は悲しいことにザラで低速故に折角、夜空に敵機を発見も「月光」では追いつけず取り逃がすことが多くなってしまった。そこで「月光」よりも時速四〇キロ以上も優速の「銀河」を夜間戦闘機化することにした。『夜間戦闘機化』させた箇所だが資料によって謳う箇所が異なるのだが発動機を「一式陸攻」に使われた信頼度は高いがダイヤの大きな発動機に換装、「月光」と同じく胴体上面に仰角三〇度で機銃を設置する「斜銃」を搭載し、更に一部の機材では有機硝子が多数嵌め込まれた偵察員の乗る機首部を試作中の機上用電探を装着したが、これらの改造でアテにしていた優速も時速二〇キロ程に短縮された上に長大な主翼に設けられた補助翼の利きが甘い等の理由により「月光」に代わる夜間戦闘機に成り得なかったのは「銀河」を愛する筆者からするととても悔しい点だ。……以下は「銀河」の弁護だが「銀河」は戦闘機ではなく「陸爆」だし、これに戦闘機並みのきめ細かい舵の利きを求めるのは理不尽とも言える。その上「月光」は原型機たる「二式陸上偵察機」採用試験時代に『零戦三二型と同等の旋回性能であること』という常軌を逸した狂気の仕様書内容に達すべく涙ぐましい努力を各動翼の利きに時間を掛けて研ぎ澄ませていた『下積み時代』がある。下積み時代が長い苦労人の「月光」と比較すると「銀河」は大味なのは当然だ。何しろ見開き図で描いたとおり「銀河」は「月光」よりも全長も全幅も全て大きい。これで「月光」よりも舵の利きが良ければ「月光」の立つ瀬がない。筆者は「銀河」搭乗員と話した事があるのだが、入れ替わり立ち替わり襲い来る敵戦闘機「F6F」を「銀河」の素晴らしい機動で次々と躱し、危機を脱したとのことだ。その素晴らしい機動の「銀河」を他の搭乗員たちは『大味』と表現する。
当時、搭乗員たちの一種病的なまでに異常に固執した舵の利きには呆れる思いを抱くが防弾が拙い我が国の製品。これらの機動で射弾を避けるのも一種の防御策だ。命が掛かっている。病的にもなるのも判る。
……「銀河」を夜間戦闘機化する段階で発動機換装という大手術を施しているのだ。
……同じことを「月光」に施し、「月光」にもう一花咲かせて欲しかったと筆者は強く思う。

アナタノ知ラナイ兵器1増補改訂版特別描き下ろし4

【「一式陸攻」と「銀河」の見張用電探空中線】

巻頭の「一式陸攻」や「銀河」の機首部に付いた見張用電探空中線（三式空六號無線電信機）についてここで述べたい。本見張用電探は用途を欺瞞する為に「無線電信機」と詐った名称になっていること、また空中線も正面見張用と胴体に設置された左右見張用と都合三空中線を手動で切り替えて三方を見張るものだ。図は「一式陸攻」用、それも正面用を描いた。専門的な記述になるが図の正面用空中線は指向性が高い八木・宇田空中線となっている。広範囲が見張れるが指向性が悪く精度が粗い胴体左右空中線で反射波を得たら旋回し、機首の八木・宇田空中線で方位と距離、相手を探知する……というものだ。

このシステムは「H-6」と略称された「三式空六號無線電信機」の基本操作だ。本見張用電探は多座機用に製造されたもので本単行本に収録した後期「一式陸攻」や「銀河」に優先的に設置された。正面の八木・宇田空中線は共通化されているが、問題はその設置方法だ。

「一式陸攻」は図のように機首上部に設置し、「銀河」のは機首下部の顎下に設置している。

二機種とも機首部先端に旋回機銃が設置された「前方銃座」があり、防禦能力を高めているが「一式陸攻」の場合は射手は常に上部より、この電探空中線が突き出て視界内にある、「銀河」の場合は下方より空中線が突き出る構造になっている。どちらが設置方法として優れているのだろうか……と考えると上空から突っ込まれ射撃されるのが多いので「一式陸攻」の設置は余り良い手段ではないように思える。加えて指向性は高いとは言え、電磁波をフンダンに輻射する空中線真下に機銃を構える搭乗員は……お世辞にも健康上、好ましいものではないが、これら見張り能力を高めた機材も一旦出撃すれば更に見張り能力が高い敵米軍に遠くより探知され待伏せをくらって多くが未帰還になることを繰り返していた。そう考えると切ない心配に思えてくる。

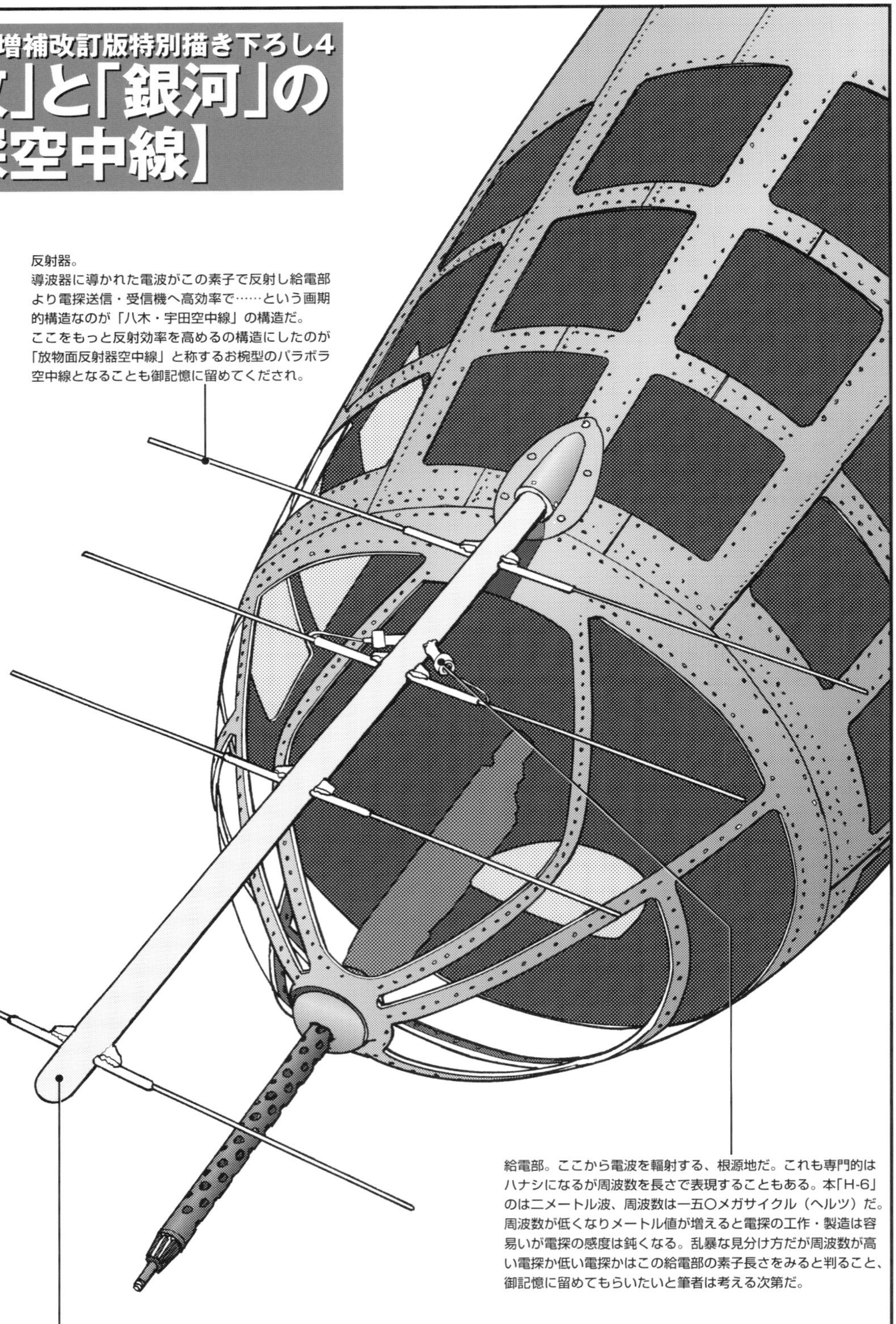

恐るべき工夫に満ちた艦上戦闘機
グラマンF6Fヘルキャット

零戦キラーとして名高い「ヘルキャット」。繊細な零戦に対してこの米軍機は大味で粗雑なものだと思われがちだがあらためて機体を眺めてみるときわめて合理的なものだということがわかる。ここではそのディテールを紹介しよう

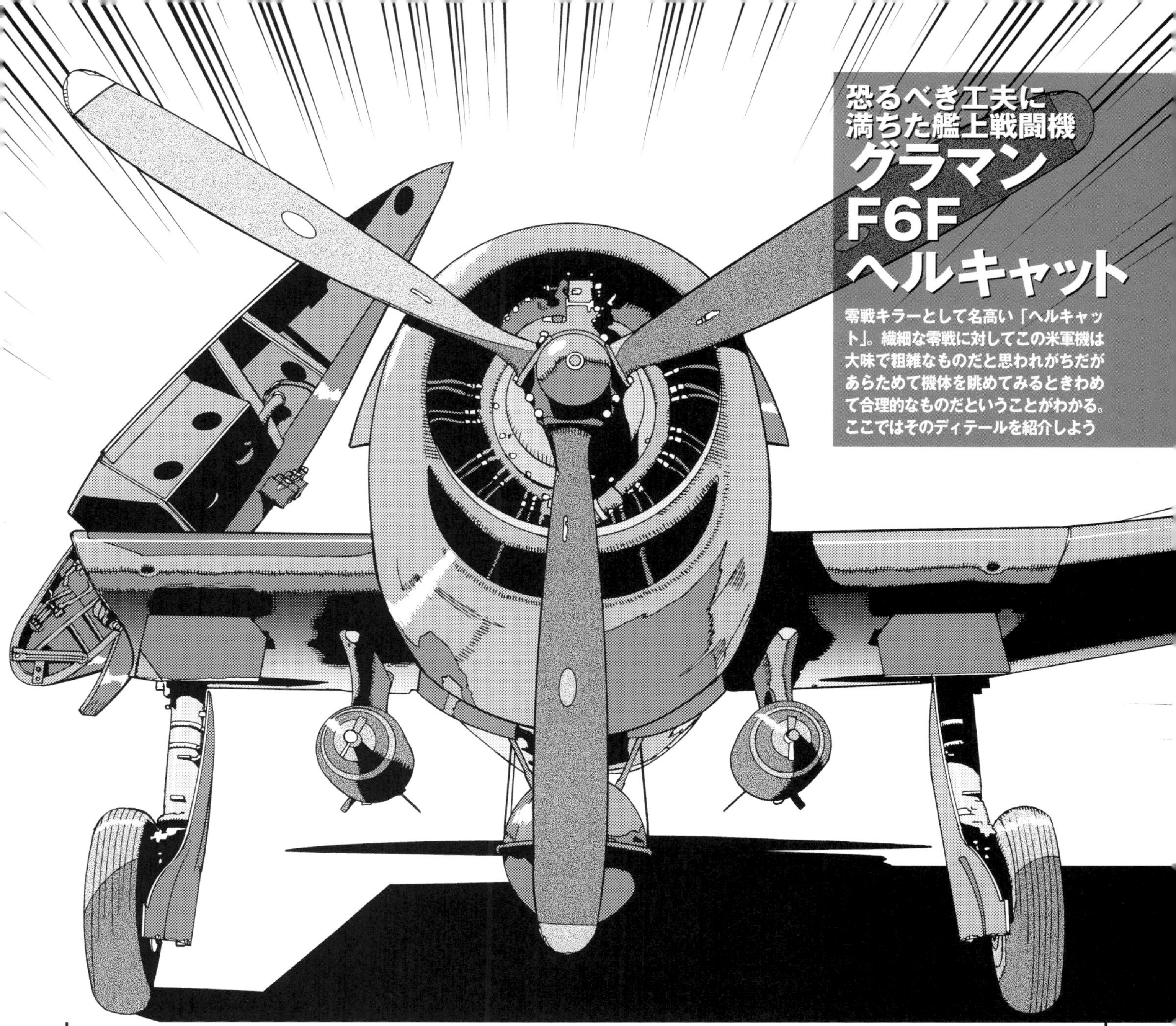

グラマン社製「F6Fヘルキャット」。この機体で散々な目に遭った従軍経験者や戦中人間らを両親にもつ筆者にとっては「F6F」や「ヘルキャット」よりも『艦載機』や社名の「グラマン」と称する方がはるかにこの機体を忠実に思い浮かべることができる。よってここでは「F6Fヘルキャット」を「グラマン」と称することを断っておく。

筆者が抱く「グラマン」のイメージは、単純にごつごつと角張りデカく大味な機体……と漠然に思っていた。だが今回、「グラマン」を描くチャンスをいただき、描き重ねるうち、そんな漠然たるふわふわした思いなどは消し飛び、タダ一言、強力に「恐ろしい」という思いに統一された。何をもってして『恐ろしい』という気持ちを抱いたかは追々述べるとして、「グラマン」という機体に対し、筆者はほかの米軍機にはない、ある種の運命のようなものを感じている。……戦中ニンゲンの何割かは体験した、まったく有り難くない記憶、『敵艦上機による機銃掃射』だが筆者の母親もこれを味わっている。それは遠くで『見た』という類いではなく直接『狙われた』そうだ。曰く、走って走って、逃げても逃げても、執拗に機銃掃射を繰り返し映画のような着弾土煙の中、一縷の望みで隠れた物陰の直上を黒みがかった塗粧の「グラマン」は延々旋回、それはサナガラ小動物の獲物を狙うコンドルにみえたという体験談だ。……筆者の母親は幸いにして機銃のサビにならずに済んだのだが、機銃掃射をした搭乗員の射撃手腕がもう少し巧かったら、もし地上を逃げ回る筆者の母親がもう少し逃げ足が稚拙だったら、遮蔽物がもう少し先にあったら……とどれかひとつでも該当していたら……筆者はこの世に存在しなかったかも知れない。そう考えると本テーマの「グラマン」に対し運命的なものを感じ感慨無量だ。では次ページより「グラマン」の細部を述べていこうと思う。 ■

「グラマンF6Fヘルキャット」全体図

主脚は90度捻って後方に倒れ込むという二挙動で格納されるものではなく、捻じれながら後方に倒れ込むという一挙動で格納される。このような方法を採用したのは主翼折畳み機能との兼ね合いによるもの。

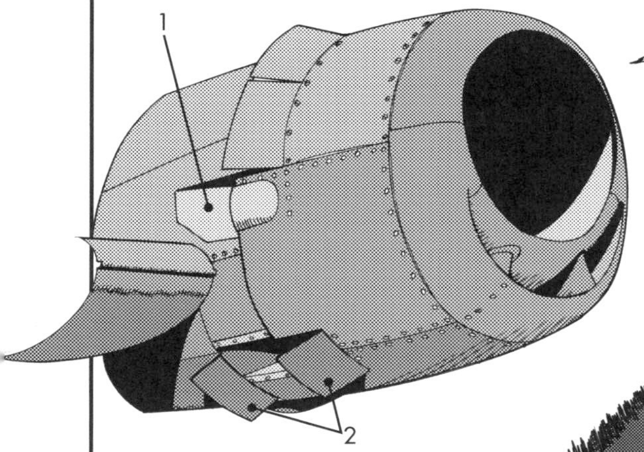

▲オープニングで大きく描いたが単座機の正面画はどうにも間が抜けてしまうが「グラマン」のそれは違う。こんなに威圧感のある面構えは本機と「P-47サンダーボルト」くらいではないだろうか。
図は「グラマン」の「F6F-3」初期型を示したものだが、「F6F-3」後期型および「F6F-5」に比べ「1」のような排気管用の膨らみが、また「2」のようなカウルフラップが見られるのが特徴だ。

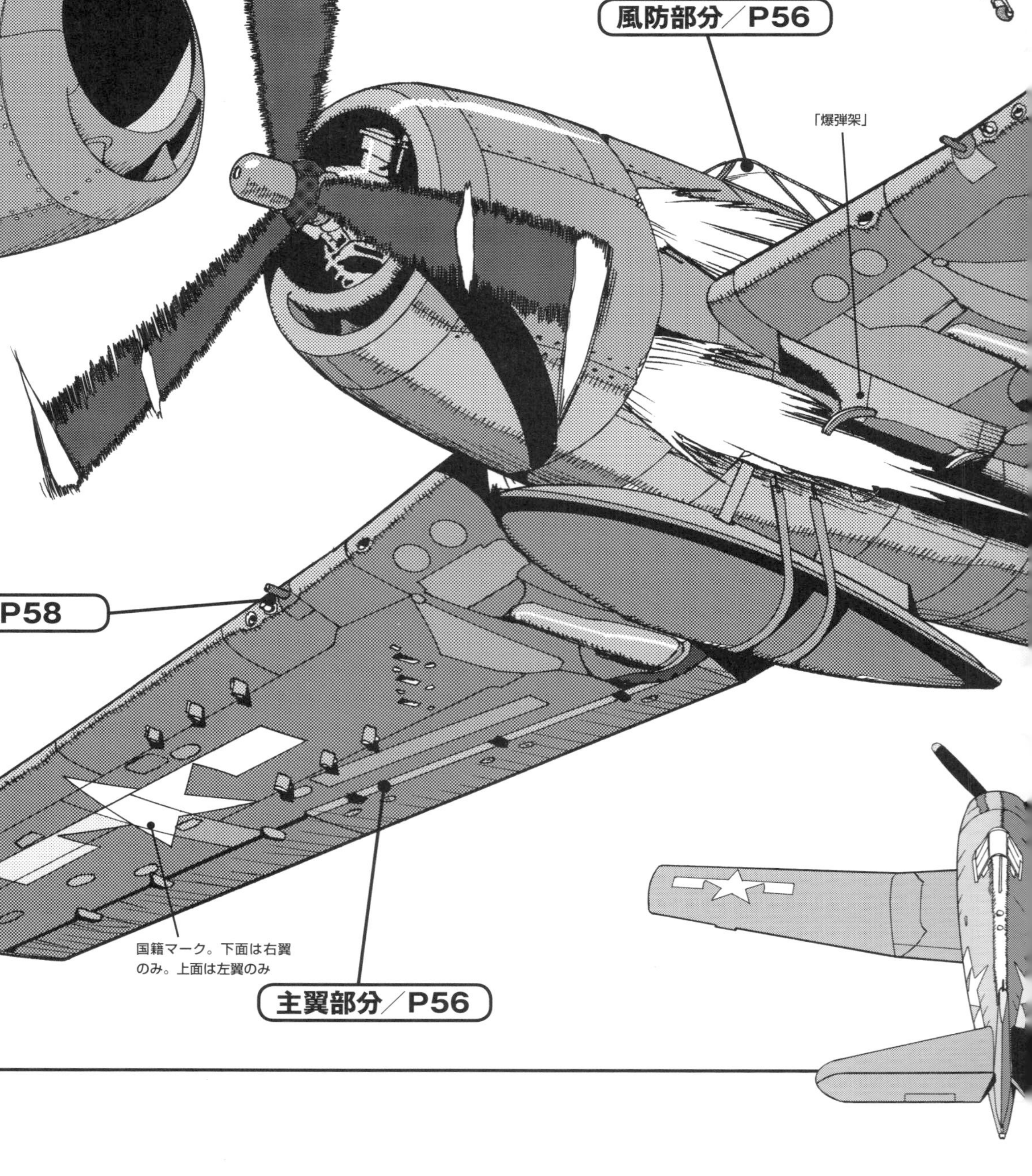

ここでは「グラマン」の全体像を簡素に述べたいと思う。

日本機、とくに「彗星」や「銀河」などの「空技廠」製航空機を見慣れた目で「グラマン」を見ると確かに角張っているようには見えるがそれらのバイアスとフィルターを撤去して純粋に航空機として見ると……この形状も『アリ』かと思う。確かに主翼端などの工作は駆け足で整形した「零戦三二型」のように思えてしまうがその辺はどーんと大馬力発動機の補っても余りある出力ですべて解決だ。全体を塗粧する塗料も非常に良質で腹が立つほどに光輝き表面上の空気抵抗を著しく低減させる効果が理解でき、ちょっとしたことで見窄らしく剥離してしまう塗料量産技術の我が国航空機らの羨望の声が聞こえてくるようで『そんなに光輝くと遠くからでも反射光でたちまち発見されてしまうぞ』と嫌味のひとつでも口にしたくなる程だ。まったく羨ましい限りだ。主翼下にわずかに飛び出す「HVAR5インチロケット弾架」も正直羨ましい限りだ。『アナタノ知ラナイ兵器』の「零戦五二丙型」の項目でも述べたが簡素さでは「グラマン」のそれとは比較にもならない。やはり「グラマン」とは思慮が隅々にまで及んだ『恐ろしい機体』でしかない。

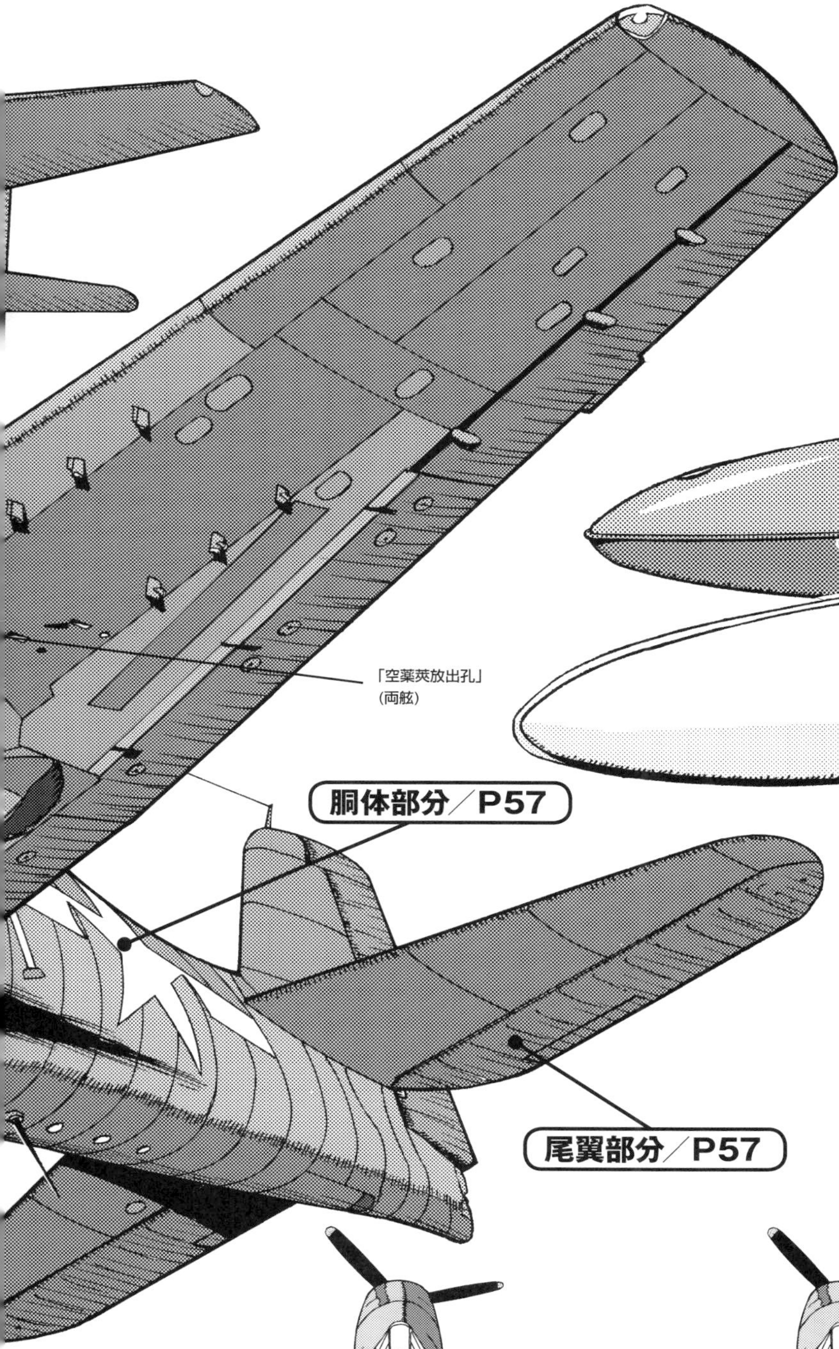

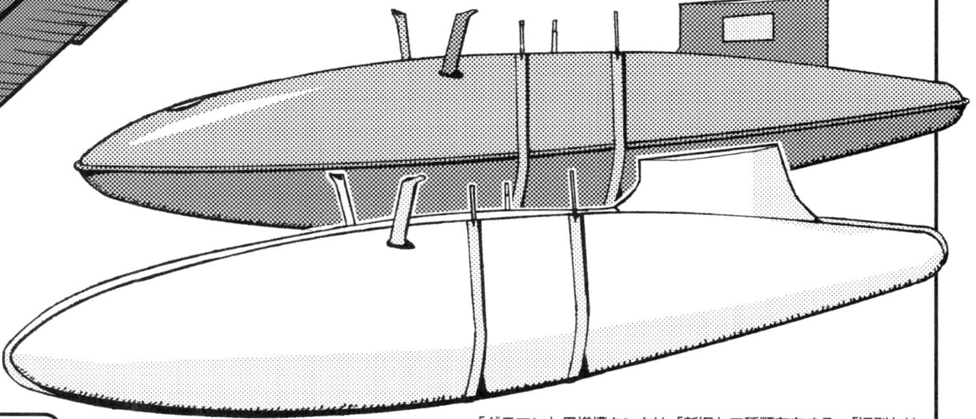

「グラマン」用増槽タンクは「新旧」二種類存在する。「旧型」は縦に接合面が、また「新型」は横に接合面が存在するので見分けるのは容易だ。容量は共に150米ガロン（568ℓ）だ。

▼「グラマン」が「グラマン」たるユエンはこの主翼折畳み機能だと云えるのではないだろうか。この恩恵で通常航空機の3倍量を航空母艦に搭載でき、と同時に各空母の隅々にまで採用された射出機の恩恵で足の踏み場も無いまでに膨大な数の「グラマン」たちを飛行甲板に敷き詰めたサマはじつに恐ろしい。恐ろしいのはほかにもある。この折畳んだ状態でも主翼に装備された火器の整備ができる点だ。しかもそれは「F4U」のような上に畳む方式ではないので脚立などの機材を必要としないなどまったく恐ろしい限りだ。誰だ、「F6F」が雑で大味な機体と云ったヤツは。この機能を見るだけでもトコトン思慮に富んだ恐ろしい機体だと理解して戴けると思う。

私事で恐縮だが、この折畳み方法、どういう順番と向きで行なわれるのか長い間、理解できなかった。また作動方法は油圧だとばかり思っていたが米軍にしては珍しく片翼4名程の人力で執り行なわれることを知った時は自分の無知さを思い知らされた感があった。

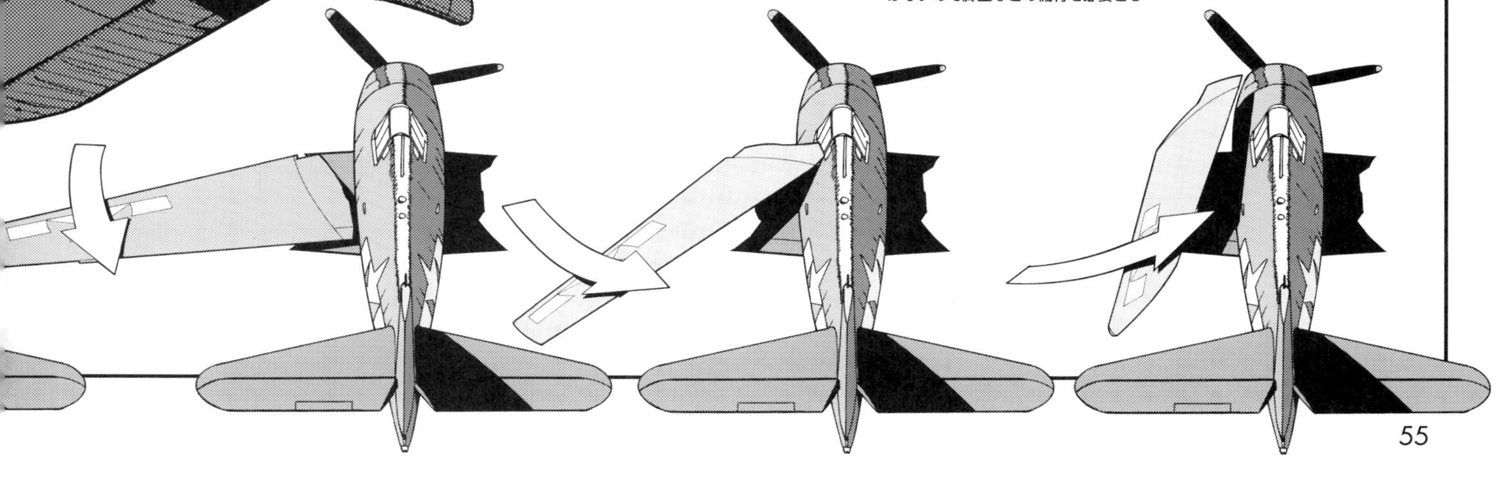

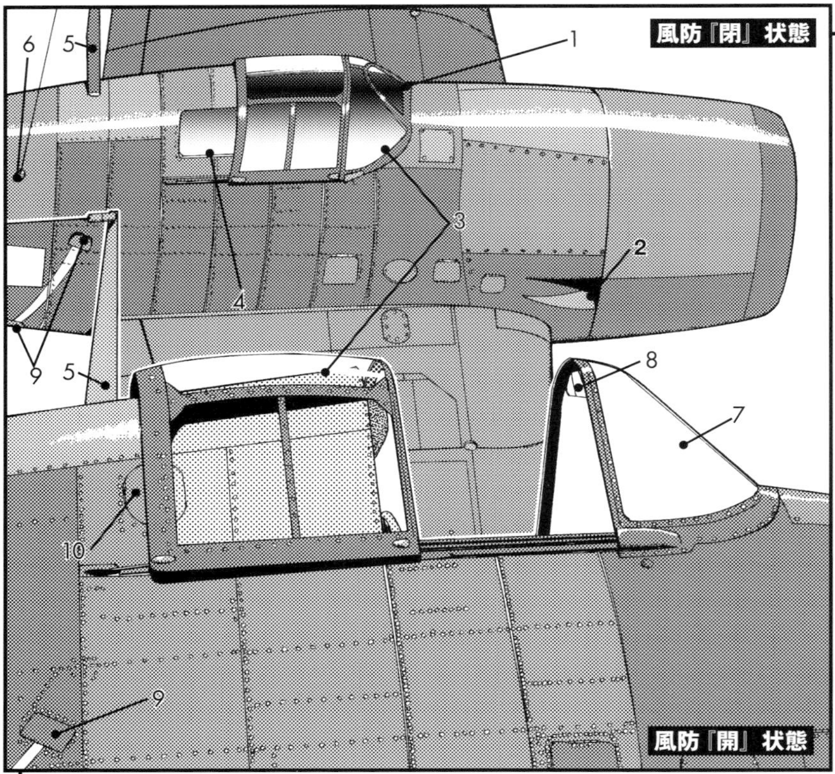

■風防部分

寸詰まった印象を受けるが、背が高いだけだ。上に余裕があるのは解放感を感じる。「グラマン」初期型「F6F-3」の「遮風板」は「紫電改」を想わせる4枚構造。被弾率が高くまた照準器を介する重要な正面部分のみは防弾平面ガラスになっている。他の3面は曲面構成だが後期型「F6F-5」に至り初期型曲面3枚部分を合理化､2枚とし合計3枚構造の「遮風板」となった。これにより後期型は枠が劇的に減り視界が向上している。「グラマン」の防弾ガラスは我が国のものと比較するとずっと薄い。薄くとも防弾効果があるということだ。工業力の差を見せられたようで恐ろしくもある。余談ながら「銀河」初期型に近い形状ともいえる。次に「可動天蓋」だが、この部分は「遮風板」とは異なり前後期型で形状が変化するということはなく共通だ。ただ米軍機にしては枠が多いように思えるのは筆者だけだろうか。天蓋側面部分には一本枠が存在するがこれは補強用でこの面は1枚の「プレキシ・ガラス」で構成されている。日本機なら間違いなく2枚構成になっているハズだ。

1.「防弾ガラス」
2.「排気口」
3.「可動天蓋」
4.「後方視界窓」
5.「中波無線空中線支柱」
6.「空中線取入端子」
7.「遮風板」（図は「F6F-5」のもの）
8.「バックミラー」
9.搭乗時使用の手掛け（両舷）
10.「後方視界窓」が無く、点検ハッチに変更されたタイプも存在する

■主翼部分

上面と下面でこれほど表情が違う主翼は他にあるだろうか。上面は機銃給弾・点検用ハッチのみだが下面はやたらと小ハッチが多い。機銃は折畳む側に片翼3挺搭載されるがこの発想は我が国にはない。重量のある火器を荷重の掛けたくない翼端側に設置したくないからだ。しかし、主翼に重大な故障が発生してもこの部分をそっくり交換修理ができるのは……恐ろしい。三分の一を残して主翼はばっくり後に半回転しつつ折曲る構造だが、そのヒンジは僅かに1本のボルトを蝶番にしているだけだ。にも関わらず頑丈。……まったく恐ろしい。フラップは50度下る構造になっているが特筆すべき点はフラップ操作は自動だということだ。速度に応じてフラップ角度が自動可変される。……この手の装置は我が国の「空戦フラップ」のみと思っていたので筆者はオドロキを隠せない。（図はF6F-5を示す）

1.「150米ガロン増槽タンク」（新型を示す）
2.「爆弾架」（両翼）
3.「空薬莢放出口」
4.「HVAR　5インチロケット弾架」
5.「ピトー管」
6.「近距離通信用無線空中線」
7.「内翼フラップ」（『昇』状態）
8.「主脚」（32×8インチタイヤ）
9.「外翼フラップ」（『昇』状態）
10.「補助翼」
11.「外翼フラップ」（『降』状態）
12.「内翼フラップ」（『降』状態）
13.「カウルフラップ」（『開』状態）

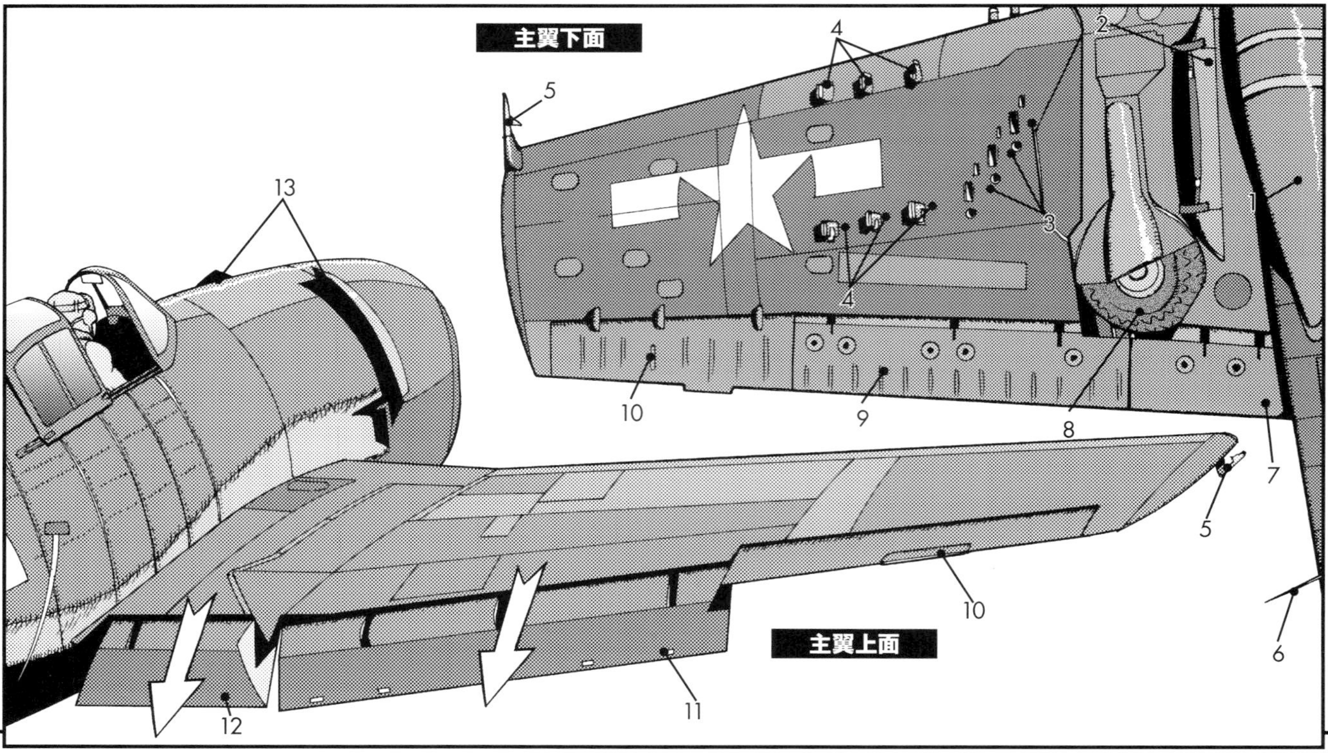

■胴体部分

「グラマン」胴体部分で絶対に述べたい部分として搭乗時、機体に取りつく把手・足掛け部分を推したい。この部分、我が国航空機は押しボタン操作で把手が飛び出す凝った造りだったり、また綱でよじ登るなどの涙ぐましいものが多い中「グラマン」のそれは機体に手足の先端が入る程の孔を設け、それを胴体と面一（つらいち）になるように蓋を裏側から発条で押さえつけ、使用時は蓋を押し込むシクミだ。空気抵抗の問題も構造の簡素化も一挙に解決できるこれ以上ない素晴らしいものだ。この素晴らしい部分は機体の両側にオノオノ存在するが搭乗員は左側を用いるのは自動車の左ハンドルからくる習慣だろうか……と連載時に記載したのだが、誼を結んでくださる知恵者から『それは作法。起源は西洋の騎乗作法から』……だそうだ。ウマと戦闘機が作法で繋がる……チョットおもしろいではないか。同じ『乗る』という分母はこれからもずっと受け継がれて行く……とは微笑ましくもある。例外的に右から搭乗する米軍機も存在する。この「グラマン」の次に掲載される「TBF/TBM」がそうだ。さて『手掛』にハナシを戻す。この構造を採用した我が国航空機は残念ながら「紫電改」くらいしか筆者は思い付かない。胴体からは無線通話用空中線支柱の他に敵味方識別装置用空中線（上部）と近距離通話用空中線（下部）があるのも豪華だと感じる。なお、胴体下部に3つ信号灯があるが、これは識別灯。米軍機共通のものだ。灯色は機首側より赤・緑・アンバーとなっている。スペースの都合で風防部分で述べることができなかったが、胴体は「遮風板」より前は沈頭鋲と皿ねぢを用い機体表面を凹凸の無い面一工作を施し滑らかにしているが「遮風板」部分より後は通常の丸頭鋲を用い割り切るサマはじつに恐ろしい。

1.「敵味方識別装置用空中線」
2.「手足掛け具位置指示用塗装」
3.「手足掛け具」
4.「尾輪」（『降』状態）
5.「識別灯」
6.「近距離通信用無線空中線」

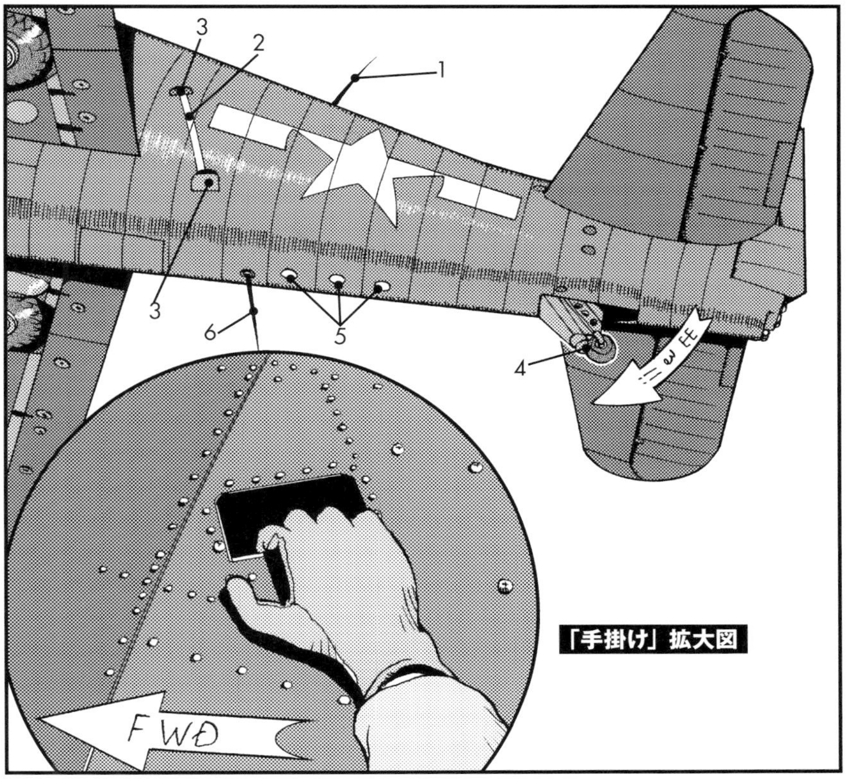

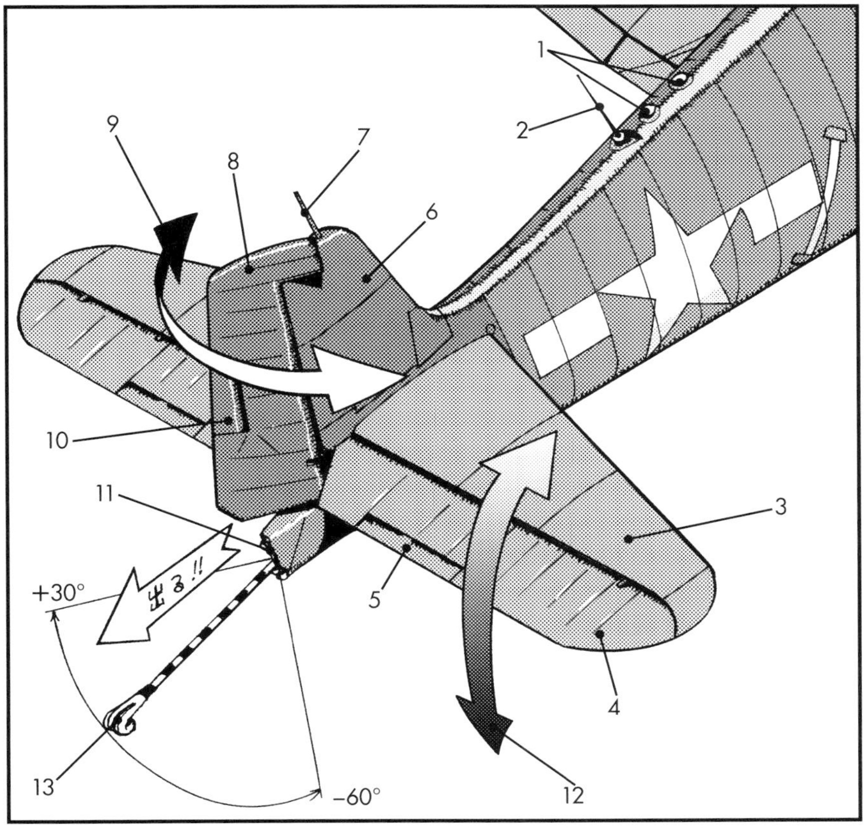

■尾翼部分

余談から入るのは何だが図の角度から見る「グラマン」胴体はどことなく鯉の背中に似ていると筆者は思う。
さて「グラマン」は航空母艦で運用される艦上機だ。なので「着艦制動装置」の「拘捉鈎垂下装置」も当然装備されているのだがこれを格納される部分は中々ユニークだと筆者は考える。我が国の艦上機の多くは機体後端下部に気流を乱さないよう、凹みをつけ、そこに埋め込む形で格納しているが「グラマン」のそれは文字通り機体後端部分から蜂の毒針のように尻からするすると飛び出る構造になっている。この方法なら機体外部に凹みをつける手間は確かに省ける。「拘捉鈎垂下装置」の出し入れだが胴体内部に軌条があり、それに沿って飛び出るのだが、機体重量五トン半もある巨漢をこれで引き止めるのは些か不安でもある。「零戦」の「拘捉鈎垂下装置」はさまざまな厚さの板を幾つもの丸頭鋲でカシメて構成しているのだが、「グラマン」のそれは背中を掻く『孫の手』に似た一本の棒なのはじつに恐ろしい。……否、「グラマン」の方が正しいというべきか。なおこれの出し入れは電動機の回転をチェーンに伝動して行なう。……ひんぱんに使うものではないのだがこれを電動にするのは……恐ろしい。方向舵は左右均等に35度ずつ可動するが昇降舵は『昇』方向に26度、『降』方向には15度となっている。これは低速時に舵の効きをよくするための処置だ。方向舵と昇降舵は金属骨格に羽布張りという見慣れた構造だ。水平安定板は胴体で左右分割され結合方法はボルトだ。日本機ならこの結合部分はぐるりとフェアリングと称する目張りを施し少しでも空気抵抗低減を目指すのだが「グラマン」にはそんな虚弱体質装備の導入は垂直安定板前部のみとなっている。

1.「認識灯」
2.「敵味方識別装置用空中線」
3.「水平安定板」
4.「昇降舵」
5.「昇降舵修正タブ」
6.「垂直安定板」
7.「後部中波無線空中線支柱」
8.「方向舵」
9.「方向舵」は左右35度ずつ可動する
10.「方向舵修正タブ」
11.「尾灯」
12.「昇降舵」は『昇』方向に26度、『降』方向には15度可動する
13.「拘捉鈎垂下装置」は上に+30度、下に−60度可動する

グラマンF6Fヘルキャット

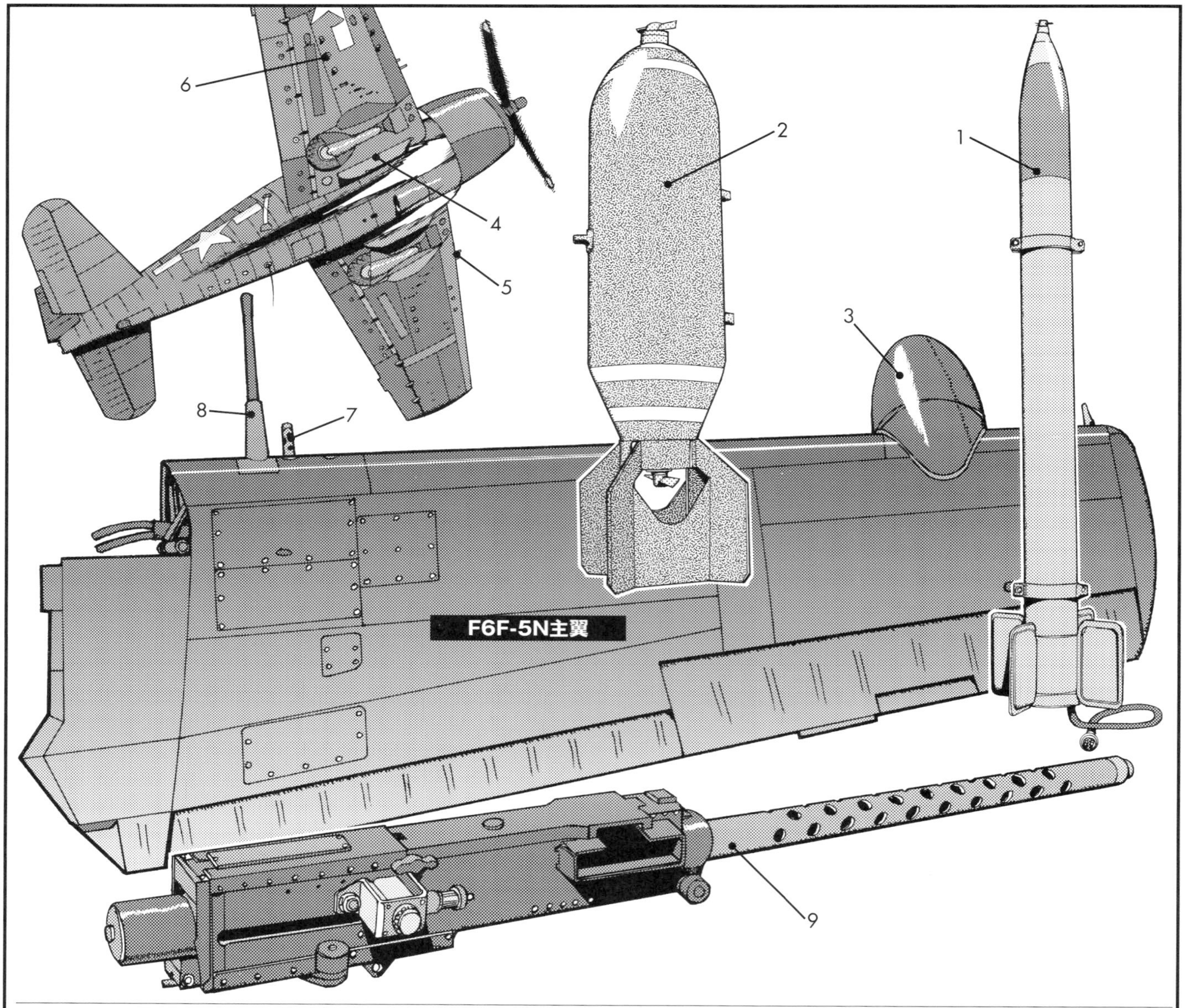

■武装

基本武装は主翼に搭載された6挺の「M2」12.7㎜機銃と500ポンドか1000ポンド爆弾2発だ。この装備は全米軍機統一で差は多いか少ないかの数だけだ。……この代わり映えのしない装備を見て筆者は恐ろしく思う。搭載火器がほかにないのかという嘆かわしいものではなく、完成されたモノが既に規格化されているという点、これに尽きる。これらはすべてユニット化され流用が可能で設計時は余分な労力を省ける。……この浮いた時間をほかの設計に廻すことができ、今までに述べてきたような頓智の利いた賢い設計が生まれたのではないか……とさえ思えるのだ。「M2」機銃のハナシが出たついでに述べたいのだが、この機銃も左右共通だ。我が国の機銃のように甲・乙の『左・右銃』というように作り別けるという愚行はしない。給弾装置の向きを替えるだけでそれは叶う。じつに恐ろしい。チナミに「グラマン」の携行弾数は一挺に400発。それが6挺で2400発。スゴイとしか云えない。さらに大戦中期より登場した「HVAR」と称される5インチロケット弾も搭載可能だ。「グラマン」はこれを左右合計6発搭載できるがこれは米軍機の中では少ない部類だ。「グラマン」の特殊装備として魚雷搭載も挙げることができる。これは『一応は可能ですよ』という程度のモノだが恐ろしいの一言だ。ハナシを元に戻すが「グラマン」後期型「F6F-5」右主翼に増槽形をした機上用電探「AN/APS-6」型を装備したものは特別に「F6F-5N」と呼称される。この型の電探搭載前はこの主翼位置下に小型増槽形状の「AN/APS-4」型電探を懸吊していたが性能が芳しくなく前述の埋め込み式のものになった。蛇足ながらこの「AN/APS」型電探は索敵用なのか射撃用なのかは筆者の手許に資料がないので不明だ。図では内側銃のみを「イスパノ」系20㎜機関砲に変更、火力を向上させている。長く突き出た銃身が恐ろしい……。小型機上用電探が実用化されるというのは画期的なことだ。ワザワザ夜間戦闘機を設計せずともこの小型電探を装備すれば忽ち夜間戦闘機に生まれ変わる。単座機で電探表示器を注視しつつ飛び回るのは楽なことではなく本家夜間戦闘機には及ばないだろうが数が短期間に揃うのは……強みだ。これが出現してからは昼も夜も「グラマン」に追捲られることになったのは恐ろしいことだ。

1.「HVAR 5インチロケット弾」
2.「500ポンド爆弾」
3.「AN/APS-6」型電探筐
4.「爆弾架」
5.「M2 12.7㎜機銃」
6.「HVAR 5インチロケット弾架」
7.「M2 12.7㎜機銃」
8.「20㎜機関砲」
9.コルト・ブローニング「M2 12.7㎜機銃」

あれから一言

筆者としてできうる限り早い時期に本機を描いてみたいと願っていた。そこにスケールアヴィエーションの特集が「グラマン」社製品だったことからマサに渡りに船、願ったり叶ったりだ。とは申せこの機体に対してこれまで単に外ッ面の形状が好みだというだけで、この機体の表には出ない深い部分を見ようとはしてこなかった。連載記事を作成するにあたり、知恵を呼び起こして驚愕したのは本機の非凡さだ。形状だけに囚われこれに今まで気付かなかったこと、恥に思った次第だ。これは筆者の気持ちだがこの機体になら100点を付けてもいいと考える。恐るべし、「グラマン」社

タフで信頼性の高い軍用機の鏡

TBF/TBM アヴェンジャー

傑作雷撃機「アヴェンジャー」。多くの日本艦を屠った憎き敵機である。一見大柄で間延びした印象を持つ機体だが、その細部をみると高い汎用性と信頼性に満ちている。ここではそんな本機をあらためて眺めてみよう

いきなりでナンだが筆者にとって戦中米海軍機は2機種あればいいと考えている。ひとつは前項の艦戦「F6F」。あともうひとつは艦上雷撃機「TBF/TBM アヴェンジャー」だ（以下「TBF/TBM」とする）。このふたつがあればもう他は必要ない。この2機種は共にグラマン社設計航空機だ。筆者にとって、本機の偽ざる素直な気持ちは『大ッ嫌いだが大好き』と相反する感情を持ち合わせる航空機だ。そこでここではこの『大ッ嫌いだが大好き』2号の「TBF/TBM」を特集する。

日本海軍の誇る超大型戦艦「大和」、「武蔵」に引導を渡したことは有名だがそれ以外にも我が国の軍事拠点や大中小各艦艇など、それこそ軒並みコテンパンに木端微塵にされ、まったく憎んでも憎み切れないが、これは高信頼性と同じく高い抗堪性、加えて大型爆弾から魚雷、オマケに機雷まですっぽり胴体に収まるその高い汎用性の結果からだ。もしこの「TBF/TBM」がもう少しヤワだったら当時この機材に搭乗していた第41代米国大統領は別の方がなっていたかもしれないのだ。まるで軍用機の鏡のようではないか。ココだ。悔しいが憧れてしまう『大ッ嫌いだが大好き』だという点は。ハナシを少し戻すが「TBF/TBM」はグラマン社製……と述べたがこれは正しくはない。本家グラマン社製は「TBF」と表記（派生型はその後にハイフン後に数字を付け区別）、GM社がライセンス生産したのが「TBM」（派生型区別は「TBF」と同様）となる。総生産数は8割近くをGM社が占め、数では本家と逆転する点など何となく「零戦」のようではあるのだが生産する会社によって略号が変るのは責任所在を明確にする米国ならではのことなのか。恥ずかしながらこの処遇についての答えを筆者は持ち合わせていない。もし戦中航空機を購入でき、筆者に航空機を操縦できる資格と資金力があったならこの「TBF/TBM」を買いたいものだ。それでは次頁から機体細部を述べたい。■

「TBF-1C」胴体全体図

「TBF/TBM」胴体でもっとも特徴的な場所は「風防」後端にあるグラマン・GM両社製共同開発の「150SE球形動力銃座」だろう。単発機でこの手の動力銃座を搭載し1万機近く生産の『成功した』航空機は「TBF/TBM」以外、筆者は知らない。電動により360度全周回転が可能、仰角85度、俯角は30度。搭載機銃は述べるまでもない50口径「M2」。弾丸は予備を含め400発搭載する。つくづくスゴイなと思うのは操作員ゴト球形容器に収め（しかも日本人に比べ遥かに大柄な方をだ）それごと電動機で迅速に動かせるという点だ。強力で精度の高い管制器と電動機が揃って初めてできる工業製品だ。我が国のはテッポウだけは電動で動かしてくれる「動力銃架」がほとんどなのを考えると……悔しいのと同時に憧れるではないか。……ただこの銃座へはどうやって乗り込むのかという点は謎である。左側面は大きく外せる構造にはなっているがこれは脱出等の緊急時に用いる手段で搭乗には使わない。やはり下部からだろうか。凄いことだらけの「150SE球形動力銃座」だがヤハリ厳しいトコロはある。この中に居る間、脚は伸ばすことができない。膝を曲げて前屈するような格好で操作する。いつ来るか判らない敵機を密閉された狭い空間で窮屈な体形で待つのだ。中々ゾクゾクする配置ではないか。

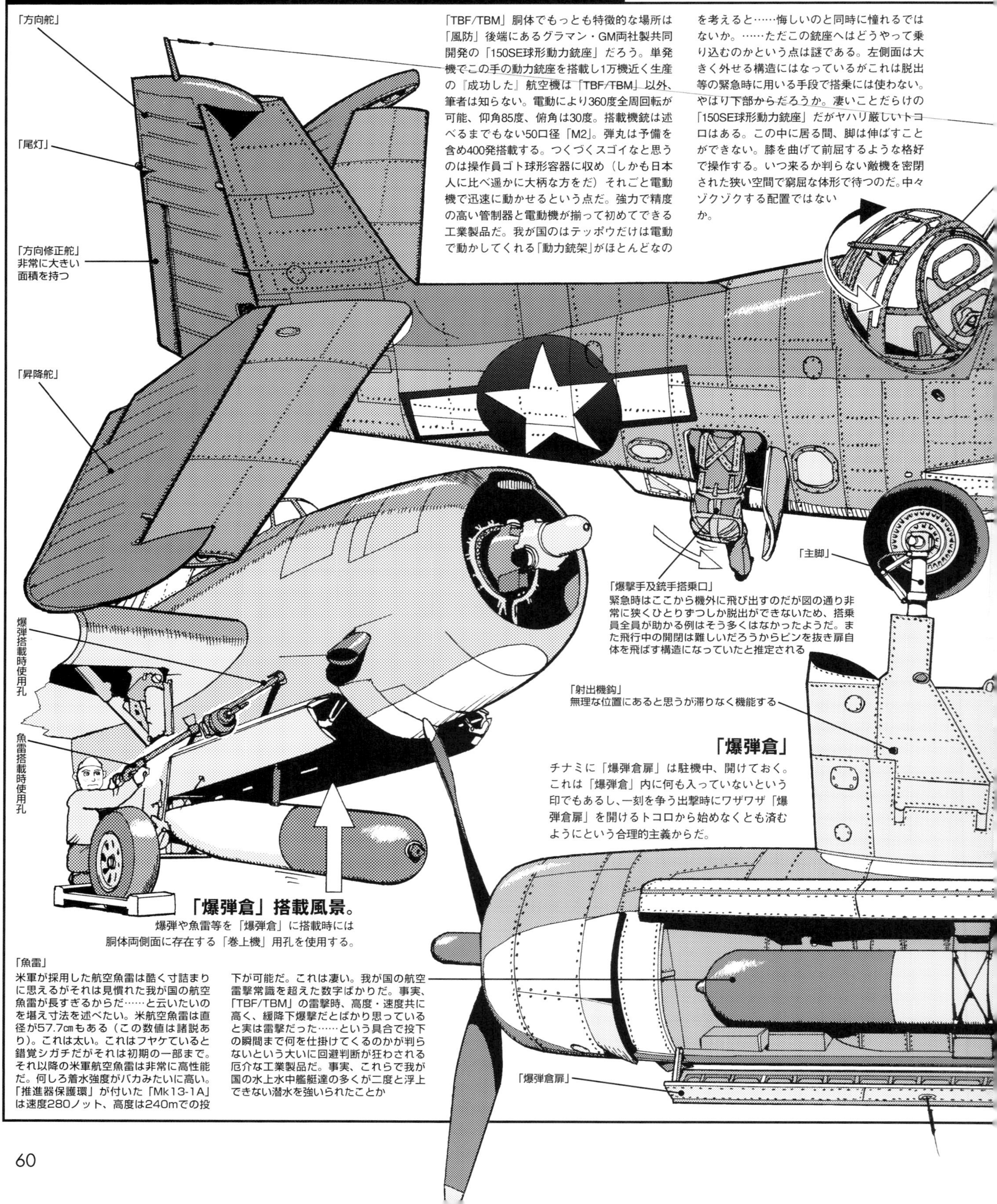

「爆撃手及銃手搭乗口」
緊急時はここから機外に飛び出すのだが図の通り非常に狭くひとりずつしか脱出ができないため、搭乗員全員が助かる例はそう多くはなかったようだ。また飛行中の開閉は難しいだろうからピンを抜き扉自体を飛ばす構造になっていたと推定される

「射出機鈎」
無理な位置にあると思うが滞りなく機能する

「爆弾倉」

チナミに「爆弾倉扉」は駐機中、開けておく。これは「爆弾倉」内に何も入っていないという印でもあるし、一刻を争う出撃時にワザワザ「爆弾倉扉」を開けるトコロから始めなくとも済むようにという合理的主義からだ。

「爆弾倉」搭載風景。

爆弾や魚雷等を「爆弾倉」に搭載時には胴体両側面に存在する「巻上機」用孔を使用する。

「魚雷」
米軍が採用した航空魚雷は酷く寸詰まりに思えるがそれは見慣れた我が国の航空魚雷が長すぎるからだ……と云いたいのを堪え寸法を述べたい。米航空魚雷は直径が57.7㎝もある（この数値は諸説あり）。これは太い。これはフヤケていると錯覚シガチだがそれは初期の一部まで。それ以降の米軍航空魚雷は非常に高性能だ。何しろ着水強度がバカみたいに高い。「推進器保護環」が付いた「Mk13-1A」は速度280ノット、高度は240mでの投下が可能だ。これは凄い。我が国の航空雷撃常識を超えた数字ばかりだ。事実、「TBF/TBM」の雷撃時、高度・速度共に高く、緩降下爆撃だとばかり思っていると実は雷撃だった……という具合で投下の瞬間まで何を仕掛けてくるのかが判らないという大いに回避判断が狂わされる厄介な工業製品だ。事実、これらで我が国の水上水中艦艇達の多くが二度と浮上できない潜水を強いられたことかここではここでは「TBF/TBM」の全体像を簡素に述べたいと思う。

一見、寸詰まっているように思え、それがともすれば「TBF/TBM」とは小さい航空機に思えてしまうが、豈図らんや。途方もなく巨大な航空機だ。全幅・全長・全高、どれをとっても我が国の「九七式艦上攻撃機」の各寸法よりも大きい。特に胴体の太め度は高い。これには語弊があるか。上下方向に容積がある、というべきだろう。語り尽くされた表現だがやはり爆弾等の搭載物品のすべてを胴体内に収納する構造のため……と述べてしまえばそれっきりなのだが。これが狭い空母上で扱う艦上機とするのは無謀だと一瞬考えてしまうがそれは飛び立つ時にだけ。格納庫や飛ばない状態では後述はするが「グラマン」社が編み出した非の付け所がない見事な主翼折畳み方法により小容積にするのは納得を通り越して感心してしまうではないか。

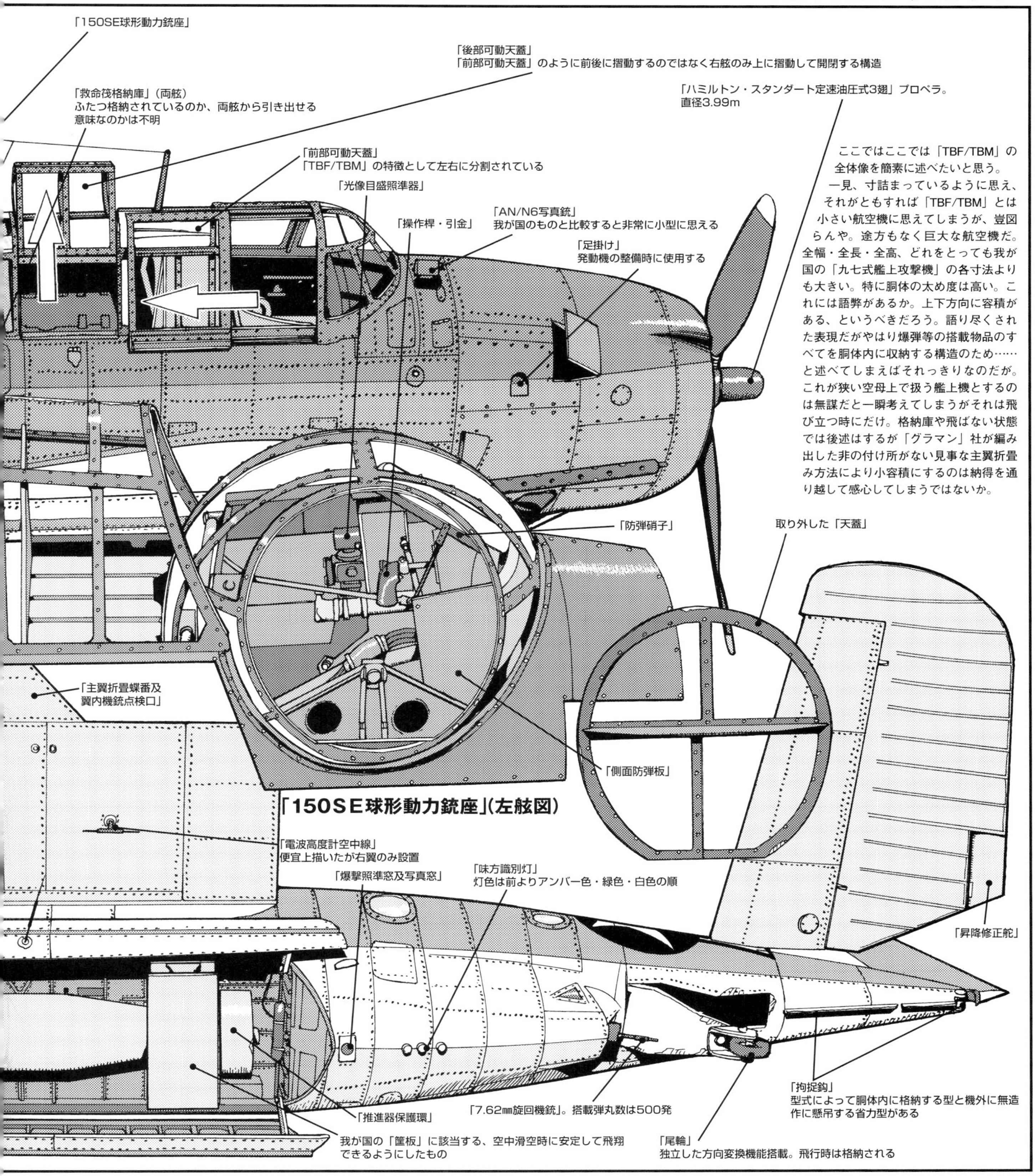

「TBF-1C」主翼全体図

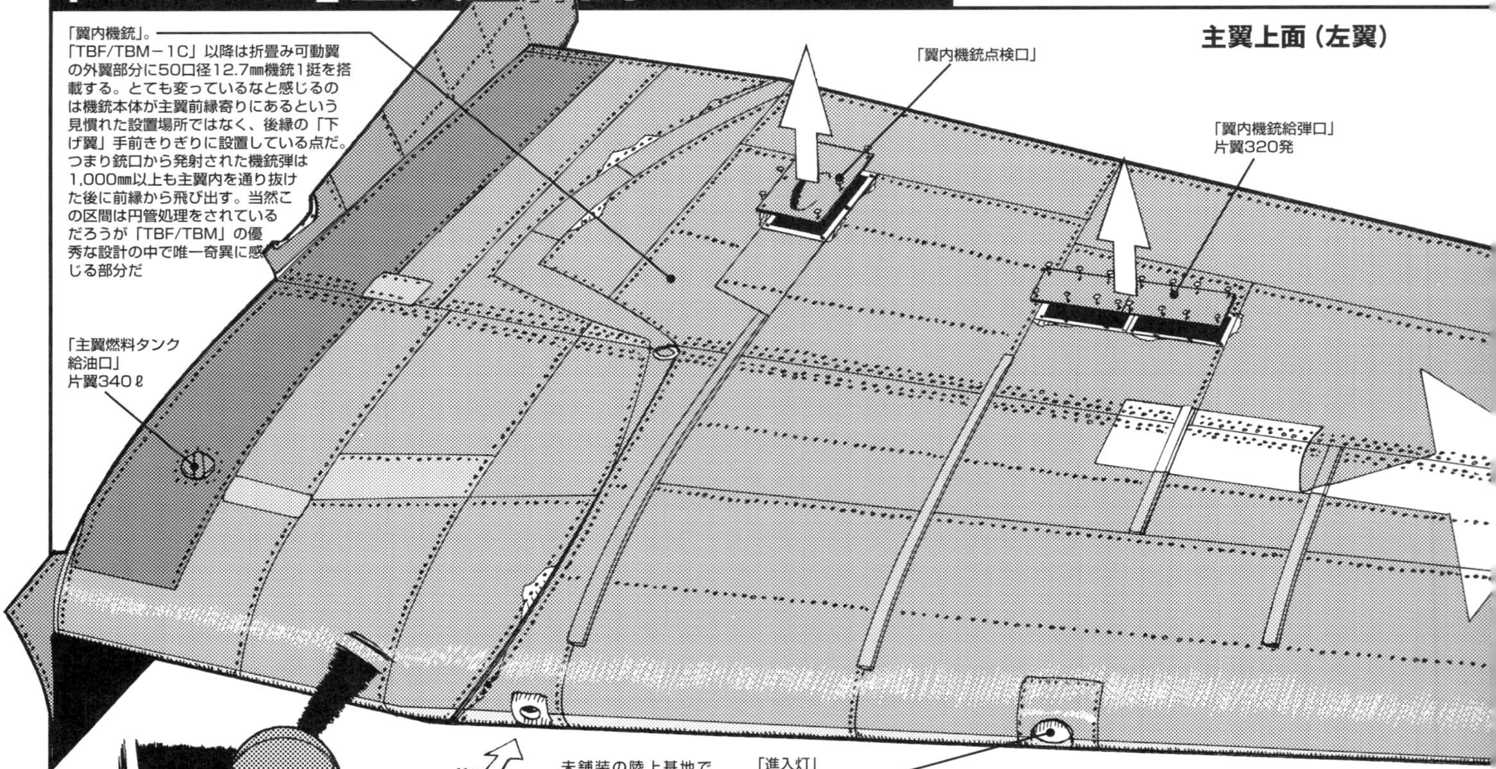

主翼折畳み。
グラマン社製「F6F」と同様に前縁を下にして捻じりつつ後方に折曲る方法で折畳まれる。この方法は何度みても『素晴らしい』や『巧いこと考えやがったな』と心底感じる。これはまだ未勉強で云い切るのは早計だが特殊攻撃機「晴嵐」の主翼折畳み手段、もしかすると「F6F」を模したモノかもしれないとも思う次第だ。この蝶番ヒトツで見事に折畳み構造は同社製「F4F」で編み出されたが「TBF/TBM」ではこれに油圧という動力が味方することにより人手を介することなく搭乗員の操作ヒトツで展開・折畳みが可能になった。これは凄いことだ。油圧展開を希望する時は当然、搭載発動機を始動しないと叶わないがすべての状況を考えて設計する米軍、外部油圧加圧装置を用いることも想定していたかもしれない。発動機を始動し、離陸点まで移動しつつ暖機し油圧が高まったころを見計らって主翼を展開する機体が昭和17年中から登場したのだ。コトバを失うではないか

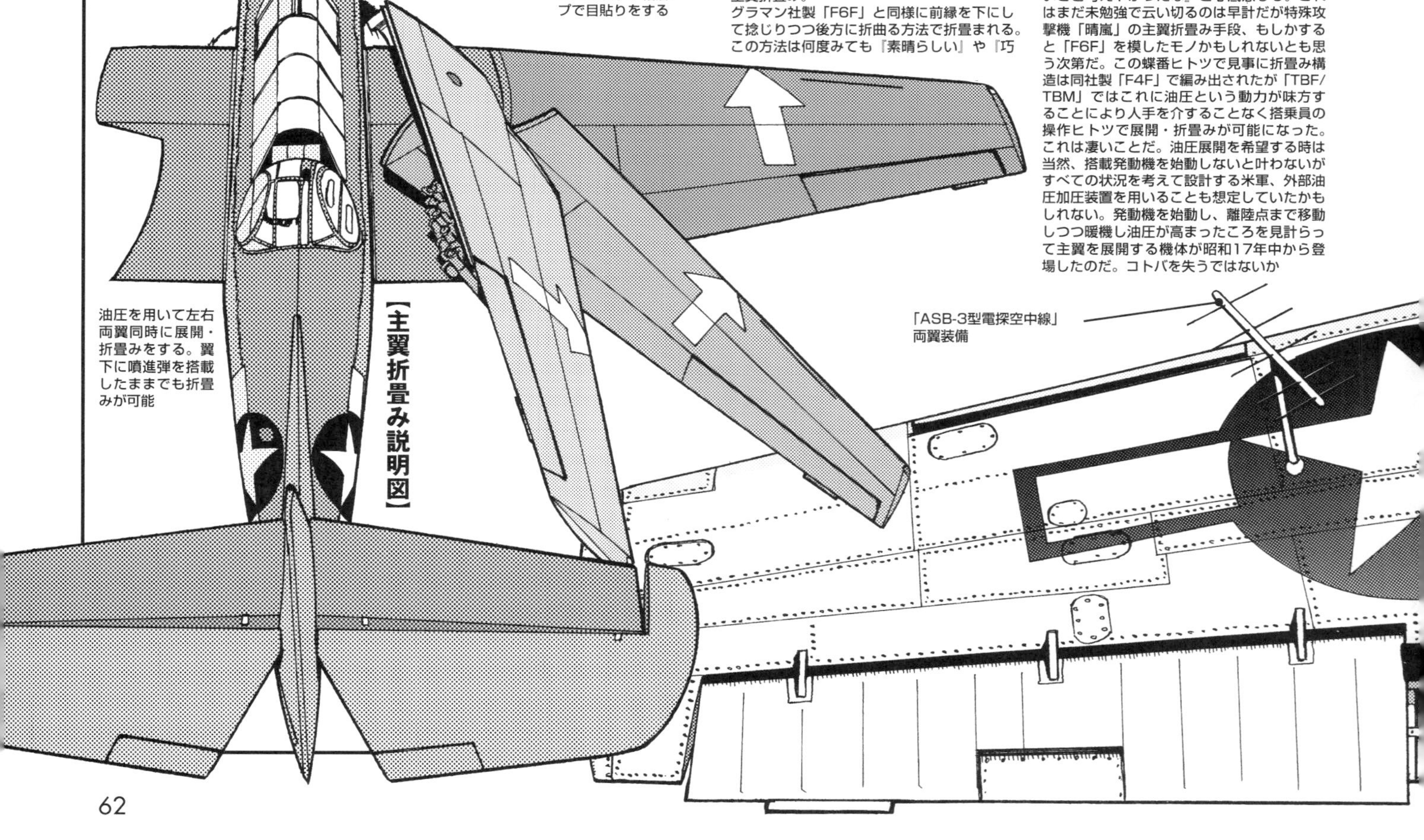

「桁」
「TBF/TBM」の主翼を描いて気付いたのだが日本機ではお馴染みの外板に露出した「桁」が見当たらない。これは「桁」を用いない夢の構造ではなく「桁」の上から外板を被せた結果だ。「桁」自体に強度があるのでその上から外板を被せるのはその分、無駄。だから「桁」の外板分の厚さを削り「面一」になるようにした微細な我が国の設計方針を『ヘッ。みみっちいな』と切って捨てるような設計だ。切削機で目を皿のようにして熟練工が微細な削り出しをしている間に「TBF/TBM」側はもう次の工程に入ることができるのが強みだ。御国柄……といってしまえばそれっきりだが天秤に掛け量産性を選べるその根底には高信頼の大型発動機があるかないかの工業基盤という動かしがたい巨大な力石の存在だろうか。この辺の工作が筆者にとって『大ッ嫌いだが大好き』な部分といえるのも確かだ

世間ではグラマン社航空機は『グラマン鉄工所』と揶揄されているそうだが筆者にはそうは思えない。胴体中程、一番太い場所から後以降はアタマが出っ張る通常の鋲を使っての非常に割り切った鋲接方針がこのような揶揄をさせる点だと考えるが、コト主翼に関しては上・下面とも「沈頭鋲」で鋲接し表面はアイロンがけをしたかのように滑らかだ。いや、通常鋲鋲接部分の胴体後部でも外板は凹みがない。非常に丁寧な工作だ。翻って我が国の航空機はどうだろう。「沈頭鋲」を外板全体に用い、空気抵抗低減に心血を注いだ設計なのだが実際は新造機でもハデな胴体着陸を一度体験したかのように望まない凹凸だらけ。まるで丸めた新聞紙を伸ばしたような、平滑とは程遠い仕上がりだ。これでは、心血を注いだ設計者が激昂する様が目に浮かぶようだ。通常鋲を用いてはいるが表面がキレイな米軍機に「沈頭鋲」を用いたが表面がぼこぼこの日本機。対照とはこういうことをいうのかとさえ思える。

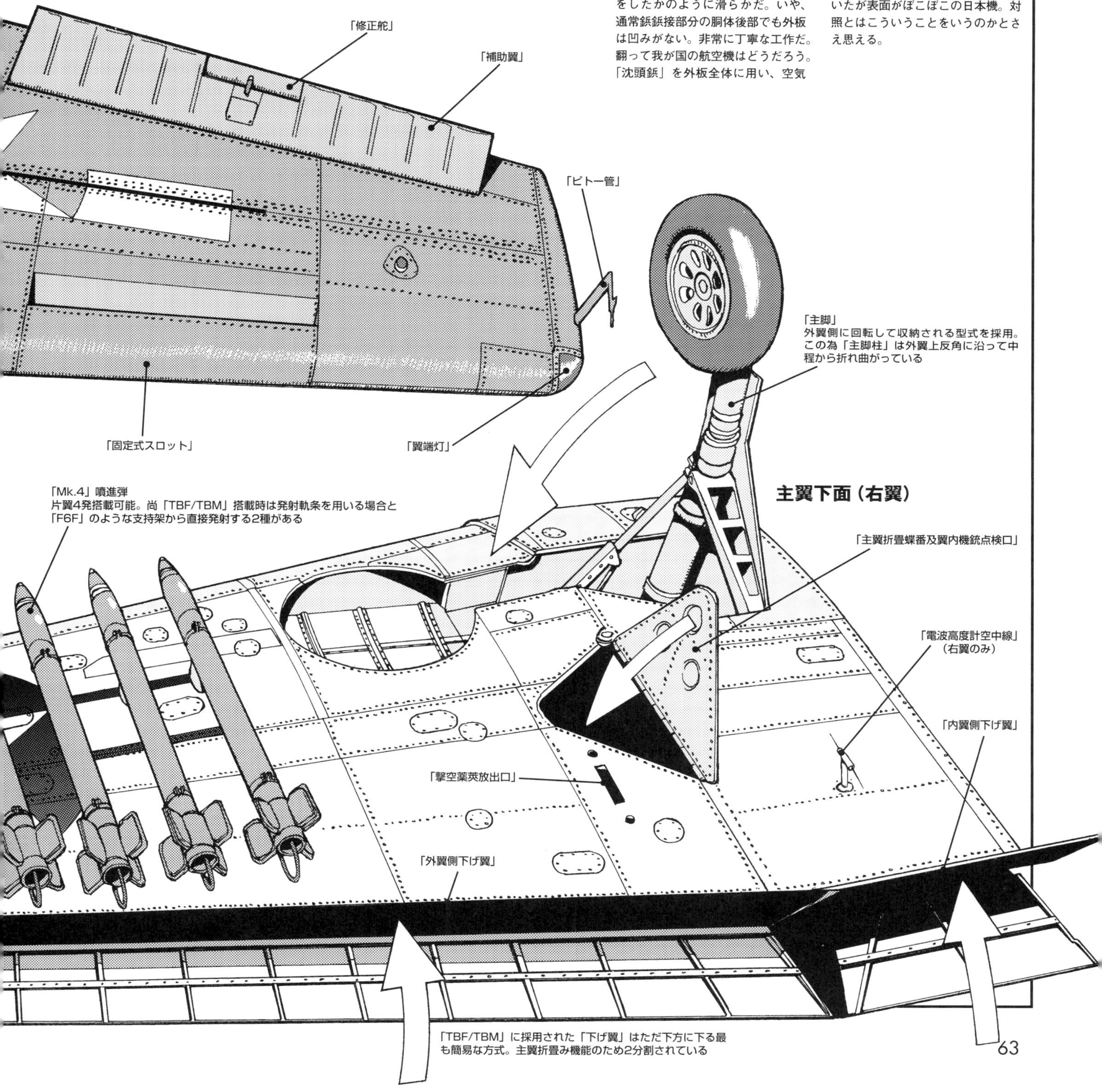

「TBM-3W2」全体図

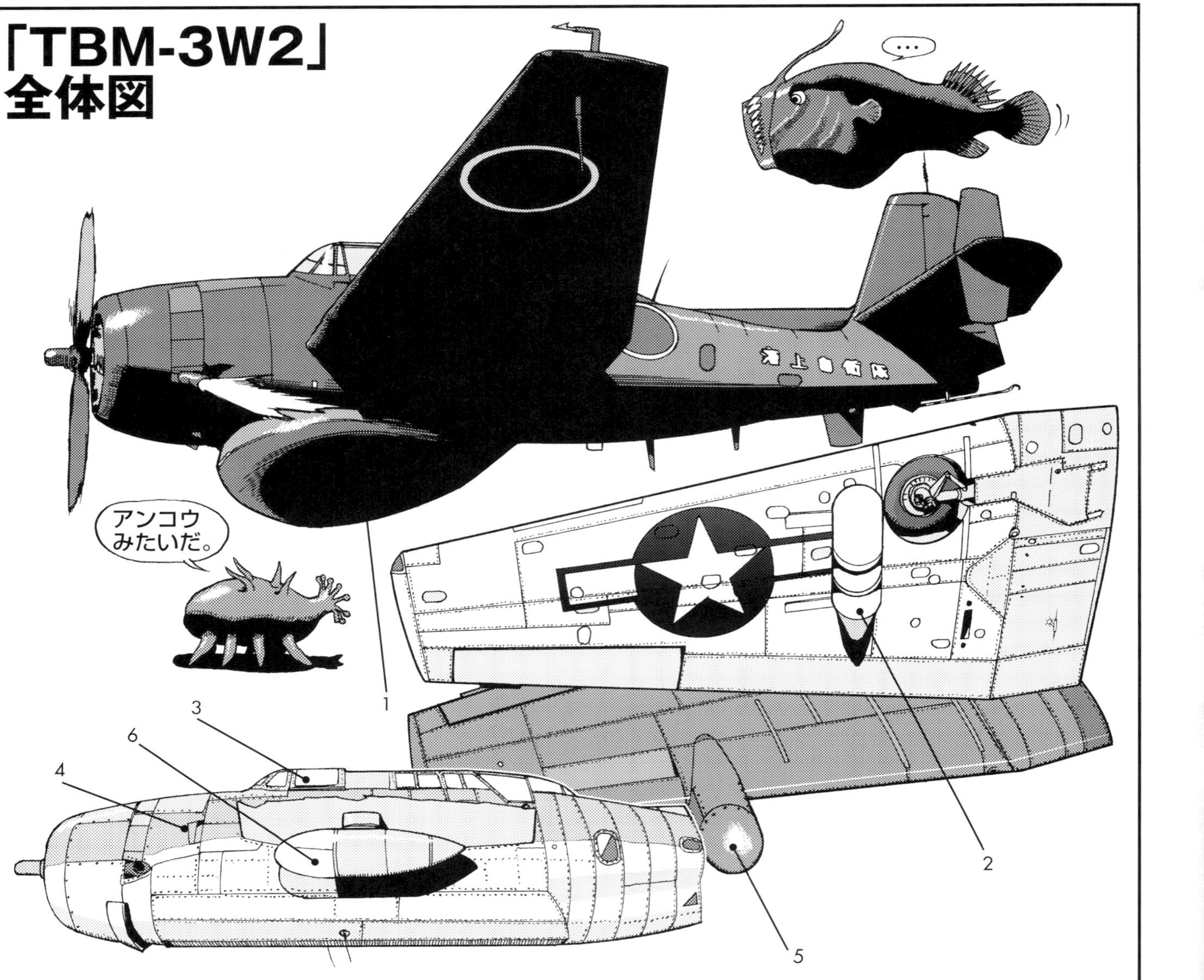

■各種の電探装備

ここでは「TBF/TBM」の電探装備について述べたい。汎用性の高い本機、当然索敵にも使用された。それユエ本機は各種電探が搭載された。広く大きく背の高い胴体だ。航空機用に小型化されたとは申せ大きく嵩張る電探装備収納にもってこいだ。加えて表示器も遮光できる胴体内なら最高だろう。この点に関しても羨ましい限りだ。主翼見開き部分で触れた両主翼下面に設置され見慣れた形状の五素子で構成される八木・宇田空中線使用の「ASB-3」型電探は「TBF/TBM」の標準装備とも云える。米軍の電子技術が向上し、高精度で探知できる高周波数帯を使用する新型電探が登場するようになり低周波数用の八木・宇田空中線から増槽に似た円筒形容器内に小型反射型空中線を仕込んだものが登場するようになった。「ASDH-1」型や「AN/ASP-4」型に代表される型式だ。しかしながら精度は低くとも遠距離が探索できる「ASB-3」型電探を再搭載した、いわば折衷懐古型も少なからず存在する。珍しい装備として胴体左舷に夜間攻撃用に探照灯を付けた例がある。

珍しい例が出たついでだが「TBM」系列の数奇な運命を歩んだハナシで〆たい。我が国の敗戦後、自衛隊が発足する折りに米海軍より前述の「TBM」系列二機種が供与された。不気味に暗色で塗粧された「TBM-3W2」と特徴的な「150SE球形動力銃座」を取り払った変に垢抜けた「TBM-3S2」の2機種だ。かつて散々に苦しめられた機体の派生型が装備機になるというのも当時の関係者からすれば苦笑いするしかないのだが、その供与された「TBM-3W2」の腹下に深海魚のような、また信楽焼の狸のふくよかな睾丸を思い起こす巨大な膨らみが備え付けられていた。これは潜水艦が潜航中海面にわずかに出す「スノーケル」や潜望鏡を探知可能な極めて精度の高い高性能電探搭載型「TBM」なのだが、これを惜しみなく供与するのは米軍がより高性能なのを装備していた証拠だと思うと切なくもある。しかし改めて「TBM-3W2」をみるとこのような巨大な電探覆を搭載できたのも、汎用性の高い本機ならではの所業だろうか。

1.全周囲旋回可能の電探空中線格納のために巨大になった空中線覆
2.「AN/ASP-4」型電探空中線覆
3.「150SE球形動力銃座」撤去に伴い「風防」が簡素かつ流線形になった
4.「TBM-3S2」胴体
5.「ASDH-1」型電探空中線覆
6.左翼下に設置された「探照灯」

あれから一言

この號で筆者は衝撃を受けた。連載記事担当G氏が本號をもって他部所に栄転になる、と。作家は担当と組んで初めて作品が描ける。言い尽くされたコトバだが作家と担当は車輪の両輪だ。マ、ネコグルマと称する一輪車で品物は運べる例もあるので担当が不在でも作成は可能だろうが筆者には無理だ。他所でも述べたが侠気満点のG氏の後任F氏はどのような方なのか不安だったが筆者の連載第1回から陰になり日向になりアドバイスをしてくださった方だったと判明し大きな安心をした記憶がある

スマートな機体に隠した奇抜な解決策

チャンス・ボート F-8Cクルセイダー

本書唯一の戦後メカがこのジェット戦闘機「クルセイダー」だ。超音速時代に相応しいスマートな外観だが機内には狭い空母で運用するための奇抜な機構が隠されている。それはいったい何か？　お教えしましょう

戦争モノ系列で「クルセイダー」と命名するものは多い。それは戦車名称だったり作戦名称だったり、そして戦闘機名称だったりとじつに大人気だ。そこで本書、航空機編のトリを飾るのは米艦上戦闘機「F-8C クルセイダー」だ。『アナタノ知ラナイ兵器』連載中初の戦後機、初の噴進機関機でしかも音速突破機だ。トリを飾るに相応しい機体だ。

正直なトコロ、「F-8」は、非常に多くの派生型があり今回の図説には、どの派生型を描こうか悩んだ。そこで旧名称「F8U-2」、改正後の「F-8C」を図説しようと思う。こう決定しても筆者のココロは揺れる。艦艇の「ビルジキール」を思わせる「ベントラル・フィン」がない単純な「F8-A」も、また胴体断面が機上作業練習機「白菊」を彷彿とさせるような底面を平面とし、四方に写真機を配置した「RF-8G」なども候補に挙がったのだが。

筆者は20世紀最後の年に米空母に乗艦した。その大きさと規模とシステムは嫌になるほどに巨大だった。もうあれは空母という物体ではなく、ましてフネというコトバでは現せない別の何かだった。言い尽くされた表現で恐縮だがまさしく移動基地に思えた。しかしいくら巨大に感じても所詮はフネなのだ。広大な陸上航空基地と比べればはるかに小さい。こんな狭い場所に翼面積を極力切り詰め抵抗を減らした機体に巨大で重い噴進機関で纏め上げた『超音速艦上戦闘機』を離発着させるにはサマザマな苦労と知恵を出し尽くす努力と工夫が必要だ。この苦労を経て「F-8」が「F-8」の形状に行き着いたのだ。それが何なのかや、どう対処したのかなど、本文を読み進めてくださると幸甚だ。それでは「F-8C」の細部を述べていきたい。■

チャンス・ボートF-8Cクルセイダー

日露戦争の頃かその少し前に日本海軍が好んで装備したフネに「水雷艇」というのがある。このフネを形容するときに使われるのが『推進動力機関にフネの部品を付けたよう』と比喩であるが、「F-8C」の胴体を見るとついついそれを思い出してしまう。主翼は……とこれは別項で詳しく述べるので、ここでは翼幅だけを述べるだけに留めたいが1万871㎜とこれは局地戦闘機「雷電」とほぼ同じ値だが胴体のそれは1万6,527㎜もある。これは同じ海軍機の「九六式陸攻」とほぼ同じ値だ。これはデカイ。操縦席との比率を見る限りでは寸法を間違ったのではないか……と一瞬筆者は身構えてしまう程だ。機首に空気取入口があり尾部に噴射口がある当たり前の構造だが冷静に考えてみると前述の「水雷艇」ではないが「F-8」の胴体とは推進機関を収めた管でしかない。この辺がレシプロ機とは大きく異なるトコロだ。『管』と文字にすると何とも味気ないものだが図をみるとどうしてどうして。メリハリの利いた、よき形状をしているではないか。もっと卑近な云い方をすれば『カッコいい』ではないか。米軍機塗粧の特徴として燃焼発動機吸気口に注意を促すV字状の赤帯を入れるのだが、こうして胴体だけの図にこれを描き入れると……鯉幟のように見えてしまうのは……筆者だけだろうか。現在は全て退役になった「F-8C」。機密事

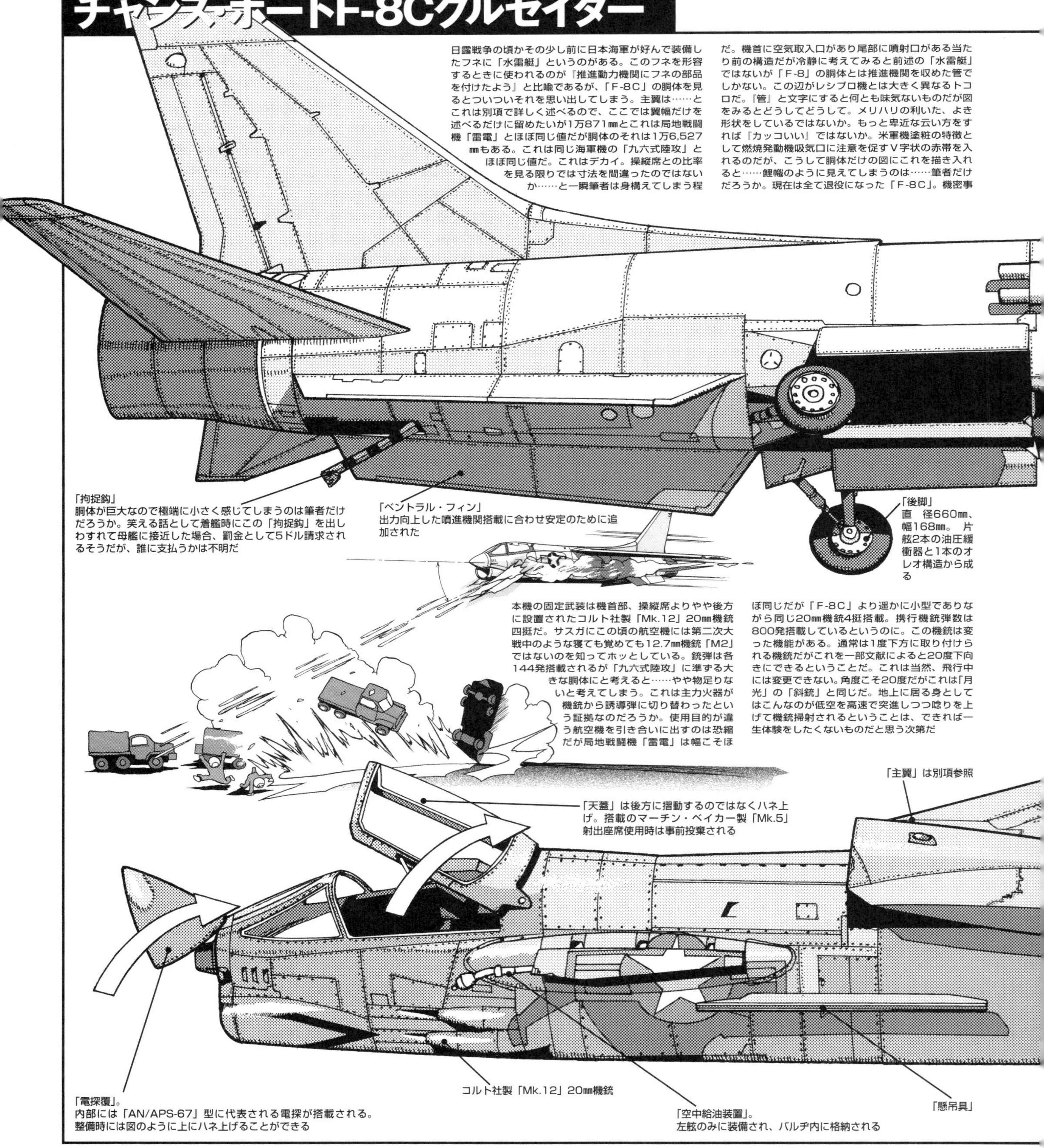

本機の固定武装は機首部、操縦席よりやや後方に設置されたコルト社製「Mk.12」20㎜機銃四挺だ。サスガにこの頃の航空機には第二次大戦中のような寝ても覚めても12.7㎜機銃「M2」ではないのを知ってホッとしている。銃弾は各144発搭載されるが「九六式陸攻」に準ずる大きな胴体にと考えると……やや物足りないと考えてしまう。これは主力火器が機銃から誘導弾に切り替わったという証拠なのだろうか。使用目的が違う航空機を引き合いに出すのは恐縮だが局地戦闘機「雷電」は幅こそほぼ同じだが「F-8C」より遥かに小型でありながら同じ20㎜機銃4挺搭載。携行機銃弾数は800発搭載しているというのに。この機銃は変った機能がある。通常は1度下方に取り付けられる機銃だがこれを一部文献によると20度下向きにできるということだ。これは当然、飛行中には変更できない。角度こそ20度だがこれは「月光」の「斜銃」と同じだ。地上に居る身としてはこんなのが低空を高速で突進しつつ唸りを上げて機銃掃射されるということは、できれば一生体験をしたくないものだと思う次第だ

項で隠すものなどは電子機器などではあるだろうがこと機体に関しては開示され資料は溢れているだろうと考えていたが……どうしても判らない部分がある。それは胴体下部、「前脚」と「スピード・ブレーキ」に挟まれた部分だ。資料によるとここに「ロケット弾パック」なる武装が搭載される区域だという。しかも32発もだ。これをどのようにして発射するのか等の情報を遂に得ることができなかったことをここに断っておく。日本海軍のハナシが出たついでだが、「F-8C」の機首部分だけをみると……プロペラが無い艦爆「彗星」に見えてしまうのは……筆者だけではないだろう

「LAU-33」噴進砲。
図のとおり、散弾銃のような2連装方式だ。内部には「Zuni」と称される直径こそ5インチだが全長は3m半を超える長槍のような噴進弾が装填される。この噴進弾は非常に直進性が高く、地上攻撃だけではなく、小型艦艇に対してや、また機銃と併用して対空合戦に使用されたりと万能ぶりを発揮していた。図では胴体懸吊具に「LAU-33」をひとつのみを描いたが増設することにより片舷二組づつの搭載が可能だ。その場合、左舷の搭載方法は若干異なる。これは「空中給油装置」がある為だ。なお、この噴進砲は25回の発射を以て破棄される消耗品だ。しかし「Zuni」に限らず、後述する誘導弾も含めて米軍噴進弾は何かに取り憑かれたように直径『5インチ』、12.7㎝に統一されているのは……言葉を失う次第だ

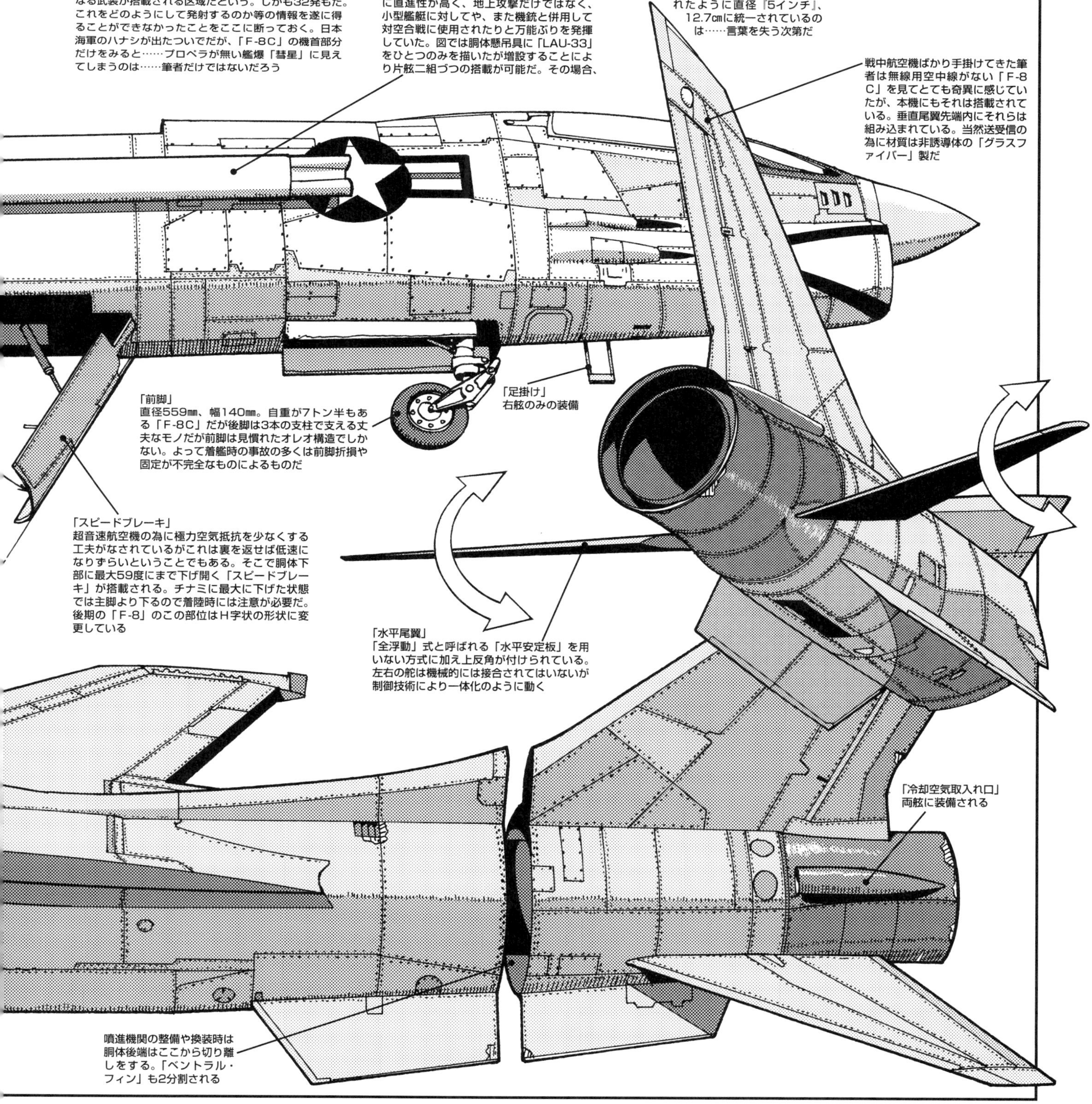

「F-8C」主翼全体図

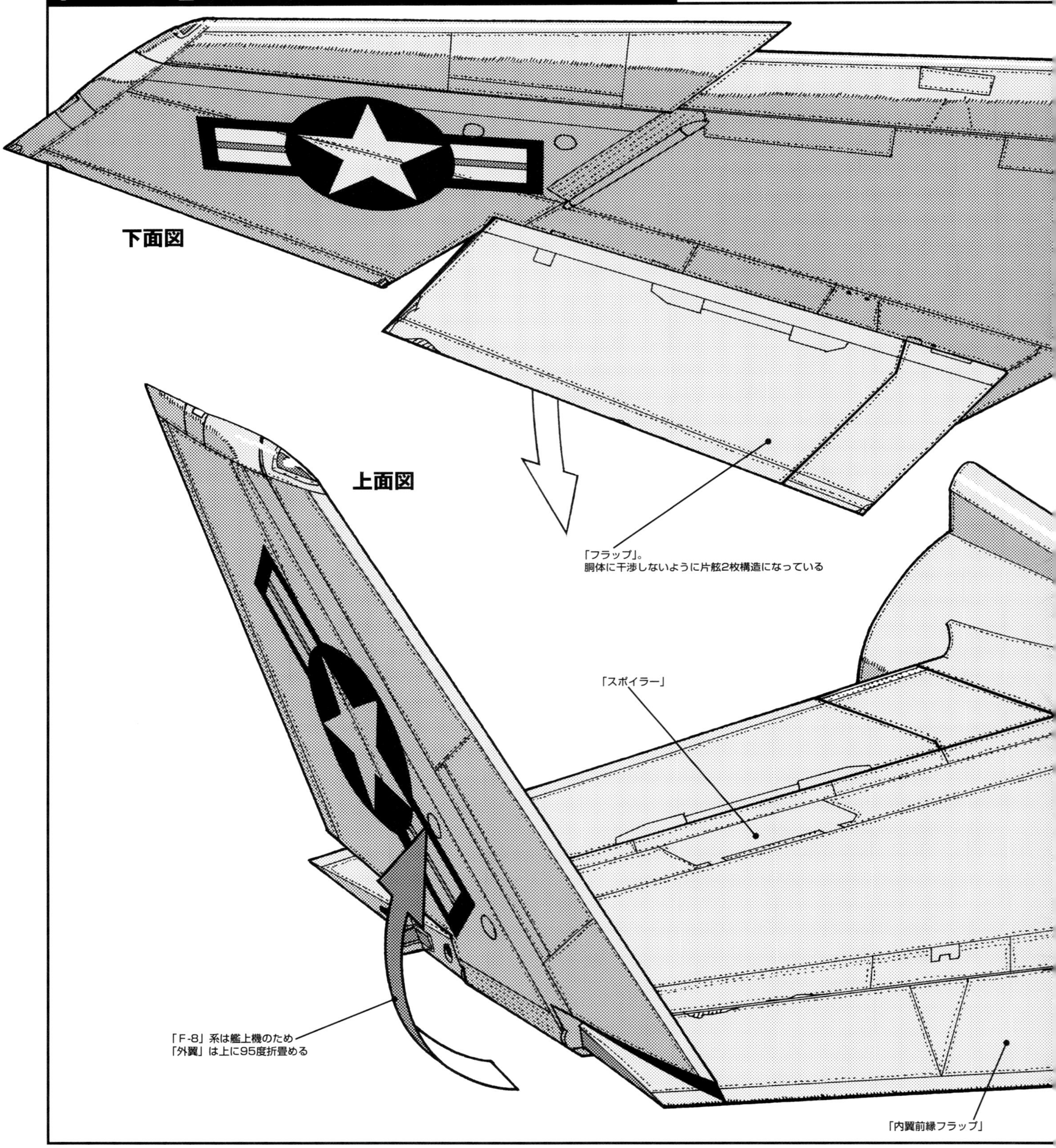

下面図
上面図
「フラップ」。
胴体に干渉しないように片舷2枚構造になっている
「スポイラー」
「F-8」系は艦上機のため
「外翼」は上に95度折畳める
「内翼前縁フラップ」

「チャンス・ボート」社製 艦戦の変遷と苦悩

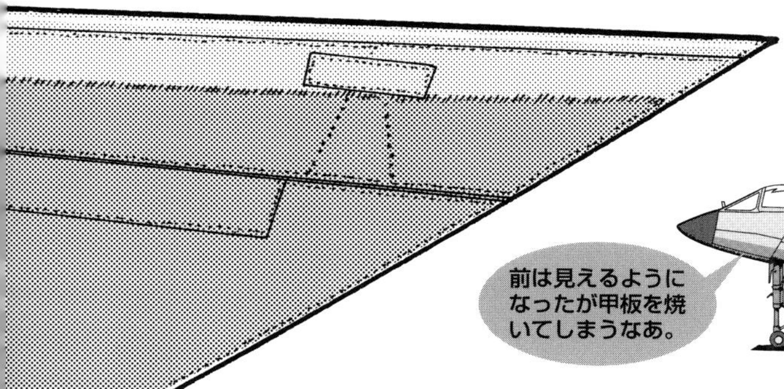

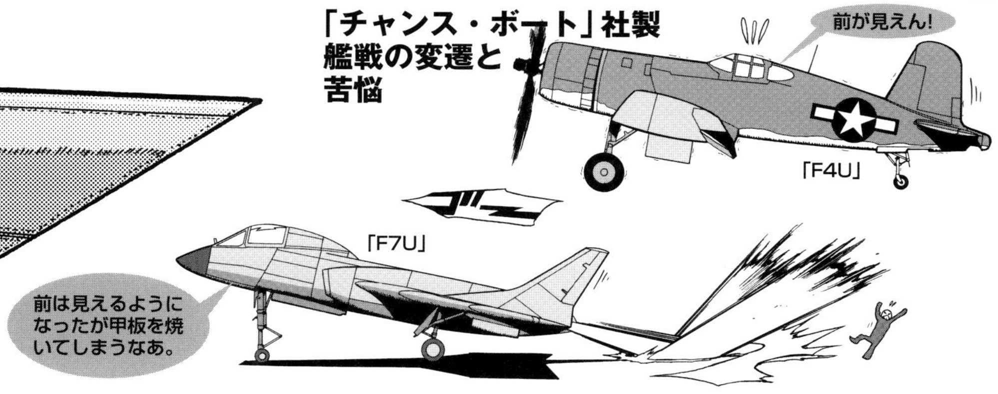

筆者は難題を『変った技法や奇抜な手段で克服する』というのが大好きだ。この一見、派手で神が与えてくれたかのような発想の逆転たる乾坤一擲の対処方法とは、見た目どおりに素晴らしいものは決して多くないことに気付き最近これを改めるようにしている。物事を普通の手段で纏められるのは間違いなく秀才のなせる技である、というのを知ったからだ。これは同じく米海軍艦上戦闘機の「F6F」と「F4U」の例を見れば一目瞭然だ。「F6F」は至極普通の形状なのに対し「F4U」は非常に奇抜的だ。この「F4U」は艦上戦闘機としては問題が多く、結果副案の「F6F」が本命「F4U」を押しのけて主役の座に就いた。「F4U」を造った会社は「チャンス・ボート社」。もうピンと来るだろう。「F-8」の製造元だ。どうもこの会社の艦上戦闘機は苦労する運命のようで戦後採用の「F7U」でも同様に非常に奇抜な形状で克服しようと画策したが、まったく芳しくなく本書の特集機である「F-8」に行き着くことになる。

否、これは同社の運命というより如何に艦上戦闘機を造るのが簡単ではないという証明とみるべきだろう。前述のとおり同社は過去二度も奇抜な手段で切り抜けようとしたが三度目の「F-8」も懲りずに『奇抜な手段』にでた。「F4U」は機首が長すぎ着艦前等で前方視界が悪いという欠点、「F7U」は浮力を稼ぐために大迎角が必要で前脚を極端に長くすることでこれに対応したが今度は前方視界悪化という「F4U」と同じ問題に陥り、天蓋を上部に膨らませつつ機首を思い切って短くするという七転八倒を経て何とか使えるという程度にまで漕着けた。これらの苦労を「F-8」は主翼後縁に設置した蝶番と前縁部に取付られた油圧ジャッキで前縁だけを持上げ、胴体はそのままで主翼の迎角のみを稼ぐという、云わばコロンブスのタマゴのような『奇抜な手段』で対処し、これが三度目の正直、やっと艦上戦闘機の神様が微笑むことになった。しかしこの微笑みは満面のものではなくどことなく引きつったものだった。……一見素晴らしい案に思えるこの技法、実は色々と問題があるのだ。図をご覧になれば判るとおり、見慣れた主翼下にある爆弾や増槽を懸吊する装置が一切ない。サスガにコレは後期の「F-8E」では改められたが冷静に考えれば至極当たり前のハナシだ。翼下の懸吊具に鈴なりに大量の爆弾やら誘導弾を吊り下げても、それはそれごと主翼共々油圧ジャッキで持ち上げることになるのだ。これは……賢い方法ではないと筆者は考えてしまう。こういう小細工に頼らずにヤハリ当たり前のように『普通の形に纏め上げることができる』というのは……素晴らしいことだと実感する次第だ。『普通が一番』だ。個性がないと普通をケナす輩に対して『普通で何が悪い!』と叫びたいと「F-8」を見て強く思う

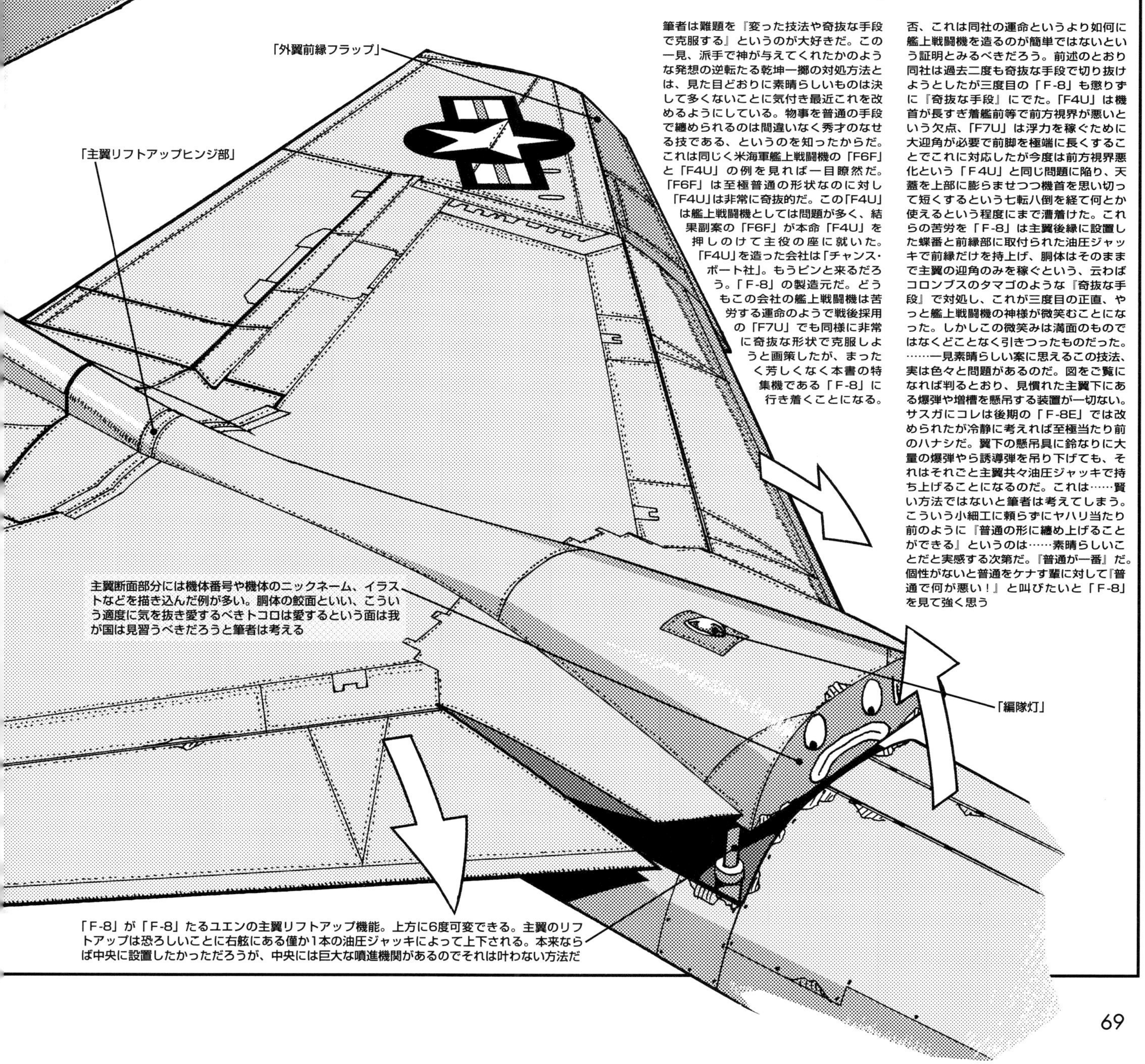

主翼断面部分には機体番号や機体のニックネーム、イラストなどを描き込んだ例が多い。胴体の鮫面といい、こういう適度に気を抜き愛するべきトコロは愛するという面は我が国は見習うべきだろうと筆者は考える

「F-8」が「F-8」たるユエンの主翼リフトアップ機能。上方に6度可変できる。主翼のリフトアップは恐ろしいことに右舷にある僅か1本の油圧ジャッキによって上下される。本来ならば中央に設置したかっただろうが、中央には巨大な噴進機関があるのでそれは叶わない方法だ

チャンス・ボートF-8Cクルセイダー

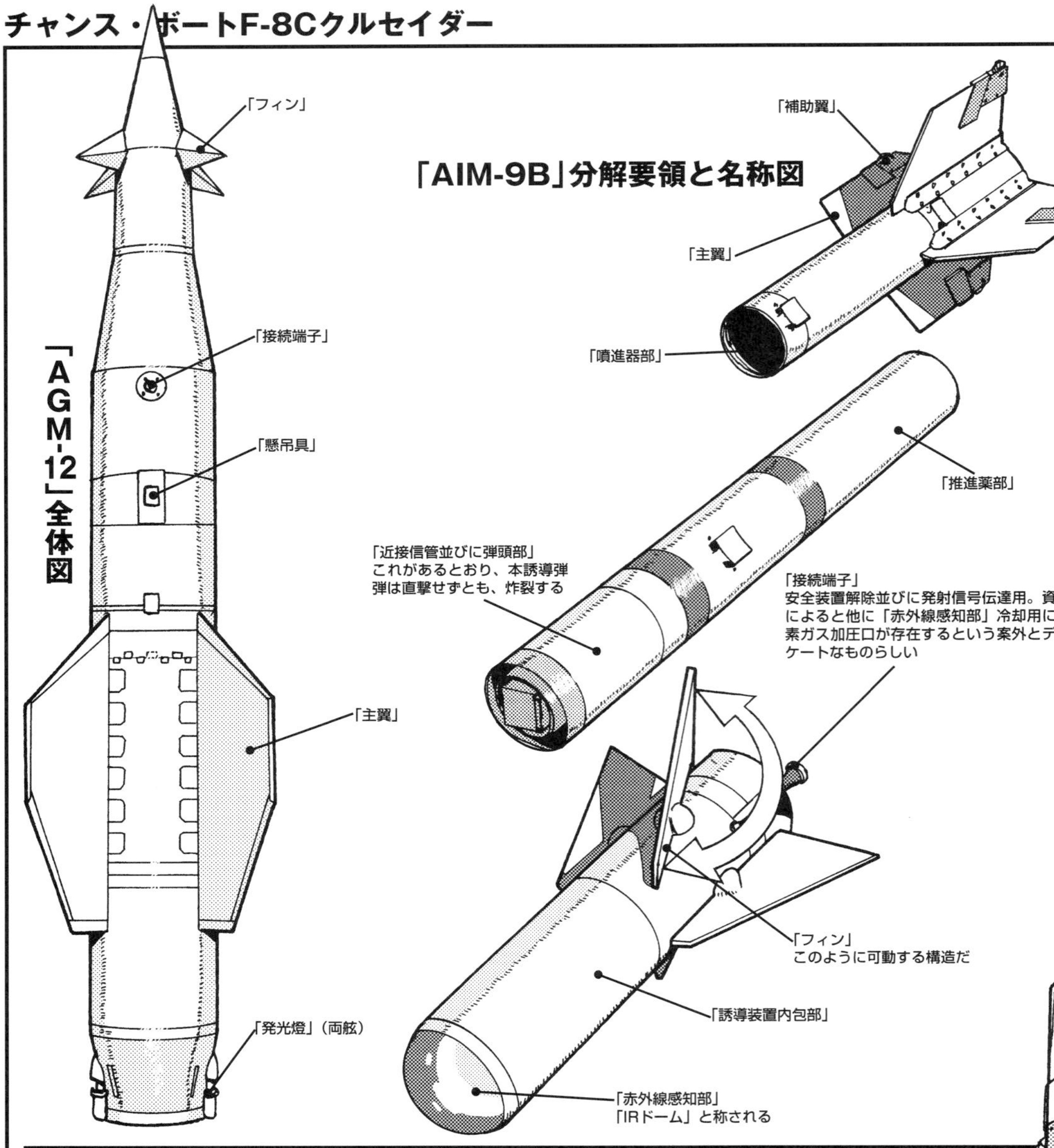

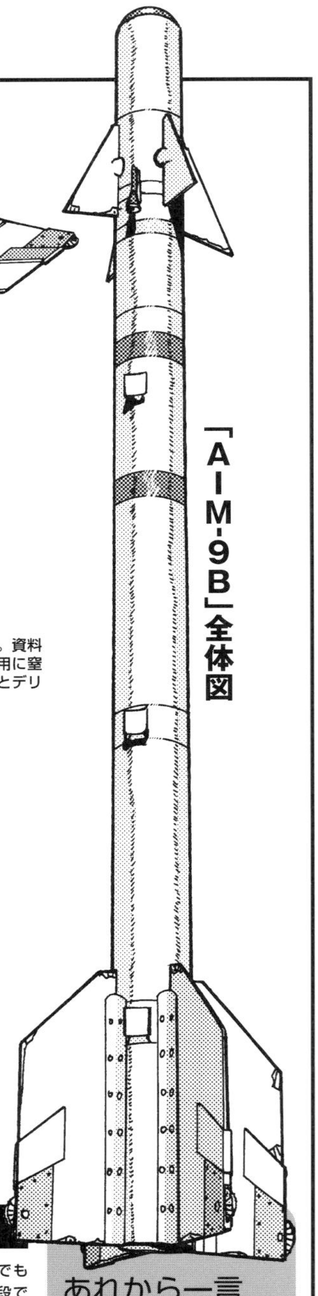

■誘導弾

ここでは各種「F8」に搭載された2種類の誘導弾に触れたい。空対空誘導弾の代名詞でもある「AIM-9サイドワインダー」系列（以下「AIM-9」とする）と「AGM-12　ブルパップ」（以下「AGM-12」とする）空対地誘導弾だ。「AGM-12」から述べたい。全長は414㎝、自重は812㎏。弾頭重量は453㎏。形状は売れないアニメーションに出てきそうな何とも垢抜けていない風体だが、『垢抜けていない』のは容姿だけではなく誘導方式も、だ。後述する「AIM-9」のように弾頭が相手機を理解できる距離までに食い込み発射、あとは勝手に……という便利なものではなく、尾部にふたつある目視を容易にする発光燈火を目印に発射した航空機搭乗員が遠隔操作で目標まで案内する……という先の大戦で各国が躍起になって開発していた誘導方法だ。声を出して笑いたくなるほどに旧式だ。それ故、複座の航空機ならこの誘導弾の操縦と母機の操縦を分担できるが本書のテーマ機である「F-8」系のような単座機ではこの手の誘導弾は非常に大きな負担だ。幾ら選ばれた搭乗員たちでも同時にふたつのことはできない。この誘導弾操縦に夢中になって心が離れている時を反撃されたら危ういからだ。複数機で飛び、護衛をしてもらい使うのが理想だろう。

「AIM-9」に関しては説明は要らないだろう。まさに猫も杓子もという表現がそのまま当てはまる誘導弾だ。本来ならばこの図説は「AIM-9B」型ではなく性能向上型たる「D」型か、本機「F-8C」専用に開発をされた「C」型を述べるべきだろうが初量産型たる「B」型に敬意を払った結果だ。チナミにその寸法は全長283㎝、自重は70㎏。炸薬量は4.5㎏。当然後期型は重くなる。筆者は以前、これを一発担いでいる整備員の写真を見たことがあるのだが「B」型なら何とか可能かもしれない。『猫も杓子も』と前述したがこれには明確な理由が存在する。価格だ。何時の換算でどの形式かは不明……と、何ともあやふやな情報で恐縮だがこの誘導弾の価格は1発850万円とのこと。一個人の出費……では絶句する高額だがそこは軍事。艦上戦闘機で最も安価なもので30億円以上だ。仮に相手機撃墜に10発使用でも8,500万円だ。実に相手の1/35以下の値段でしかない。それに加え搭乗員も失ったらその養成に費やした5年以上という時間も加わる。こんな安価なもので交換を迫られたら堪ったものではない。加えて構造が簡単で故障が少ないと来た。『猫も杓子も』になるのは当然だ。優秀なのは金額だけでない。その形状もだ。驚く事に「AIM-9」が誕生した1950年代から外観変更は「フィン」の形状程度でほかはほとんど姿を変えていない。これはスゴイことだ。如何に「キマッた」デザインかと思い知らされる。液体燃料を燃焼することで推力を生み出す機関を使って人が飛んでいるうちは「AIM-9」に関しては100年後もこの形状をしているのではないだろうか。秀逸なデザインの代名詞、それが「AIM-9」なのかもしれない。

あれから一言

この作品も取材先の広島で文章作成をした。いまだに筆者は自宅で使い慣れた机や筆記用具らを使うことでしか作画できないのだが、文章作成に関しては他所でもでき、またそれが案外と快感だと気付かされた號でもある。……しかし問題が。筆者は手軽に持ち運びができるノートパソコン機を所有していないことだ。そこで昔世話になった上司からノート機を借りこれで文章作成したのだ。「零観」の時もこの借用品とともに渡米した。いつまでも好意に甘えるワケにはいかないよなあ、と考える次第だ

BOOK REVIEW●DAINIPPON KAIGA

新刊のご案内

2020年6月

大日本絵画

表示価格には消費税が加わります。

WildRiver’s STAR WARS World

WildRiver 荒川直人 スター・ウォーズ円形劇場作品集

◎WildRiver荒川直人【著】
◎好評発売中・3,900円

多数の模型専門誌で活躍する情景作家、WildRiver荒川直人が、これまでに製作し誌面で発表してきた「スター・ウォーズ」関連作をこの一冊に大集結。多数の作品群からよりすぐりの16作品を本書に収録。WildRiver荒川直人の提唱する“円形劇場”フォーマットで織りなす「スター・ウォーズ」の世界はこれまでのどの「スター・ウォーズ」立体作品とも一線を画し、独特の世界を紡ぎ出す。「スター・ウォーズ」ファン、情景模型ファン必見の一冊。

アナタノ知ラナイ兵器

艦船編

一等輸送艦
特型格納筒（甲標的）
SS金物（海龍）
十四米特型運貨船（大発）
二號型海防艦
水上艦艇用電波探信儀

……で、ここから【艦艇編】……ね。
バィバイ
さと!。ファイト!
……何かペンキ臭いわね。
そこでオレッチの出番ってワケだってえことだぜえ。
わあッ。変なひとだ。
ホントにアンタにできるの？当然、アンタにしかできない方法で教えてくれるんでしょうね!
……ヘッ。オレッチにしかできねえことってコトかい。
ギラリ
……仕方ねえ。オレッチ一肌脱ぐぜえ。
わあッ。あったかいよ。
ホントに脱がなくていいわよ!

登場の遅すぎた「新発想輸送手段」の決定版

一等輸送艦

艦船編のトップを飾るのは「一等輸送艦」。太平洋の島々への輸送任務に特化した高速輸送艦である。ここではその最大の特徴といえるスリップウエイを中心にご覧にいれよう

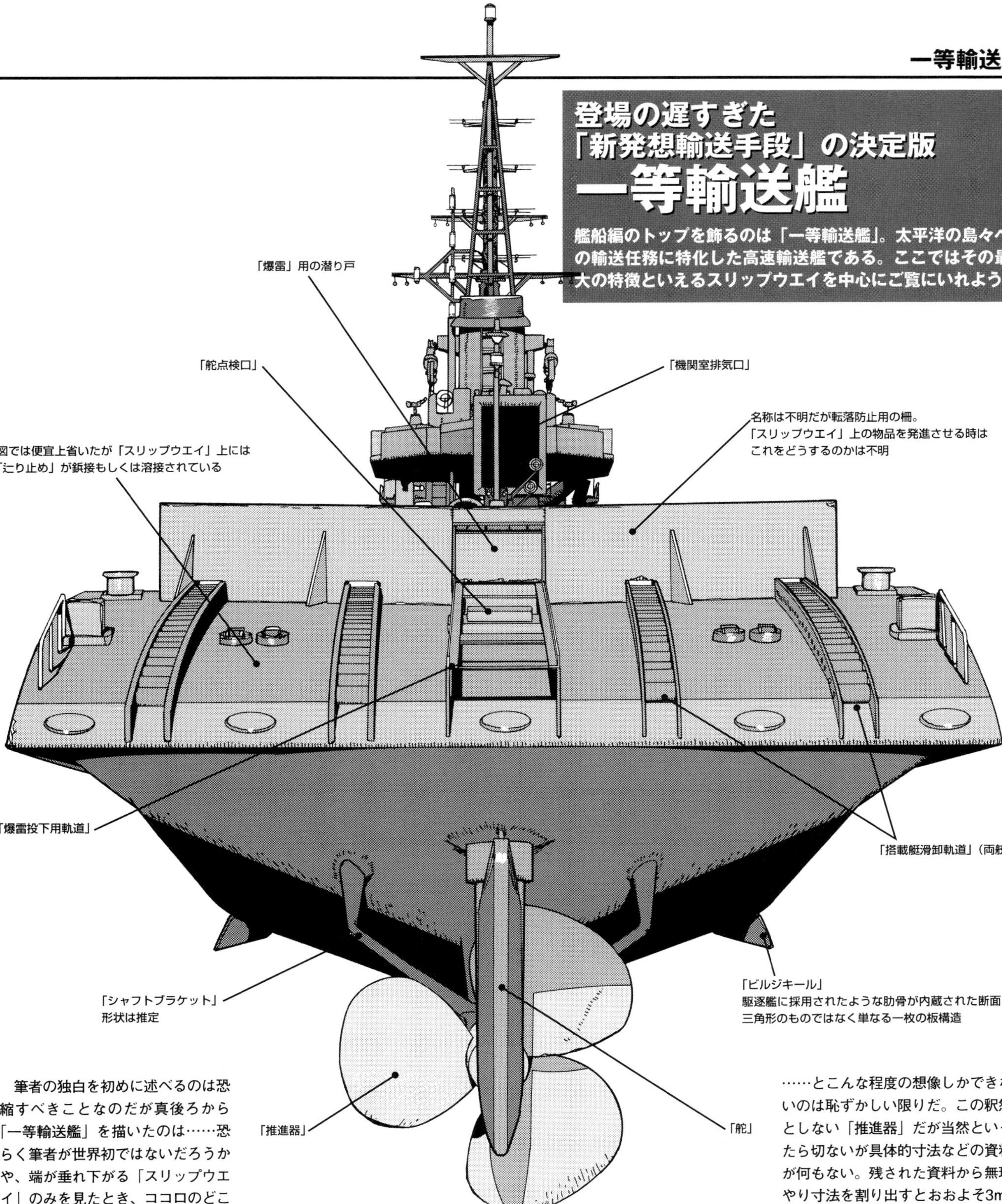

筆者の独白を初めに述べるのは恐縮すべきことなのだが真後ろから「一等輸送艦」を描いたのは……恐らく筆者が世界初ではないだろうかや、端が垂れ下がる「スリップウエイ」のみを見たとき、ココロのどこかに『空母「大鳳」を正面から見たらこんな風なんだろうか』等々。そんな小さいことはこの程度にして「一等輸送艦」の「推進器」だが改めて『単ペラなのだな』と思う次第だ。オマケにこの『単ペラ』は通常の単軸推進船とは回転方向が逆とのこと。スナワチこの図でいう前進面より見て反時計回りだ。この処置理由、まったく不明だ。……イロイロと考えを巡らせたのだが、もしかすると二軸推進船用に作られたが、使われずに死蔵された余剰品なのかも……とこんな程度の想像しかできないのは恥ずかしい限りだ。この釈然としない「推進器」だが当然といったら切ないが具体的寸法などの資料が何もない。残された資料から無理やり寸法を割り出すとおおよそ3m。……戦闘機に使われたペラと同じ径だ。船底構造も中々特徴的だ。「V字」の断面から艦尾に進むにつれ徐々に「横一文字」になっていくその様を理解してもらえただろうか。■

外洋に孤立した友軍に食料品を筆頭とした命を繋ぐ物資補給をする折り、通常の輸送船ではアシが遅く、また武装も貧弱で仕事熱心な米軍に手当たり次第に荷物を積んだまま海底直行となっていた。ならば高速で武装もある駆逐艦を輸送船代わりに使おうという発想の結果、魚雷で敵を撃退するために死者が出るまでの猛訓練で神業の粋にまで技量を高めた熱い艦隊をナダめスカしてこれに当らせた。トコロがコレを実際にやってみると確かに目的地には到着が叶うようになったが物資揚陸中は停船することには今までの輸送船とまったく変りがなく、そこを襲われては意味がないということでさらに知恵を絞り、索で数珠繋ぎにしたドラム缶に物資を詰め込み、目的地沖合を止まることなく次々とこれを海中に投げ込み、あとは現地部隊が頃合い見計らってこれを回収……という方法となった。確かにこれで輸送部隊の安全性は高まった。しかし補給物資は『ドラム缶に入るもの』という大制限を受けることになり大砲などの大きなモノは搬送不可、加えて一度に運ぶ分量も従来方法よりも遥かに減少となった。その少ない物資さえも潮の影響で流されたり沈んだりして渇望する現地部隊が手にできない悲しい結果になることも多数発生した。引き受けたからには任務完遂と補給任務とはまったく専門外の駆逐艦隊が『今度は予備魚雷を降ろしてその場所にドラム缶を……』と知恵を絞っている間、内地各部署ではこれら『労多くして功少なし』の輸送手段を打破するために各種新発想輸送手段が考案されていた。具体的に述べるなら駆逐艦に換え現用潜水艦による輸送、加えて「特型運貨筒」や「運砲筒」などの特殊艇らの試作などがある。が、その『新発想輸送手段』の決定版と云えるのがここで紹介する「一等輸送艦」だ。このフネの基本概念はこうだ。抗堪性の高い「丁型」駆逐艦船体と機関を用い後半分の武装及び艦上構造物を撤去した高速艦を用意する。何もなくなった後部に「スリップウエイ」を設け、そこに補給物資を満載した可能な限り多くの「大発」を載せる。駆逐艦の持ち味の高速と半分にはなったがそれなりに強力な武装で手ぐすね引いて待つ仕事熱心な米軍が徘徊する危険地帯を蹴散らし、追いすがる敵も振切って突破、目的地へ。到着後は減速はしつつも決して止まることなく次々と後部「スリップウエイ」から物資満載の「大発」達を解き放ち、これで補給完了。あとは行きと同じに高速と武装で敵を振切りつつ蹴散らし帰投……というものだった。何一つ無駄がない素晴らしい案だ。現時点でいい切るのは危険だが、これら駆逐艦隊の涙ぐましい『鼠輸送』の戦訓が「一等輸送艦」の基本概念構成土台になっていると筆者は考える次第だ。駆逐艦船体を流用して……という案はどの段階でかは不明だが立ち消え、まったく新規に設計は起され結果この見開きにあるような、非常にこざっぱりとした飾り気のない量産に適した見事な船体に基本概念にはなかった「補給倉庫」を追加した、より輸送艦色の強い形で「一等輸送艦」は誕生した。本来予定していた「丁型駆逐艦」流用輸送艦案ならばもっと早くに実戦投入が叶ったのではという筆者のねちねちとした気持を抑え（↗）

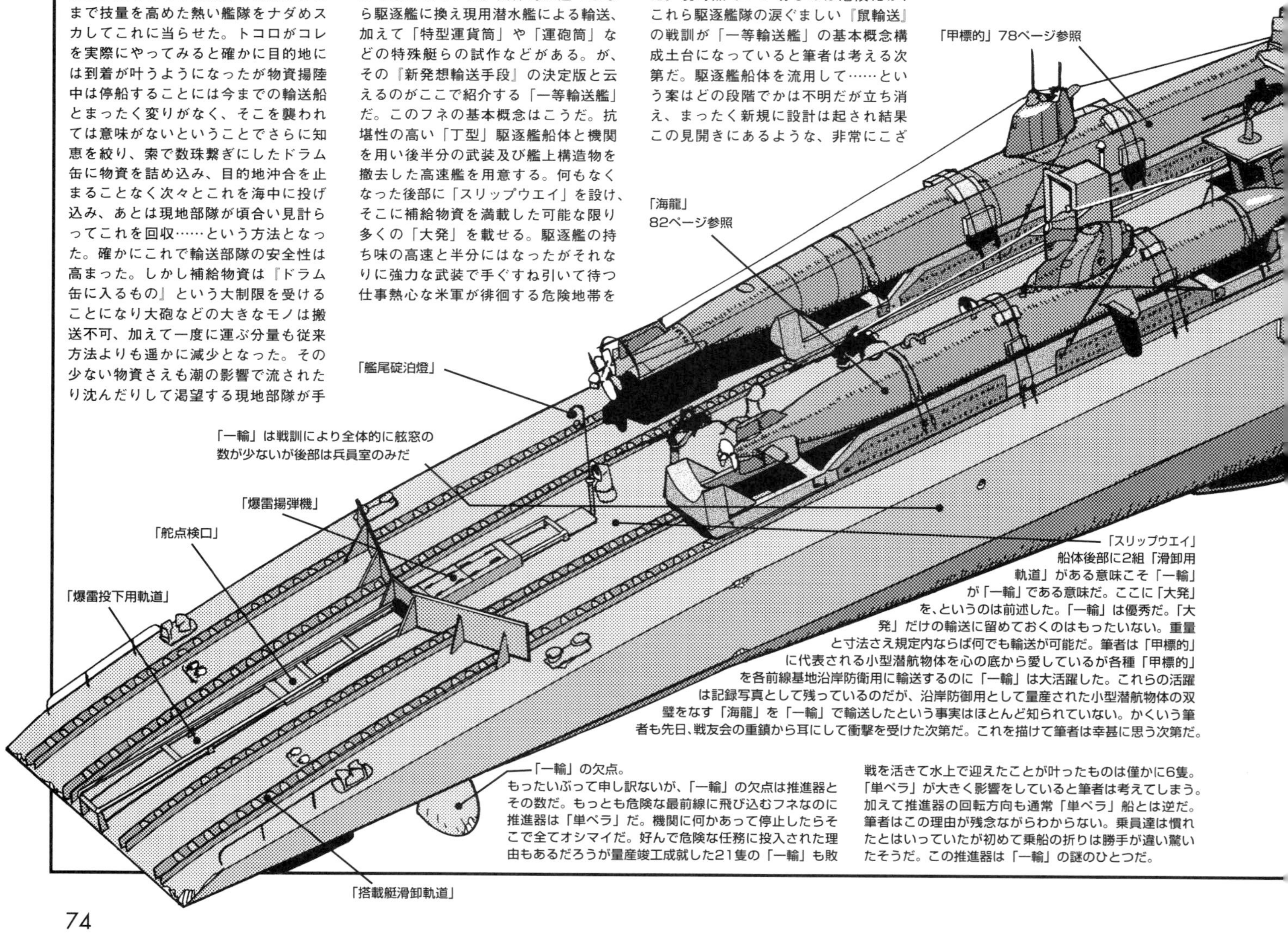

「スリップウエイ」
船体後部に2組「滑卸用軌道」がある意味こそ「一輪」が「一輪」である意味だ。ここに「大発」を、というのは前述した。「一輪」は優秀だ。「大発」だけの輸送に留めておくのはもったいない。重量と寸法さえ規定内ならば何でも輸送が可能だ。筆者は「甲標的」に代表される小型潜航物体を心の底から愛しているが各種「甲標的」を各前線基地沿岸防衛用に輸送するのに「一輪」は大活躍した。これらの活躍は記録写真として残っているのだが、沿岸防御用として量産された小型潜航物体の双璧をなす「海龍」を「一輪」で輸送したという事実はほとんど知られていない。かくいう筆者も先日、戦友会の重鎮から耳にして衝撃を受けた次第だ。これを描けて筆者は幸甚に思う次第だ。

「一輪」の欠点。
もったいぶって申し訳ないが、「一輪」の欠点は推進器とその数だ。もっとも危険な最前線に飛び込むフネなのに推進器は「単ペラ」だ。機関に何かあって停止したらそこで全てオシマイだ。好んで危険な任務に投入された理由もあるだろうが量産竣工成就した21隻の「一輪」も敗戦を活きて水上で迎えたことが叶ったものは僅かに6隻。「単ペラ」が大きく影響をしていると筆者は考えてしまう。加えて推進器の回転方向も通常「単ペラ」船とは逆だ。筆者はこの理由が残念ながらわからない。乗員達は慣れたとはいっていたが初めて乗船の折りは勝手が違い驚いたそうだ。この推進器は「一輪」の謎のひとつだ。

「一等輸送艦」全体図

（↙）飲み込んだ眼に写る「一等輸送艦」は『ある一点を除けば』満点の輸送艦、満点のフネだ。『ある一点を除けば』と、その『一点』とは何かとは追々述べることにしよう。
……おっと、断っておくことがふたつある。ひとつは本誌『アナタノ知ラナイ兵器』掲載の「一輪」は武装強化型の後期であること、もうひとつは「一等輸送艦」とでは名称が長い。戦中は「一等輸送艦」のことを「一輪」や「特々」と称していたようだ。普段筆者個人はこのフネのことを勝手に「一等輪」と口語しているのだが本誌では先人に倣い「一輪」を使うことにする。では「一輪」船体細部を述べていこう。

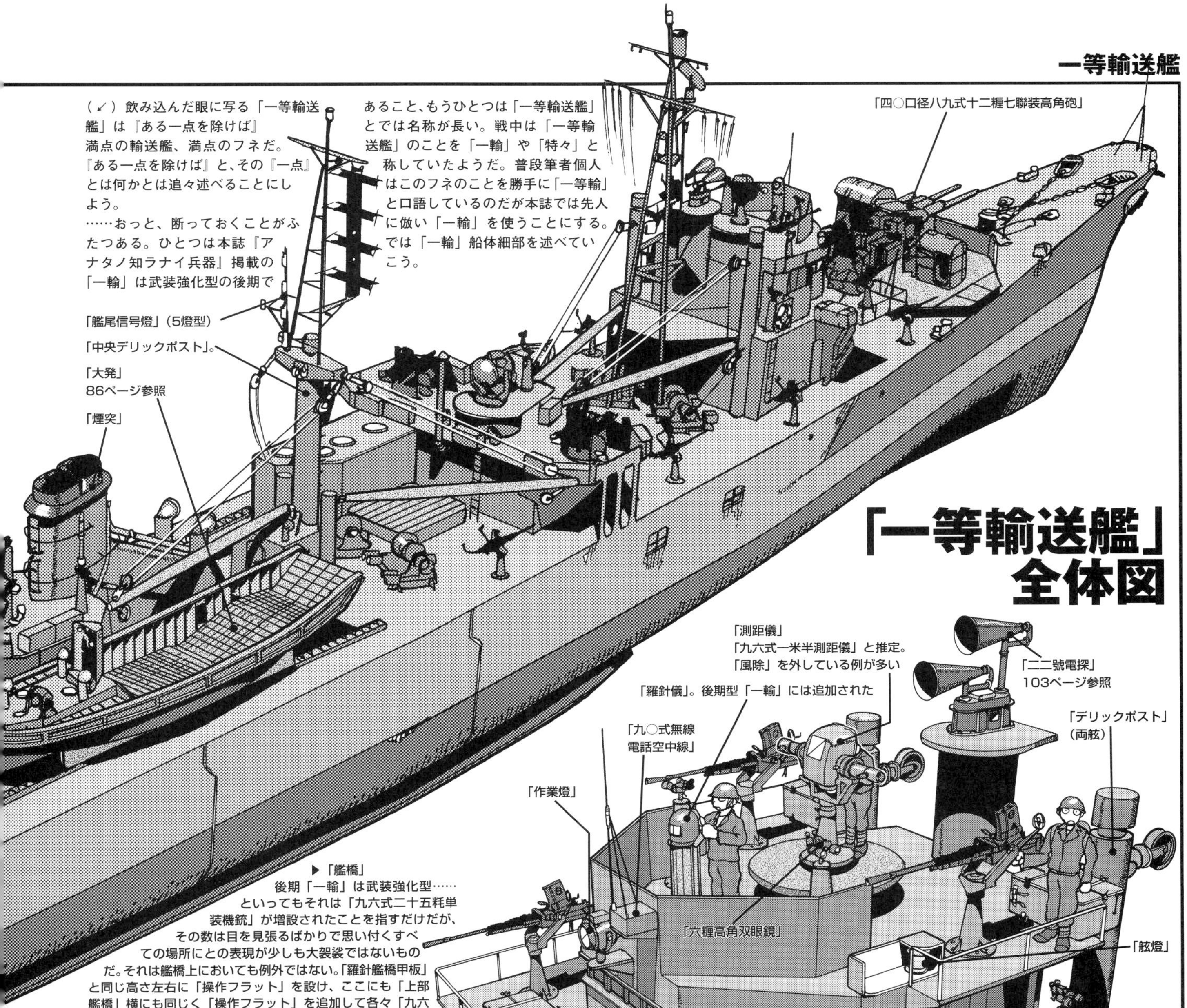

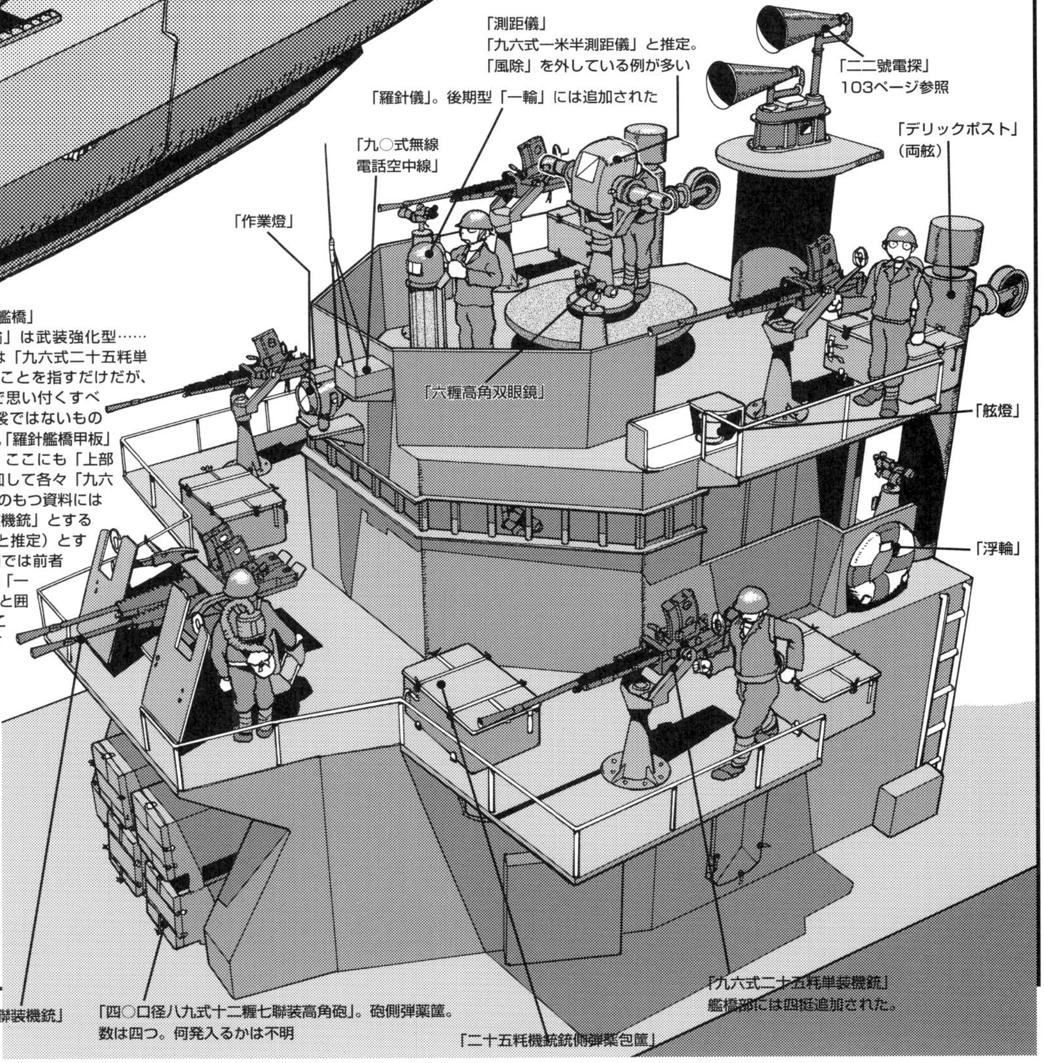

▶「艦橋」
後期「一輪」は武装強化型……といってもそれは「九六式二十五粍単装機銃」が増設されたことを指すだけだが、その数は目を見張るばかりで思い付くすべての場所にとの表現が少しも大袈裟ではないものだ。それは艦橋上においても例外ではない。「羅針艦橋甲板」と同じ高さ左右に「操作フラット」を設け、ここにも「上部艦橋」横にも同じく「操作フラット」を追加して各々「九六式二十五粍単装機銃」を追加している。筆者のもつ資料にはこの追加された機銃は「九六式二十五粍単装機銃」とするものと「九三式十三粍単装機銃」（三型改一と推定）とするものの2種類があることを断っておく。図では前者のを描いた。この機銃装備追加により初期型「一輪」の艦橋で見慣れた「上部艦橋」をぐるりと囲う「ブルワーク板」は前部のみとなった。これは機銃の増えた分、トップヘビーを改善するためもあるだろうが、純粋に機銃配置に容易く就けるようにとの配慮だと推定される。初期型「一輪」では「上部艦橋」上「ブルワーク板」内外には5台も「六糎高角双眼鏡」が装備されていたが、後期型ではわずかに2台に減少、しかもその2台は「単装機銃」の「閃光覆」が至近距離にあるというヤタラと危険な配置となっている。銃架には当然、見張員のアタマを吹き飛ばさないように銃口が「上部艦橋」内側に向かないようにする小細工が施されているだろうが視界内のそれも至近距離に発射閃光を吐きだす「単装機銃」があってはつねに気の抜けない配置だと筆者は考えてしまう。それだけ敵機の攻撃が尋常ではないという証でもあるのだが。

「一輸」は艦橋直後と「烹炊室」と「便所」及び「浴場」の屋根として設けられた「前部機銃フラット」上の「九六式二十五粍三聯装機銃」らのブロックを挟む形で「補給倉庫口」がふたつ用意されている。当初の「丁型駆逐艦」流用案ではこれらは設けないことになっていたが輸送性を高めるために追加されたと推定される。このふたつあるうちの「後部補給倉庫口」へ物資の搬入と搬出に活躍するのが「中央デリックポスト」とそれに付随する「デリックブーム」だ。「中央デリックポスト」部分には三基「デリックブーム」が付くが艦尾側の「デリックブーム」は艦首側2本のものよりも長く、これは恐らく「大発」や「カッター」などの搭載艇らの搭載／回収する時に使うものと推定される。「滑卸用軌道」だが、列車で見慣れた軌道とは違い、「コロ」を2枚の側板で挟んだとても摩擦係数の少ないものになっている。「大発」や「甲標的」、さらには「海龍」や「回天」などの入水物品に関しては「滑卸用軌道」上に載せられた「滑卸架台」上に置かれる。「滑卸架台」とは図のとおり橇だが前部と後部の形が違い、かつ物凄い数のボルトで固定され「滑卸架台」中程は丁度人間の土踏まずのように括れている。これは程よく撓って下面が「滑卸用軌道」に満遍なく接地するようにとの配慮だと推定されるが……つくづく細かいところにまで思慮が及んだものだと感心する。

図では「甲標的」用を描いた。これに関しては寸法を含めて具体的資料が本当に乏しい。全長は17m超の物体でフネの揺れで「滑卸用軌道」上を「滑卸架台」が勝手に動き回っては危険なので索を多く使って厳重に固縛される。搭載艇を発進させる場合は「滑卸架台」入水側に掛っている索を滑車を経て「ウインチ」で牽き出す。発進後「甲標的」らの搭載物は浮かび、役目の終わった「滑卸架台」は水没する。すなわち「滑卸架台」は使い捨てだ。以下は関係者に訊いた話だが、訓練時はこの「滑卸架台」を回収するとのこと。これだけ細かい工作だ。当然に思える。ハナシが「滑卸架台」に偏ってしまった。「中央デリックポスト」周辺に戻る。「中央デリックポスト」艦尾側にある小屋だがこれは「後部軽質油庫」だ。発進する「大発」たちの燃料庫だ。頂部には入／排気用ふたつの「通風筒」があり、常に揮発成分がこの狭い小屋内に充満しないようにとの配慮がされているが……筆者の直感で恐縮だが、防弾処理は施されていないと推定する。またどのような形で「軽質油」が備蓄されているのかも不明だ。大きな槽があって給油管で各「大発」に、というモノなのか、それとも一斗缶のような小分け容器が収納されているかのどちらかと推定されるのだが。後期型「一輸」の「中央デリックポスト」頂部に設置された「三脚檣」には図のように「一三號電探」が増設される。残念ながらコレの「電探室」が何処に設置されたかも不明だ。ちなみに初期型の「三脚檣」は後期型の半分程度の大きさしかないものだ。初期型と後期型の大きな識別点として「後部補給倉庫口」左舷に艦上構造物が増設された。これは資料によると「烹炊所」とのこと。各所に単装機銃が増設され、乗員も増えたのでその追加胃袋分の食事を多く作るからだろうか。ここの特徴として屋根に天窓があることだろうか。この「烹炊所」の増設で「デリックブーム」を使っての左舷への物資搬入／搬出が面倒になったことは容易に想像ができるが、ここでお勤めの烹炊員らは頭上を「デリックブーム」と鋼索を撓らせて物資が行き交う姿が前述の天窓を通してよく見えるのは……正直よい気持はしないだろう。……それは無用の心配か。烹炊員らは天窓を見つめる程ヒマではないのだから。

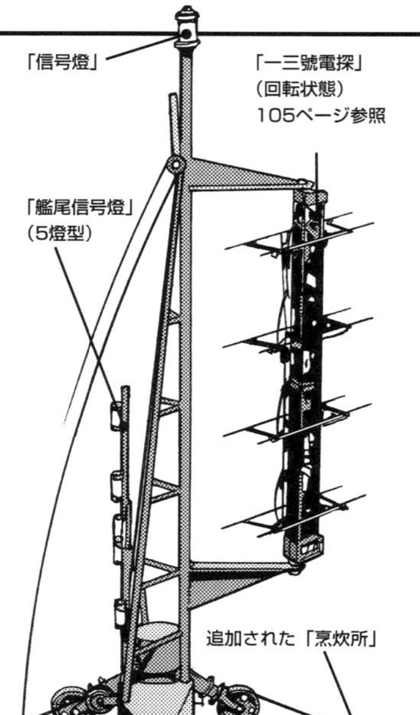

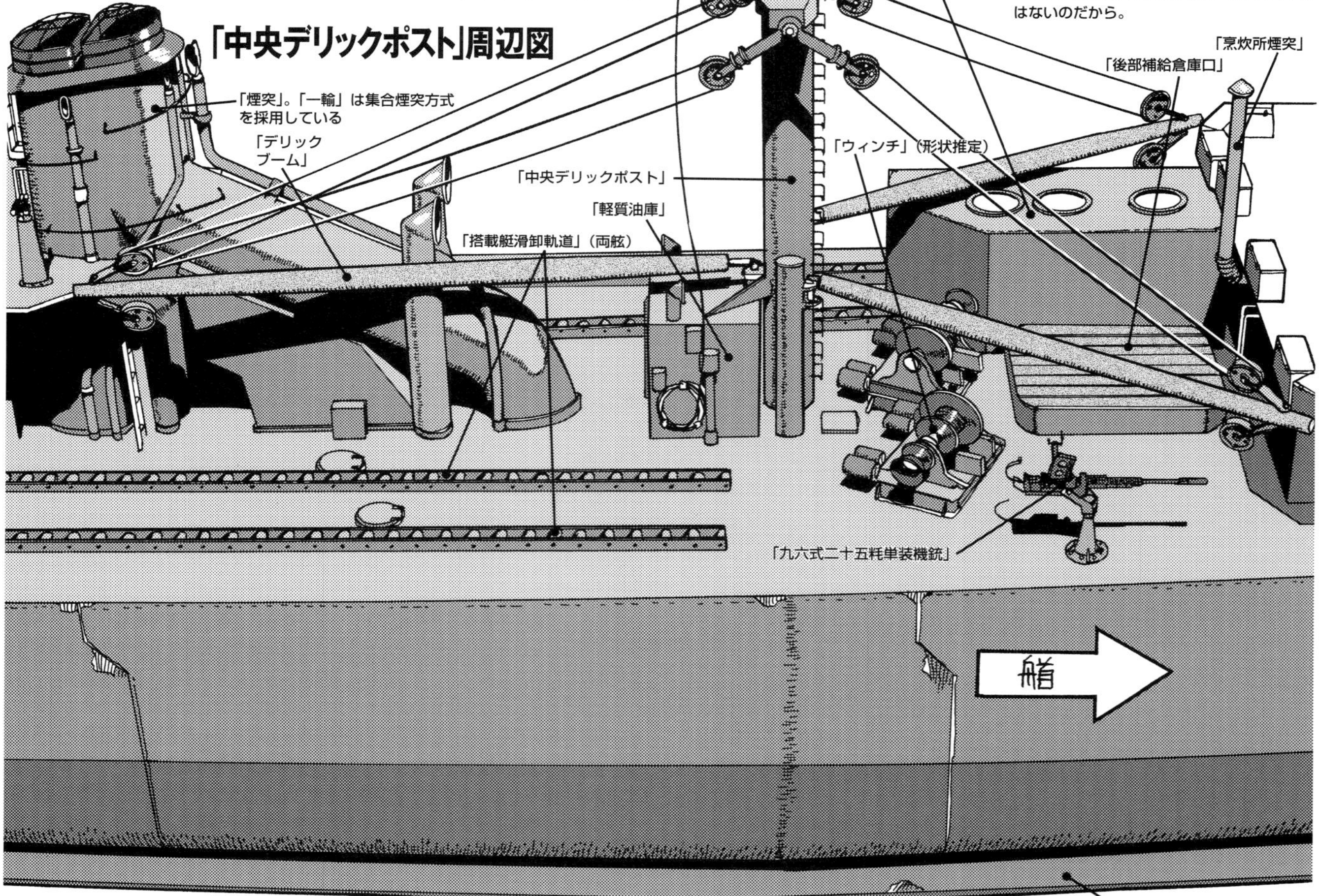

「中央デリックポスト」周辺図

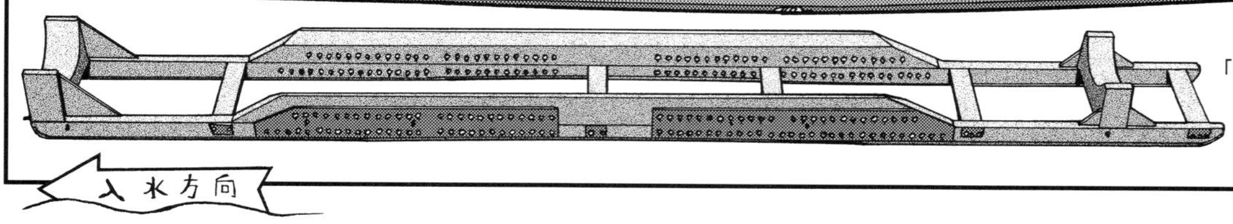

「滑卸架台」全体図

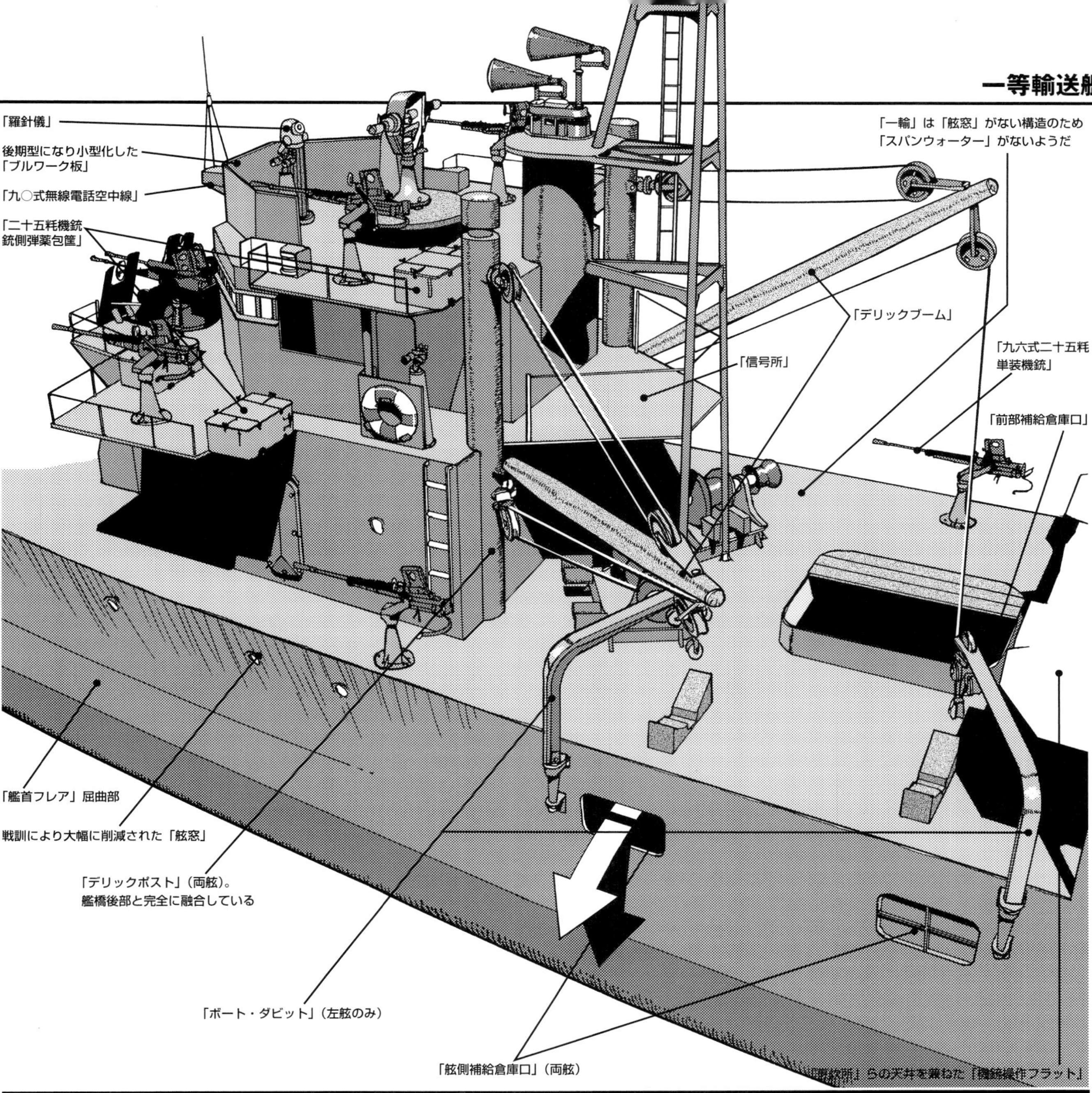

■艦橋背面デリックポストと補給倉庫口周辺図

「一輪」には都合五基、「デリックブーム」が設置されている。うち3基は「中央デリックポスト」部分にあると前述した。残った2基は艦橋後部に艦橋の一部として設置されている。中央の「二二號電探」基台も円柱形で後部面には円筒が3つもあるのはなかなかおもしろい構成だ。艦橋背面両舷に「デリックポスト」があるという配置も希有。「デリックポスト」を装備した多くのフネはこの頂部は「通風筒」の機能を兼ねる構造になっているが「一輪」艦橋背面に設置されたそれも形状から察して同様のものになっているようだ。

後壁はこれら設置、加えて量産性を追求した結果だろうか、ばっさりと一枚板になっている。従来の艦艇らと比較してとても先進的に思える。例えるならそれまでの艦艇らの艦橋は城の天守閣、「一輪」のそれはプレハブ家屋のようだ、と。以下は個人的感想で恐縮なのだが、「一輪」の艦橋は末期水上艦艇の中でもっともキマッた「ナリ」をしていると思う。艦橋直後にある大きな穴は「補給倉庫口」。だがここは人が行き交う場所、ブルワーク板で囲っていても事故が起きないよう普段は「ハッチボード」と称される板で塞がれる。開け閉めは当然人力でだが重いと動かせないし取り払ったあと、置き場所に困るので幅は20㎝ほどの板を使う。……そう、昔の風呂の蓋のように。図の「補給倉庫口」は角を丸めた型を描いたが一部資料ではここは面を取っただけの八角形とするものも存在することを断っておく。「一輪」の外観のみを述べると冒頭述べておきながら少し内部へと脱線するが二つある「補給倉庫」、後部のは一気に艦底までいってしまうが、前部のは2階構造になっている。余談ながら「後部補給倉庫口」のみは中央に「ハッチビーム」があるようだ。図でも描いたが「前部補給倉庫口」のみの舷側にふたつ大きな四角窓があるがここが二階部分の床がある場所となる。「一輪」が「大発」を発進させ、無事現地基地に補給を完遂したあと、安全が確保できれば発進させた「大発」や基地所有の「大発」を呼び寄せたりまた港湾施設が整っている基地ならばこの窓から物資のやりとりをする。普段はここは内部から十字の補強材がある「蓋」で塞ぐ。この蓋はヒンジ構造ではないと推定される。

■まとめ

短文で恐縮だが、「一輪」のまとめを述べたい。外観からでも充分に機能美に満ちあふれた『良さ』が伝わる素晴らしきフネだ。これは断言できる。筆者と誼を結んでくださる戦中関係者曰く、眼を細めて『あれ（「一輪」のこと）は良いフネだ。』と。しかし余りに登場する時期が遅過ぎ、また余りに少数だ。竣工数21。我が国の同型艦艇量産数としては多く造った部類だろうが……とても不満の残る数でしかない。加えて使い勝手が良いユエに危険な戦線に好んで投入され次々と消えていった。大戦艦、大空母、大潜水艦建造などに目の色変えてチミチを挙げているヒマがあったら「一輪」と「二等輸送艦」をもう一桁多く造って欲しかったと心から思う次第だ。

魚雷を発射する有人魚雷の元祖
特型格納筒（略称「甲標的」）

太平洋戦争中、さまざまな小型潜水艦を開発した日本海軍だがその中でも元祖ともいえるのがここで紹介する「甲標的」である。それは小型の潜水艦というよりも人の乗ることができる有人潜水艦ともいえる存在だ。あらゆる無駄をそぎ落とした機能美について語ろう

戦中、我が国には少人数で操る水中小型兵器が多数存在した。それらは水中を30ノット以上で疾駆するものから循環型潜水具を身に付けた兵士まで、実に多種多様に計画・製作された。筆者はこれらすべてを愛して止まないが取分け『魚雷発射する有人魚雷』というコンセプトの「甲標的」系には非常に大きな関心と興味がある。「甲標的」と述べても『多種多様』と前述した通り、コレにもサマザマな派生型が存在する。しかもそれらは『派生型』と一言でいい切るには余りに大きな進化を成し遂げ、どれも刮目すべき工業製品たちであり、それら全て述べると膨大な誌面が必要になる。そこでここでは多種ある「甲標的」系の中で日米開戦の歴史的一番槍になった初量産型たる「甲型」をテーマにしようと思う。当時、量産型「甲標的」は他になく派生型を示す「甲型」という名称は存在しなかった。よって本稿ではその筆頭「甲標的」に敬意を示し、秘匿名称の「特型格納筒」という呼称の略称、「筒」（とう）を通ぶって使用することにする。余談ながら、大戦末期に登場した「甲標的丁型」のころには略称が「的」となる。「筒」ではなくなるのだ。……いつごろから後者の呼称が始まったのか今度調べてみたいと思う。

コミックでも描いたとおり、「筒」は『水中兵器』であっても『潜水艦』ではない。専門的なハナシになるが「筒」を製造した所轄が「艦艇」扱いではなく消耗品扱いの「兵器」……という艦籍上の理由もあるが実際問題として内蔵された蓄電池が放電したら「筒」は身動きひとつできない。あとは沈むか浮くかのどちらかだ。人工衛星のように内蔵電池の寿命が10年以上もあるのならそれは悦ばしいことであるのだが「筒」は後先考えない全速航行だと最短50分でオシマイ。こんな短命は潜水艦にはマネできない贅沢さだ。この点が「艦艇」ではなく「兵器」、「潜水艦」より「魚雷」だという点なのだ。見開きの「筒」を見ていただきたい。細く長い船体には「司令塔」があるだけ。頭部には散弾銃を思わせる垂直聯装魚雷発射管が、尾部には縦横舵と推進器のみ。しかも断面は前部の一部を除いて真円。まさしく「魚雷」だ。「筒」の起源は「魚雷」だ。フネから進歩して潜水艦になったモノとは明らかに違う。このことだけでも判ってくださると筆者は幸甚だ。

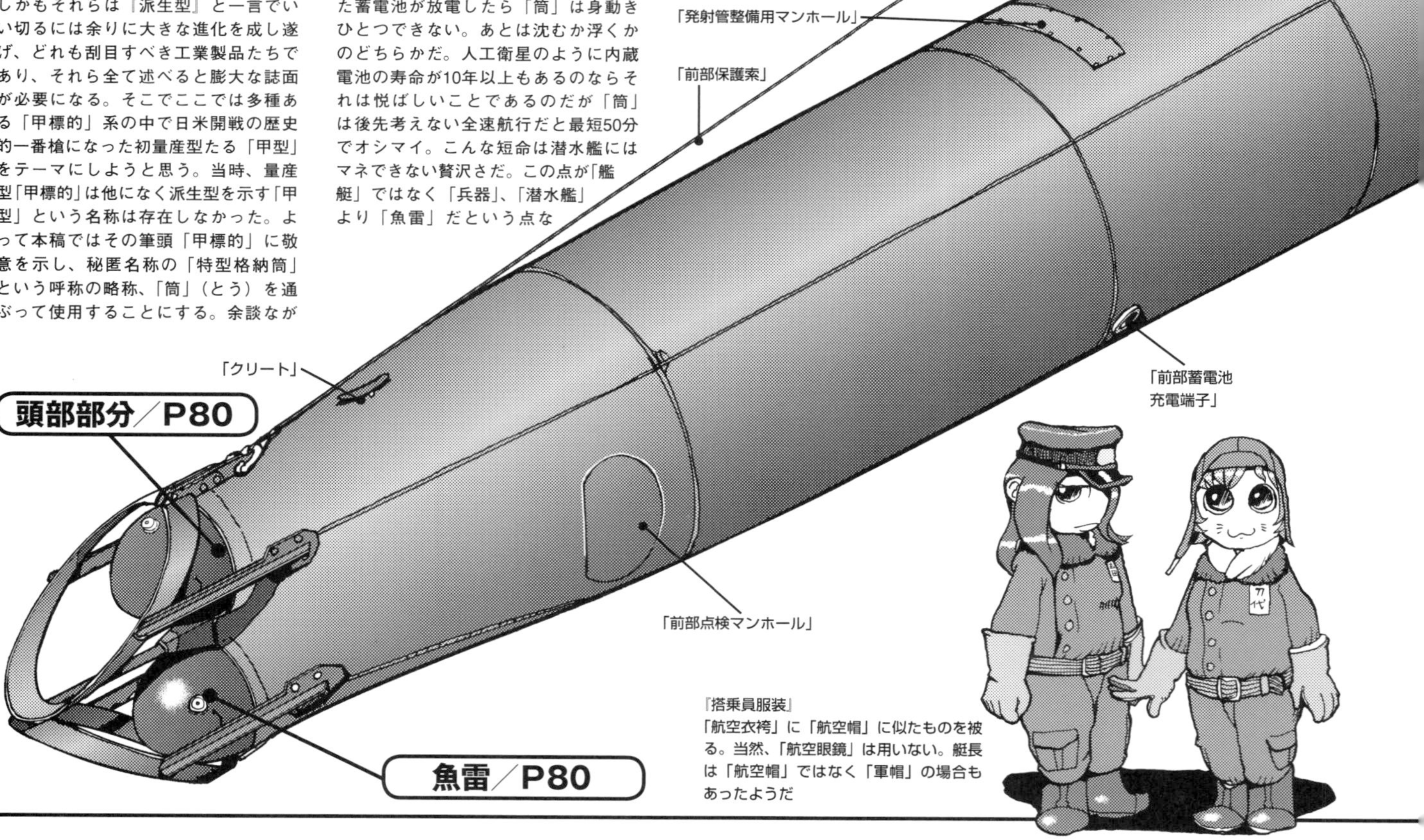

『搭乗員服装』
「航空衣袴」に「航空帽」に似たものを被る。当然、「航空眼鏡」は用いない。艇長は「航空帽」ではなく「軍帽」の場合もあったようだ

特型格納筒全体図
（略称「甲標的」）

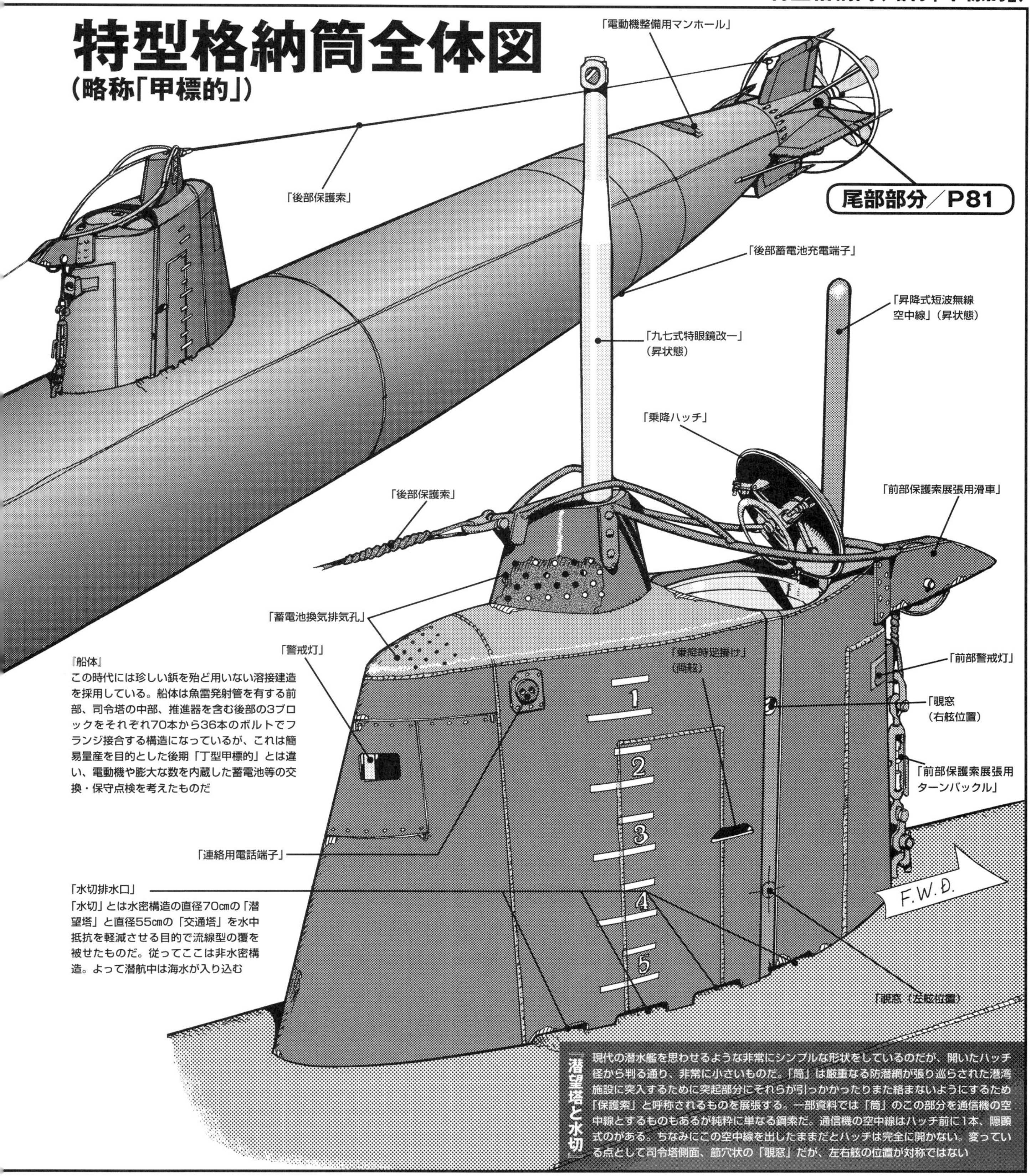

『船体』
この時代には珍しい鋲を殆ど用いない溶接建造を採用している。船体は魚雷発射管を有する前部、司令塔の中部、推進器を含む後部の3ブロックをそれぞれ70本から36本のボルトでフランジ接合する構造になっているが、これは簡易量産を目的とした後期「丁型甲標的」とは違い、電動機や膨大な数を内蔵した蓄電池等の交換・保守点検を考えたものだ

「水切」とは水密構造の直径70㎝の「潜望塔」と直径55㎝の「交通塔」を水中抵抗を軽減させる目的で流線型の覆を被せたものだ。従ってここは非水密構造。よって潜航中は海水が入り込む

「潜望塔と水切」

現代の潜水艦を思わせるような非常にシンプルな形状をしているのだが、開いたハッチ径から判る通り、非常に小さいものだ。「筒」は厳重なる防潜網が張り巡らされた港湾施設に突入するために突起部分にそれらが引っかかったりまた絡まないようにするため「保護索」と呼称されるものを展張する。一部資料では「筒」のこの部分を通信機の空中線とするものもあるが純粋に単なる鋼索だ。通信機の空中線はハッチ前に1本、隠顕式のがある。ちなみにこの空中線を出したままだとハッチは完全に開かない。変っている点として司令塔側面、節穴状の「覗窓」だが、左右舷の位置が対称ではない

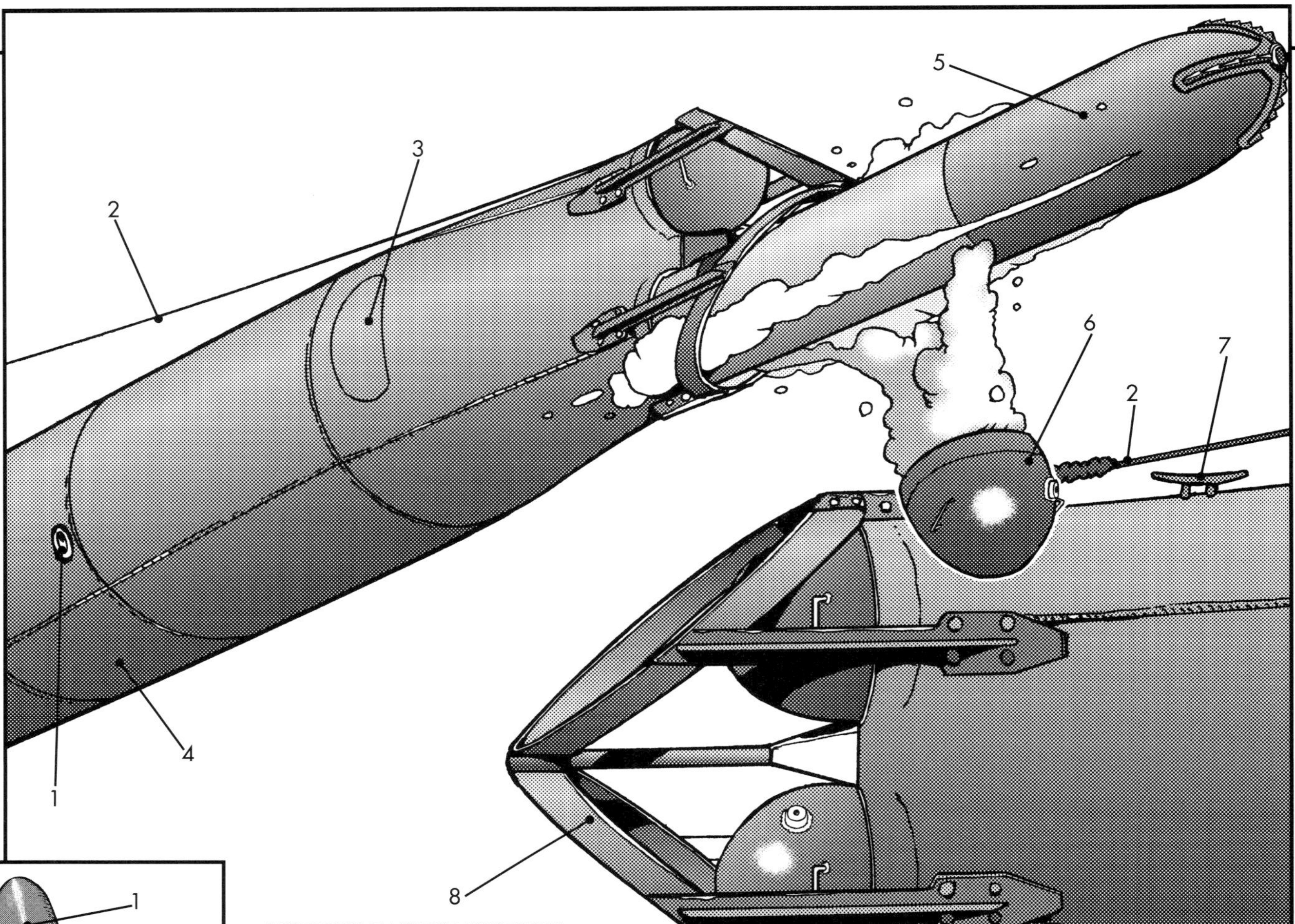

※先端覆の形状を示す資料が無く著者の推定だ

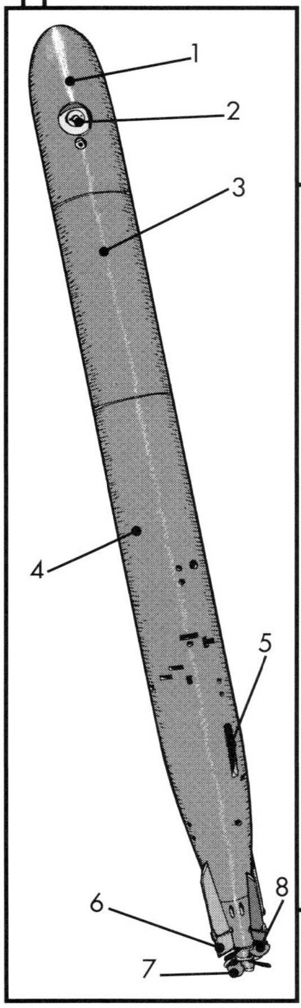

■頭部部分

ここでは「筒」の頭部と魚雷発射方法を述べる。正直、「艇首」と述べるべきなのか「頭部」と述べるべきなのか大いに悩む点であるのだがフネではないということなので「頭部」と呼称することにする。頭部には直径45㎝の魚雷発射管2基が上下に装備されている。装填される魚雷については別項を設けたのでそちらをご覧になってくださると幸甚だが発射管先端にある半円球状のものだが、これは魚雷の弾頭ではなく「発射管先端覆」だ。水中抵抗を低減する役目と発射管内部に海水が入り込まないようにするものだ。「筒」の頭部と言えば特徴的な突起物だ。円筒を斜めに切断しそれを重ねるようにした形状をしている。それは丁度竹を斜めに切断した『竹槍』のようだ。これの意味だが頭部を守る副次的な意味もあるが、主目的は防潜網に突進し竹槍のようにこれを突き破る為のものだ。名称は「防潜網切断器」。停泊中の相手艦艇に防雷網があったことを考え魚雷頭部にはギザギザの防雷網切断器が追加された。なお、この大掛かりな切断器は防潜網切断には充分でも海底接触時の緩衝器としては強度不足だったようで座礁を経験し、これが大きく歪み発射管を塞いでしまい魚雷発射が不能になってしまった例もあるからだ。尚、上下ふたつある発射管だがこれには発射順序がある。下管からの発射となる。何故下からの発射なのか、この理由を筆者は知らない。残念ではあるのだが。

1.「前部蓄電池充電端子」
2.「前部保護索」
3.「前部点検マンホール」
4.底部には「ビルジキール」が存在せず、ローリングが激しかったと推定される
5.「九七式魚雷」
6.魚雷発射時に吹き飛ばされる「発射管先端覆」
7.「クリート」
8.「防潜網切断器」
上下左右、中央と合計7ヵ所で固定される

■魚雷

「甲標的」に使用された魚雷は2種類が確認されているが真珠湾に突入した「筒」に使われた魚雷は「九七式魚雷」だ。「酸素魚雷」の代名詞を賜る水上艦艇用直径61㎝「九三式魚雷」を潜水艦用53㎝に小型化させた「九五式魚雷」を更に「筒」用に45㎝に小型化したものだ。全長は5.6m、全備重量は1,050㎏。駛走能力は45ノット、これで5,000m突っ走る。……2～4万m突っ走る「九三式魚雷」からすれば物足りない錯覚に陥るが、何しろ照準器「九七式特眼鏡改一」の長さが3.5mしかないのだ。大遠距離の魚雷を持っていても狙えない。直径61㎝の「九三式魚雷」でも生物の内蔵のように配管が入り組んでいるものを45㎝にまで小型化するのは無茶なハナシだ。オマケに軽便とは程遠い手間の掛る難物ということもあり作られた数も30発ほどとほとんど手作りに近い工業製品だ。……真珠湾に突入した5艘の「筒」はこれらから出来の良いものを15本選定・整備し、10本携えて真珠湾に挑んだ。これにより米軍は開戦初日で機密兵器の「酸素魚雷」を入手していたことになる。……性能は良いが扱いと製造が面倒という我が国伝統の兵器概念は得るものはあったのだろうか。筆者には不明のままだ。推進器の回転方向は「九三式酸素魚雷」と同じ。前進面側推進器が前進面側よりみて反時計回り、後進面側推進器が同じく前進面側よりみて時計方向だ。なお、魚雷の塗粧だが、後期のモノは弾頭を塗別けていたが、真珠湾に突入した「筒」が携えた魚雷達は単色（「筒」と同色と推定）だ。

1.「頭部」（炸薬350㎏）
2.「爆発尖」
3.「第二空気室」
4.「機関室」と「後部浮室」
5.「発停装置」
6.「横舵」
7.「推進器」
8.「縦舵」

■尾部部分

図の通り「筒」の尾部は複式推進器と称する2重推進器もペラ数も、また十文字になった鰭も舵も魚雷そのものだ。冒頭に『魚雷から発展した』と述べた通りだ。しかもだ、推進器の回転方向も「魚雷」とまったく同じだ。違う点として縦横各鰭と舵に防潜網が絡みつかないように「保護枠」と支柱を追加くらいだ。真珠港に突入した「筒」は出撃が急だったため、簡素な「保護枠」だったが約半年後に計画されたシドニー湾・ディエゴスアレス湾攻撃で使用されたものは準備期間の余裕もあり各種を改良、「特型格納筒　改一」とし重厚な「保護枠」を装備したが同時に水中抵抗も大きく15%も航行能力が低下してしまった。「筒」内部はより魚雷の遺伝子を強く受け継いでいる。冒頭『魚雷発射する有人魚雷』と述べたがコレは比喩でも何でもなく操舵伝達方法ひとつみても圧搾空気を用いるという魚雷そのものだ。この空圧式操舵機に筆者は何の恨みもないが、舵を使う度に気蓄器の圧搾空気が使われるのだ。空気圧縮機を装備しない「筒」は操舵をするだけで圧搾空気を消費、使い切ってしまうとその段階で方向変更も出来なくなってしまう。これではアンマリだ。加えて全長が23.9mもありながら縦横舵面積が非常に小さいのも「魚雷」だ。……これらの小舵面積と空圧操舵機の組み合わせは低速での舵の利きは最悪だ。これも当初、我がカイグンが夢見ていた広大な洋上決戦……には充分な旋回能力だったが狭い港湾に浸入するという隠密行動にはまったく不向きとしか思えない。事実、「特型格納筒改一」では舵面を大きくし、操舵方法も油圧に改良された。こんな制限に凝り固まった「筒」で真珠港に突入した搭乗員達の闘魂とガッツには頭が下る思いだ。「推進器」は鉄製。平成21年、筆者が布哇島に行った折り、酒巻艇のものとされる推進器を直接調査した。魚雷のものも鉄製だ。やはり「筒」は魚雷なのだと思った次第。

1.「電動機整備用マンホール」
2.「後部保護索」
3.「尾筐接続フランジ」
　36本のボルトで接続する。
4.「縦舵」
5.「横舵」
6.「保護枠」
7.「推進器」
8.「保護枠支柱」

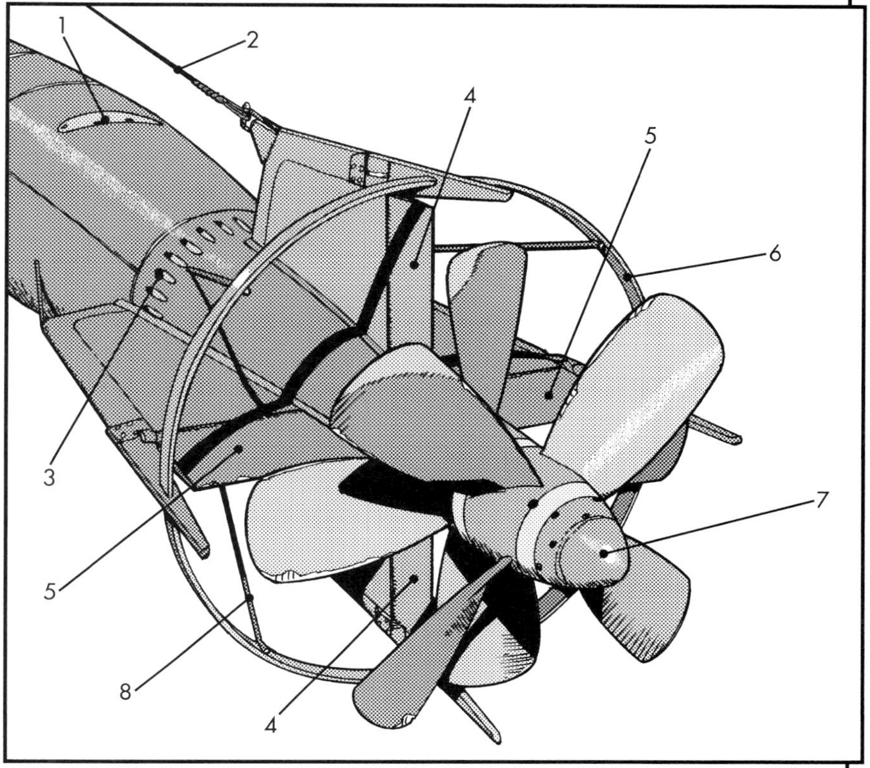

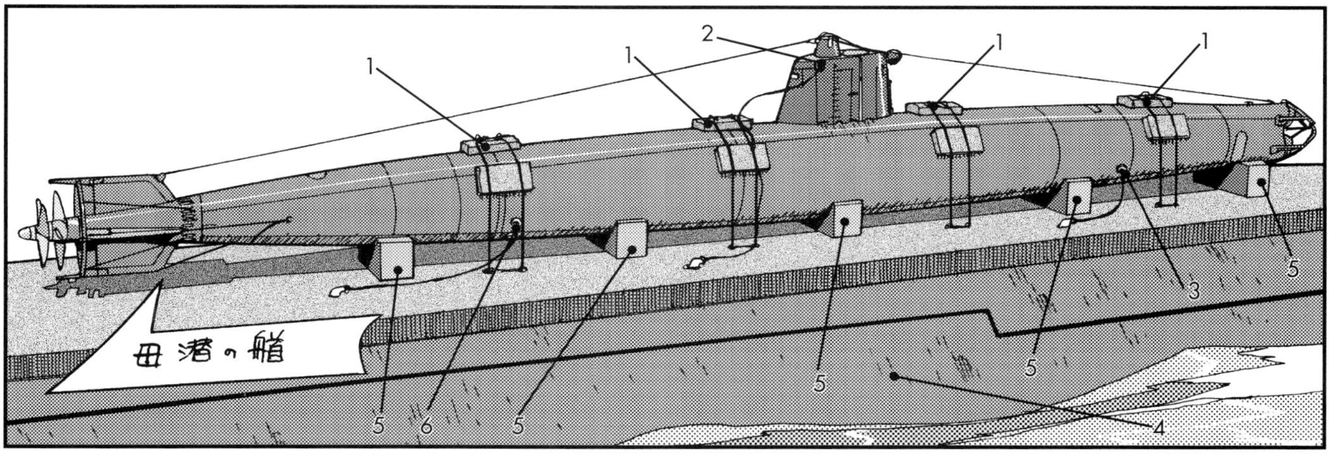

■運用

短い作戦継続時間、低旋回能力の「筒」を狭い湾内で使用するのは牛刀で鶏をさくようなものだと筆者は考える。本来ならば「水上機母艦」と偽の肩書きを持つ「千代田」・「千歳」などの「甲標的」母艦に12箇搭載され艦隊決戦時に艦尾より解き放つ……という筋書きであったのだが気付けば「丙型潜水艦」の後部上甲板に「背負式」と称された架台5基と4つの固縛バンドで(架台3、固縛バンド5とする資料もまた架台5、固縛バンド3という資料も存在し錯綜状態だ)で固定され、こっそりと目的地まで運ぶというものに変更された。母潜出港時、「筒」は充電完了のはずだが携帯電話内蔵蓄電池が使わなくとも緩やかに自然放電するように「筒」のそれも自然放電する。目的地に到着、「筒」発進！　となった折りに蓄電池が空では大変なことになる。それを防止するために「筒」を運搬中も船体両舷前後計4ヵ所に設けたコンセントを通じ母潜の電力で継続充電する構造になっている。真珠港攻撃は「筒」には準備期間不足だと前述したがこの「背負式」搭載法も例外ではない。「筒」に搭乗する時、母潜は一旦敵前で浮上しなければならない。これは危険だ。搭乗後、再び母潜は潜航するが、それ以降の「筒」との連絡手段は本稿【潜望塔部分】説明でもある通り、司令塔右舷後上部にある「連絡用電話器端子」に母潜よりの有線電話線が接続されているのでこれを使い最終連絡後、固縛バンドが外され「筒」は旅立つ。資料が本当にないのでここからは筆者の推測でしかないのだが、「筒」発進時はこれら連絡用電話線は「筒」の浮力で引きちぎるのではないだろうか。「筒」搭乗員が搭乗する折り、蓄電池充電用電纜は整備員達の手によって外される可能性はあるが、電話線に関しては引きちぎりだと筆者は推定しているが如何だろうか。

1.「盤木」と「固縛バンド」
　頭頂部にて左右固縛バンドをフックで引っかける構造。
　母潜内部のハンドル操作によりフックが緩み「固縛バンド」が外れる構造
2.「連絡用電話端子」(右舷のみ)
3.「前部蓄電池充電用端子」(両舷)
4. 母潜(丙型伊号潜水艦)
5.「架台」
6.「後部蓄電池充電用端子」(両舷)

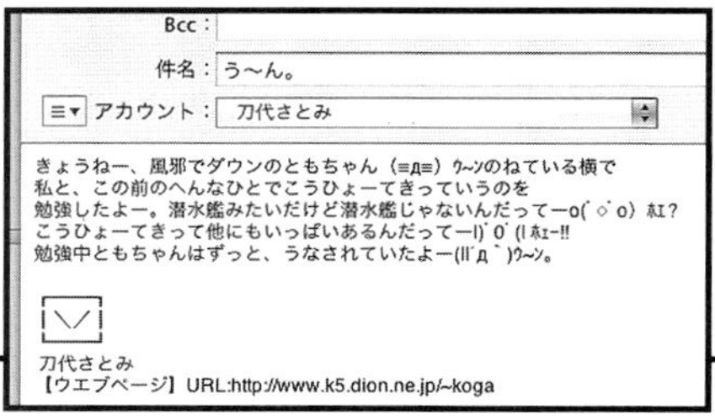

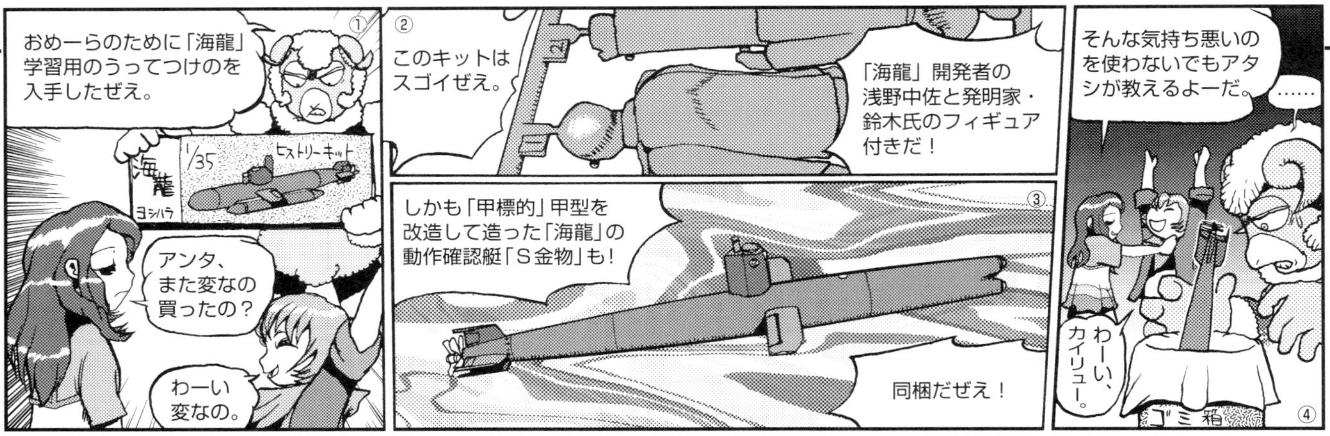

まるで戦闘機のような有翼潜航艇
SS金物 海龍

甲標的シリーズとはまったく異なる小型潜航艇「海龍」。その外見はほかの潜水艦には見られないもので船体中央部に設けられた潜舵はまるで戦闘機のようにも見える。ここでは有翼潜航艇とあだ名される「海龍」の細部についてご紹介しよう

前稿では真珠港に誰よりも先に突入した初期型「甲標的」を扱ったが、こちらでは「SS金物」たる「海龍」を紹介しよう。「海龍」は「甲標的」とはまったく血の繋がっていない別系列の工業製品だ。血は繋がっていないと述べたがこのふたつは共通点は多い。共に小さいフネ、共に少人数で操り、共に2発の魚雷を装填し、共に水中を疾駆する。これで棲み分けができていればめでたいことなのだがオノオノが持つ強烈な下地と個性と意地のために結果として反目、妨害、内紛……と敵国に一矢報いる工業製品のハズが気付けば同じカイグン内で揉め合う……とストーリーとしてはこの上ないほどにおもしろいと筆者は感じるのだが国運を担う方々が行なう行動ではない。この辺の「海龍」開発経緯は述べ始めるととても誌面には収まり切らないので割愛し、ここではいつもの通りにテーマの外観だけを見たまま感じたままを筆者が述べる。細部は後半で述べるとしてまずは外観をざっと述べることとする。

「海龍」の特徴として我が国で2発の魚雷を搭載した豆潜航艇では際立って小さい。全長は18mに満たない値だ。「甲標的」の7割ほどの大きさしかない。「甲標的」は魚雷から進化したため、艇尾に「縦舵」と「横舵」のふたつしかないが「海龍」には全体中程、潜望塔下に潜水艦でいう「潜舵」がある。戦中あれだけ奇ッ怪な潜水物体を数多く造り続けた我が海軍でもこの「潜舵」レイアウトを採用したのは本テーマの「海龍」と筆者の大好きな「潜高小」だけだ。後者のソレはフネのサイズと形状から「潜舵」だが、コト「海龍」のソレは航空機の主翼をイメージさせる。事実「海龍」は『有翼潜航艇』とあだ名されたくらいだから納得だ。その『主翼』をイメージさせる「潜舵」下に配置された航空機でいう「増槽タンク」のような物体は「魚雷発射管」だ。これを両脇に抱えるようなカタチで雷装するのだ。

図ではそれにスクリューを描かずに電纜が描かれているが、これはスクリューを忘れたというミスではなく魚雷を耐圧容器にすっぽりと収めた結果だ。また潜望塔の前後に渡した空中線処理も航空機のようでもある。全体をみれば見るほどに不思議と『キマッた』形状をしているなと実感する、秀逸なデザインだと感じてしまうのは筆者だけだろうか。ではそんな「海龍」の細部を次ページより述べていこうと思う。

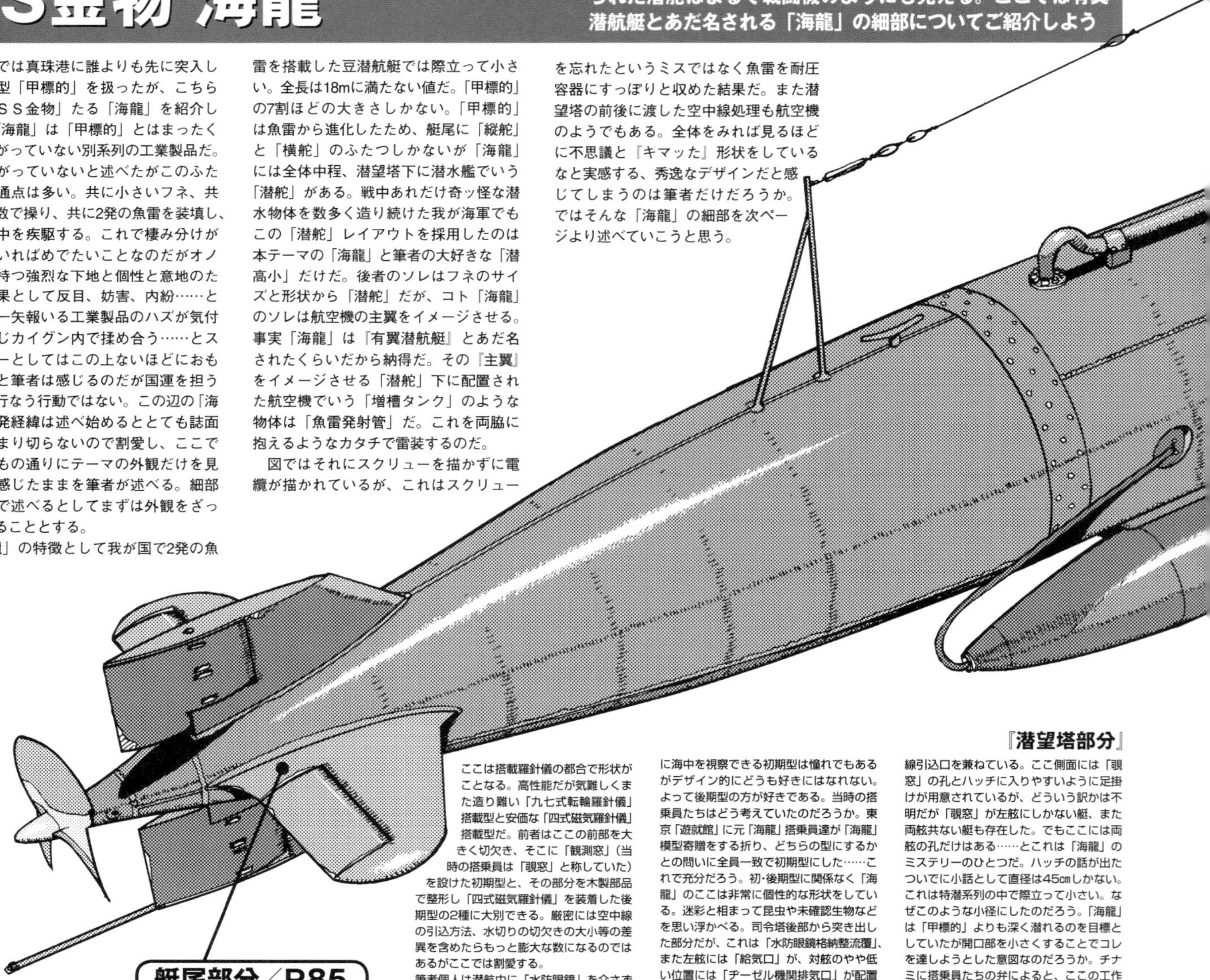

『潜望塔部分』

ここは搭載羅針儀の都合で形状がことなる。高性能だが気難しくまた造り難い「九七式転輪羅針儀」搭載型と安価な「四式磁気羅針儀」搭載型だ。前者はここの前部を大きく切欠き、そこに「観測窓」(当時の搭乗員は「覗窓」と称していた)を設けた初期型と、その部分を木製部品で整形し「四式磁気羅針儀」を装着した後期型の2種に大別できる。厳密には空中線の引込方法、水切りの切欠きの大小等の差異を含めたらもっと膨大な数になるのではあるがここでは割愛する。

筆者個人は潜航中に「水防眼鏡」を介さずに海中を視察できる初期型は憧れでもあるがデザイン的にどうも好きにはなれない。よって後期型の方が好きである。当時の搭乗員たちはどう考えていたのだろうか。東京「遊就館」に元「海龍」搭乗員達が「海龍」模型寄贈をする折り、どちらの型にするかとの問いに全員一致で初期型にした……これで充分だろう。初・後期型に関係なく「海龍」のここは非常に個性的な形状をしている。迷彩と相まって昆虫や未確認生物などを思い浮かべる。司令塔後部から突き出した部分だが、これは「水防眼鏡格納整流覆」、また左舷には「給気口」が、対舷のやや低い位置には「ヂーゼル機関排気口」が配置されている。この部分は空中線支柱と空中線引込口を兼ねている。ここ側面には「覗窓」の孔とハッチに入りやすいように足掛けが用意されているが、どういう訳かは不明だが「覗窓」が左舷にしかない艇、また両舷共ない艇も存在した。でもここには両舷の孔だけはある……とこれは「海龍」のミステリーのひとつだ。ハッチの話が出たついでに小話として直径は45㎝しかない。これは特潜系列の中で際立って小さい。なぜこのような小径にしたのだろう。「海龍」は「甲標的」よりも深く潜れるのを目標としていたが開口部を小さくすることでコレを達しようとした意図なのだろうか。チナミに搭乗員たちの弁によると、ここの工作は最悪で当然防水も最悪だったそうだ。

SS金物 海龍 全体像

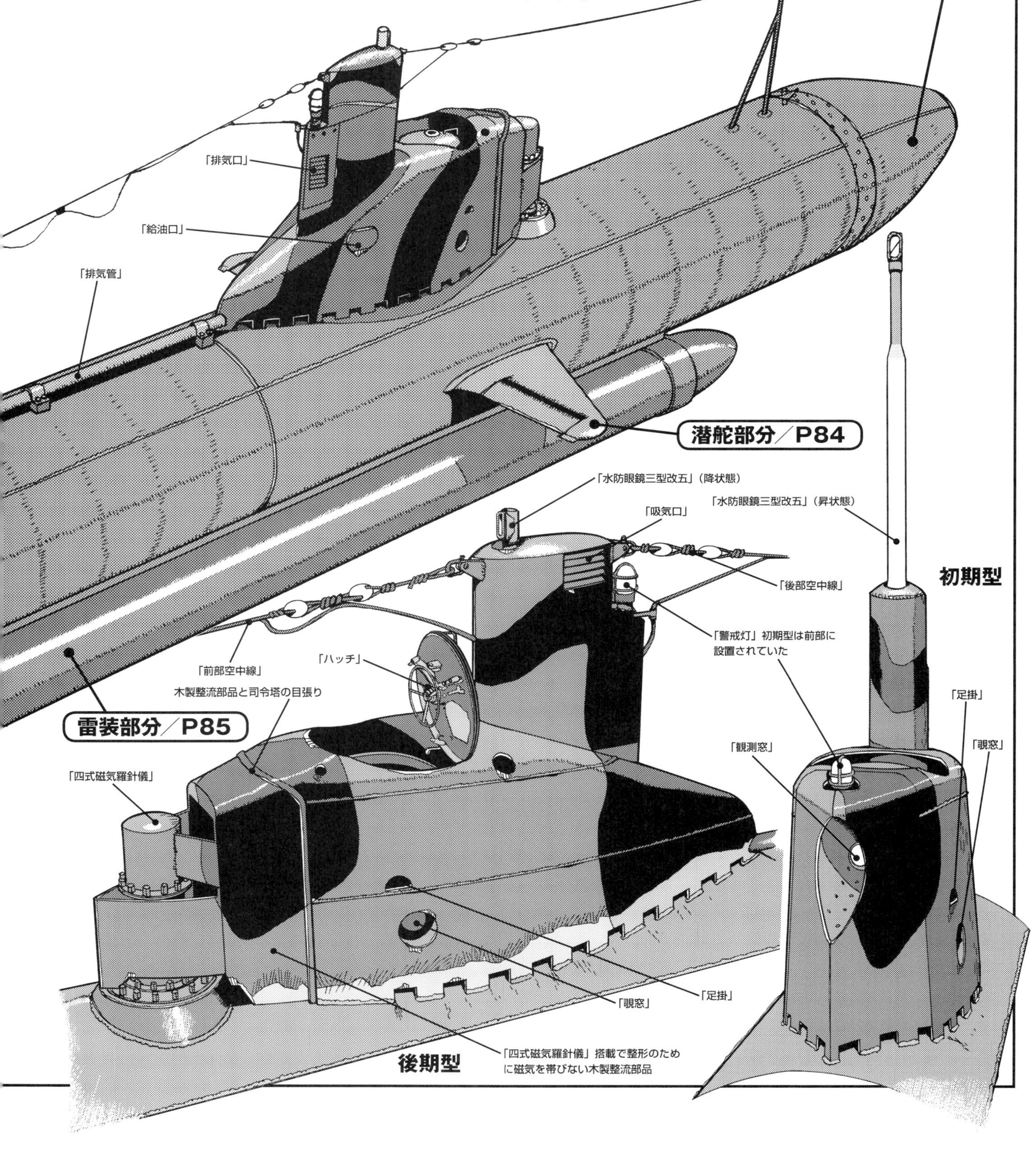
艇首部分／P84
「排気口」
「給油口」
「排気管」
潜舵部分／P84
「水防眼鏡三型改五」（降状態）
「吸気口」
「水防眼鏡三型改五」（昇状態）
初期型
「後部空中線」
「警戒灯」初期型は前部に
設置されていた
「前部空中線」
「ハッチ」
木製整流部品と司令塔の目張り
雷装部分／P85
「四式磁気羅針儀」
「観測窓」
「足掛」
「覗窓」
「覗窓」
「足掛」
「四式磁気羅針儀」搭載で整形のため
に磁気を帯びない木製整流部品
後期型

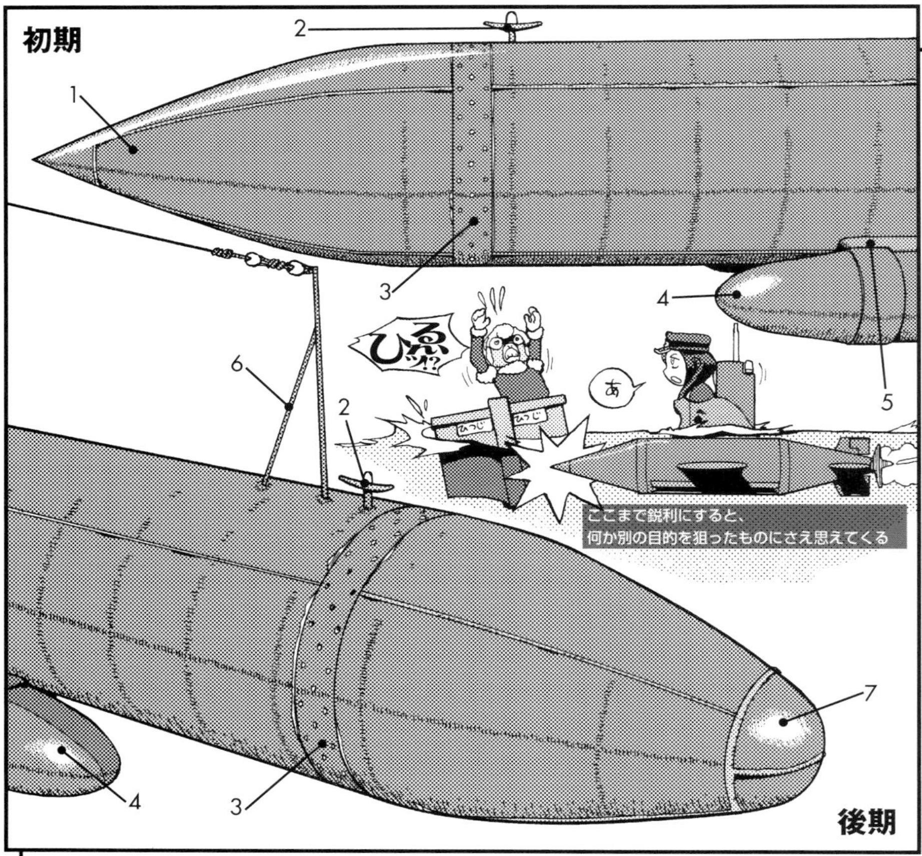

「海龍」の先端部分について述べたい。

ココは極初期型に限って鉛筆削りで削ったような円錐形で鋭利に尖っていた。水中抵抗低減、という性格のモノではなく単に量産性を狙ったモノだろう。トコロがコレは危険であった。「監視艇」とは、潜航訓練中の「海龍」を見守って随伴する発動機付き小舟の総称だが（特攻艇「震洋」をこれに使った例もある）、コレの側面に激突して突き刺さり「監視艇」を『撃沈』させるという事故が発生、以降このような事故がないよう図のように先端を球面整形されたものに変更された。筆者は潜航艇でこのような問題点が示されその上、迅速に改善されたモノをほとんど知らない。よって形状変更の理由が判る数少ない例だと考える次第だ。初期型と後期型の一部はこの部分に燃料タンクを配置していたが、後期型の量産が本格的になるころにこの燃料タンクは廃止、代わりに600kgの炸薬を装填、哀しいかな「海龍」は3発目の魚雷となってしまった。炸薬という物体は大戦末期には非常に安定したモノを造ることが可能になり、意図して起爆させないと爆発しない優秀なモノになっていた。ユエに「回天」のような、訓練時には「駆水頭部」、「実戦的」には「実用弾頭」というような付け替えはせずに常時炸薬入りの弾頭で起爆装置のみを外して訓練に励んでいたそうであるが……同じ空間の先端に600kgもの炸薬が詰ったもので訓練するのは、いくら爆発はしないといわれていても……正直良い気持はしない。形状から察して信管の数は複数、底部に設置されていると推定される。

1.「極初期型」先端
2.「クリート」。前部の「クリート」には頭頂部に逆U字の金具が付く
3.「接続フランジ覆」
整備の為、分離するので溶接は粗雑にしてある。海水が行き交うように規則正しく孔が設けられている
4.「魚雷発射管先端覆」
5.「魚雷発射管軌条」
6.「前部空中線支柱」これがあるのは後期型「海龍」のみ。極初期型、初期型には存在しない装備
7.事故により球面化した先端部分

■艇首部分

■潜舵部分

「海龍」が『有翼潜航艇』たる理由がこの部分だ。周知の事実だが敢えて記す。「海龍」はこれがあるために浮力を若干マイナスに設定して水上航行する際にそのままでは潜航してしまうが潜舵を常時上げ舵にすることにより浮力が得られ安定した水上航行が叶う。潜航する事態が発生した場合は下げ舵にすることにより、従来の同系列の潜航艇よりも迅速に、かつ手間無く完全潜航が叶う。これはスゴイことだ。同時期の潜航艇の「蛟龍」を例に出すのは……恐縮だが、この潜航手段は天井に突き出たいくつもの弁を操作した結果やっと叶うのと比べるとスゴイとしか言えない。「海龍」の場合は「甲標的」のような舵輪操舵ではなく操縦桿（陸爆「銀河」の操縦桿を流用したもの）を前に倒せばそれだけで潜航できる。現在の潜水艦に近い操縦方法だ。ただ、この優れた潜舵をもってしても「海龍」ほどの小粒では停止した状況で水中に沈みもせず浮かびもしない状態は全く維持できない。徐々に浮かぶか沈むかのどちらかだ。潜舵先端に突起物があるが、これは航空機でいう修正タブだ。規則正しく量産されてもイザ竣工してみるとどうしても動作にバラつきが出てくる。低速だが空気の800倍もの密度がある水中では僅かな舵の取付角が狂っているだけで真っすぐ進んでくれない。「海龍」はこの突起を曲げることにより修正をしている重要な部位でもあるのだが、どこかにぶつけたらタチマチ曲がる程の薄いものだ。良いこと尽くめの「潜舵」だが問題がある。それは停泊だ。横に「潜舵」が突き出ているので港湾設備に直接横付けとはいかない。停泊は沖の浮標にだ。これは面倒だ。

1.「前部空中線支柱」
2.「前部空中線」
3.「四式磁気羅針儀」
4.「ハッチ」
5.「水防眼鏡三型改五」（昇状態）
6.「吸気口」
7.「警戒灯」。後期型は後部のみ
8.「後部空中線」
9.木製整流部品と司令塔の目張り
10.「発射管」
11.「潜舵」
12.「修正」タブ
13.「潜舵面」

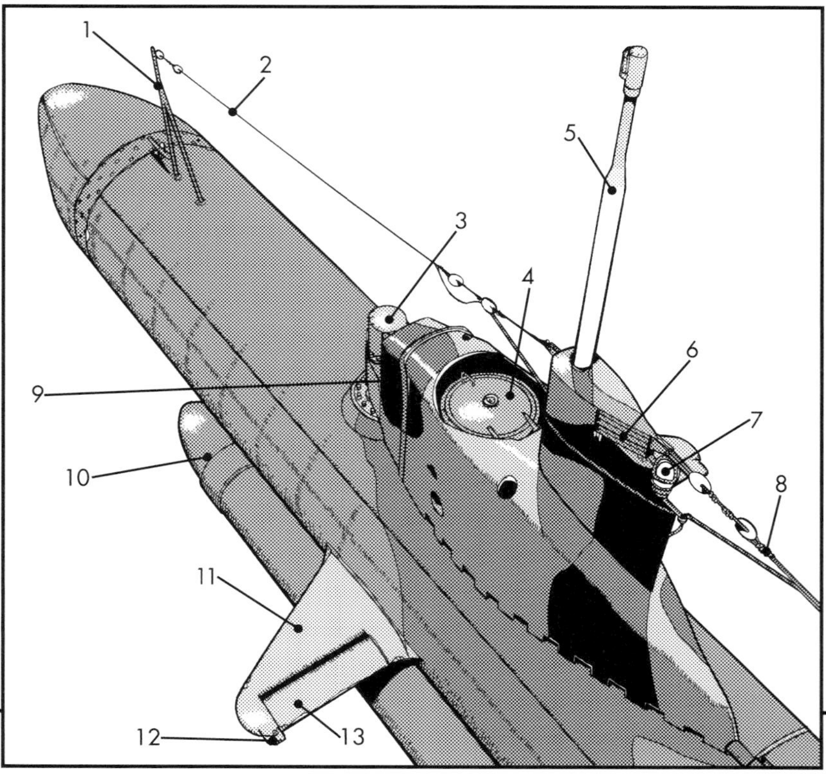

■艇尾部分

スクリューは見慣れた3枚ペラ。回転方向は前進面から見て時計方向。余談ながら陸上で「海龍」操縦を学ぶ訓練機材のスクリューはどういう訳か反時計回りのモノが装着されている。この機材は極初期型「海龍」の外板を切欠き内部が見学できるようにしたものなのだが、もしかすると極初期型「海龍」は後期量産型「海龍」とペラの回転方向が違う可能性も出てきてしまった。陸上訓練機材だから何でもいいやという投げやりなことなのだろうか。「横舵」と「水平安定板」(艦艇なので横鰭というべきか)は「縦舵」と縦鰭と比べ非常に流麗な形状をしているのだが、ここも縦舵と同じく直線的なデザインにして欲しかったと筆者は強く思う。「縦舵」は上部と下部の2組あり、当たり前の話だが連動する。素晴らしいのは「蛟龍」とは違い上下の舵が共通だということだ。「海龍」の場合は量産性を追求した結果だろう。これは筆者の直感で恐縮だが、「蛟龍」製造工数の6~7割で(ホントは5割と言いたいのだが)「海龍」は造れたのでは……と考えていたがこういう部分を見るとその考えをより強く自己補強してしまう。「縦鰭」下部縦舵より棒が伸びているが、これは敗戦後、米軍に提供した概略図面では「係留装置」と表示されているシロモノだ。搭乗員曰く、『こんなモノはなかった。あってもこんなヤワなモノで停泊などできない』との御言葉を賜り、続けて『訓練時に曳航する目印のタコを繋ぐものだ』と御教授された。「海龍」に限らず「甲標的」も「監視艇」を随伴して訓練したと前述したが潜航すると当然のことながら水上からまったく見えない。そこで鮮やかに着色された流線形の小型浮標を曳航するのだがコレを艇のどの部分から曳航させるのか以前から筆者は謎としていたのだが、この搭乗員たちの発言には説得力がある。各種尾部舵に関しては「海龍」の初・後期型の差異はない。しかし「後部空中線支柱」には差異がある。初期型は「縦鰭」に片足を掛ける構造だが、後期型は前に移動している。後期型は前部にも空中線が存在するので後部の空中線は短くとも良いという理由なのかは不明だ。筆者個人は電動機より発せられる火花で発生する雑音から少しでも逃げようとする処置ではないか……と推定しているが如何だろうか。なお、後期型「空中線支柱」は3脚構造だとする資料があるが、筆者所持の資料ではこれを実証するモノがなく、通説通り2脚とした。しかしこれだと華奢な構造には変りない。

1.「排気管」
2.「クリート」
3.「後部空中線支柱」(初期型位置)
4.「縦舵」
5.「スクリュー」
6.「魚雷発射管」
7.「横舵」
8.「縦舵」
9.「後部空中線支柱」(後期型位置)
10.「排気管」
11.「係留装置」

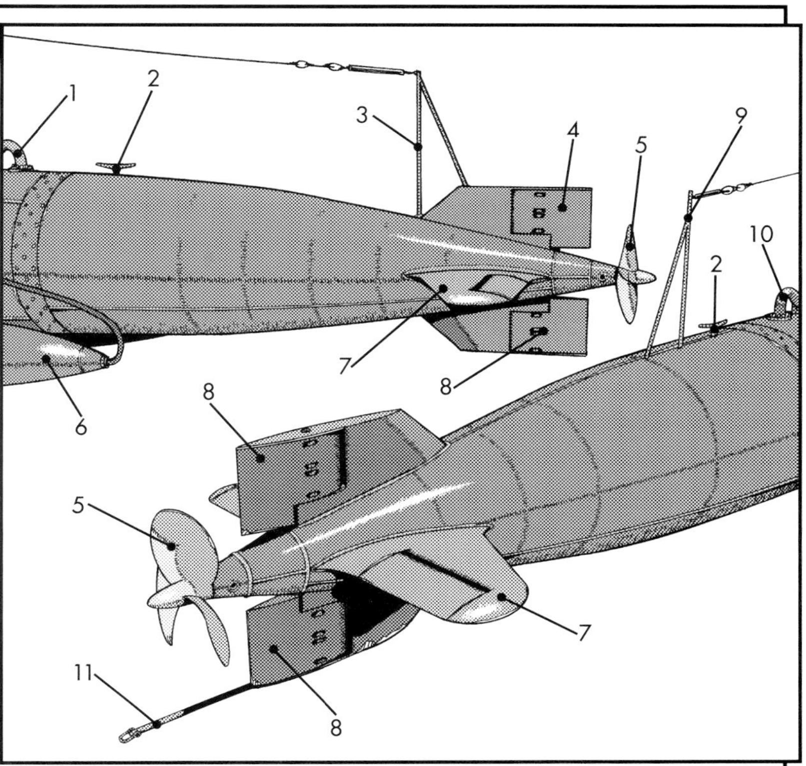

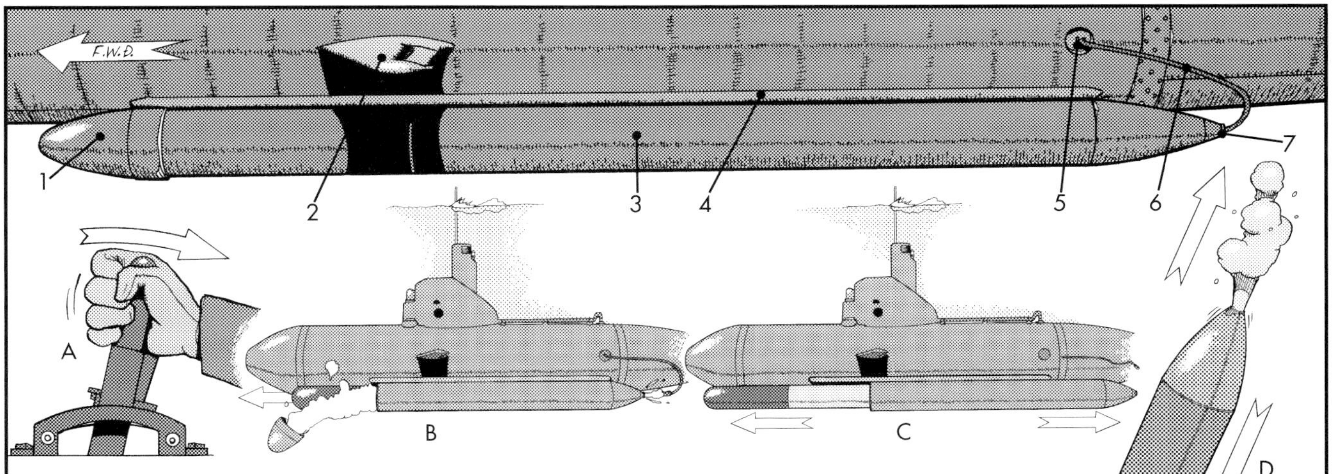

海龍魚雷発射手順

■雷装

「海龍」の中でもっとも資料がない部分がこの部分だ。唯一、関係者から敗戦後荒れるに任せ、漂流物にまみれ打ち上げられた「海龍」の写真を指差し、曰く『これが発射管だ』と、これだけだ。その時、筆者が眼にしたのは海面に浮かぶ塩化ビニールパイプにしか思えなかったのだが。ただ発射手順は判るので以下に述べたい(図参照)。

A・艇付が右床にある発射レバーを手前に引くことにより図にある電纜に通電され「発射管」尾部に内蔵された噴進器が発火する。

B・噴進器が発火、その噴進力で発射管内の「二式魚雷」を押し出すことにより「発射管先端蓋」が外れる。同時に「発射管」尾部の「栓」も抜ける。

C・「二式魚雷」は「発停装置」が倒れ駆動、目標に向け疾駆する。一方「発射管」は「二式魚雷」を押し出したその反動で魚雷とは逆方向に進み「発射軌条」を外れる。……ここだけで終わっても良いのだがあともうひとつぜひ述べたいことがある。

D・「発射軌条」を外れた「発射管」には噴進器が作動して出来た燃焼ガスが溜まっている。通常ならここで「発射管」が釣りに使う浮きのようになって海面に急浮上、結果敵に魚雷発射の意図を察知される。これを防止する為に「B」でも前述した通り「発射管」後部にある「栓」が噴進器の燃焼ガス圧で外れているのでここから燃焼ガスは抜け、浮力を失った「発射管」は静かに沈んでいくという寸法。

改めて発射作動を文字にすると噴進器による射出……というよりも物体を後方に投げ飛ばして反動を拮抗させる無反動砲に近いイメージを受ける。

しかし……素晴らしいシクミだ。凝っているなあと強く思う。問題はこんな凝ったのが「海龍」本体量産分全てに行き渡るような数が造られたか、というコトだ。通説ではこの発射管容器の量産が芳しくないので前述したように「海龍」先端燃料タンクを外して炸薬を押し込み人間魚雷化させた……とあるが、悔しいが中々説得力のある説だ。以前眼にした資料では数回分の発射管備蓄があり、備蓄のあるうちは反復攻撃を仕掛け、これらをすべて使い果たしたその時こそ弾頭炸薬を使う最後の攻撃を、とあった。……「海龍」搭乗員の熱意が伺い知れる切ない一文だ。こんな凝った「発射管」を用いずに独軍豆潜のような直接魚雷を横に抱くという手段も選択肢としてあって欲しいと強く思うのは筆者だけだろうか。

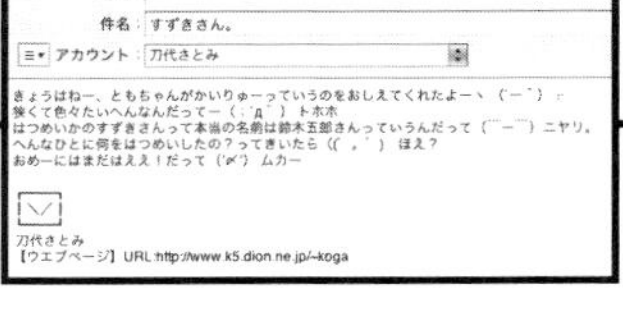

すべての戦線で活躍した影の殊勲艦

十四米特型運貨船（略称「大発」）

ありとあらゆる戦線で地味に活躍したといえる「大発」だがその実態は意外に知られていない。ここでは日本人らしいこまやかな工夫がこらされたその細部についてじっくりとご覧にいれましょう

先の大戦で「大発」と呼称された、無武装で7ノット程でころころと航行する地味で小粒なフネがあった。突然で恐縮だが『先の大戦でもっとも働いたフネとは』との問いに筆者はこの「大発」だと答えたい。当然、駆逐艦「雪風」や巡洋艦「利根」に代表される個別殊勲艦も候補には挙がる。しかしこれら華やかな殊勲艦でも隠れたところでは「大発」にお世話になっているハズで「大発」たちの活躍なくしてこれら個別殊勲艦らの活躍はなかったのではないだろうか。それだけではない。これらの殊勲艦らを含めたすべての艦艇、島嶼間等での部隊や要員、乗員の上陸、移動、連絡、補給、そして撤退……と考えうる全ての移動、輸送でどこか必ず一度は関与し、文字通り北に南に、この「大発」はある時は艦艇に装載、またある時は物資とともに輸送されトコトン陸海両軍から愛され、日本兵士の出向く沿岸にはつねに陰のように寄り添う縁の下の力持ちの、とても働き者のフネだ。ところがだ、そんなありがたい「大発」も、その形状は？　となると途端に周囲が暗くなる。『だいはつ』という発音もじつは略称で陸軍では「大発動機艇」を、海軍では「十四米特型運貨船」を指す総称だ。そこでここではこの「大発」について（↗）

接岸・離岸手順

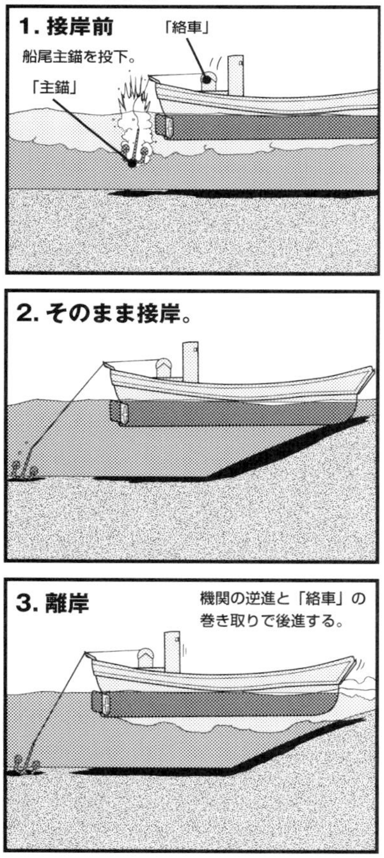

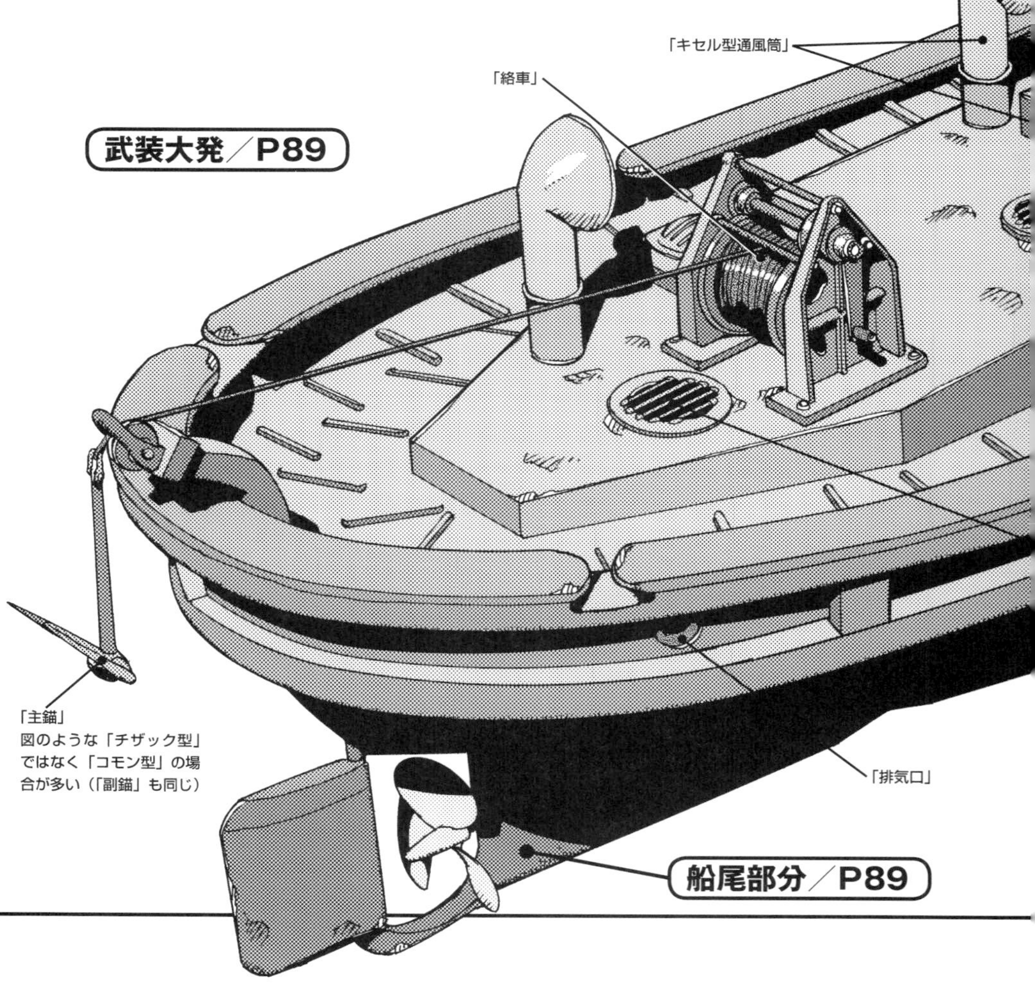

（↗）駆け足ではあるがいろいろと述べていこうと思う。

陸海軍で「大発」は共用語だと前述したが恰も同じ物体を指しているように思われガチだがそんなに陸海軍は仲良しではない。寸法や積載量等が異なり、同じなのは名称だけとややこしい上に「大発」と一口にいっても調べていくと構成する材料が、また寸法などが異なり非常に多種多様。これらすべてを取り上げるとそれこそ単行本になってしまう。そこで今回は海軍の「大発」、「十四米特型運貨船」（以下「大発」と称する）をテーマとしたい。じつはあれだけある海軍艦艇に「大発」が装載されたのは筆者が大好きな「一等輸送艦」と「伊勢」型戦艦にだけ。他の艦艇には「中発」と称する1m小さい「十三米特型運貨船」が装載されていた。なので本来なら「中発」を特集すべきなのだがやはり通り名という点では「大発」には敵わない。戦中関係者の御話を耳にすると「中発」を「大発」と混同しているフシが多いのも釈然としない点でもあるが、大は中も兼ねるということで次ページから細部を述べていきたい。

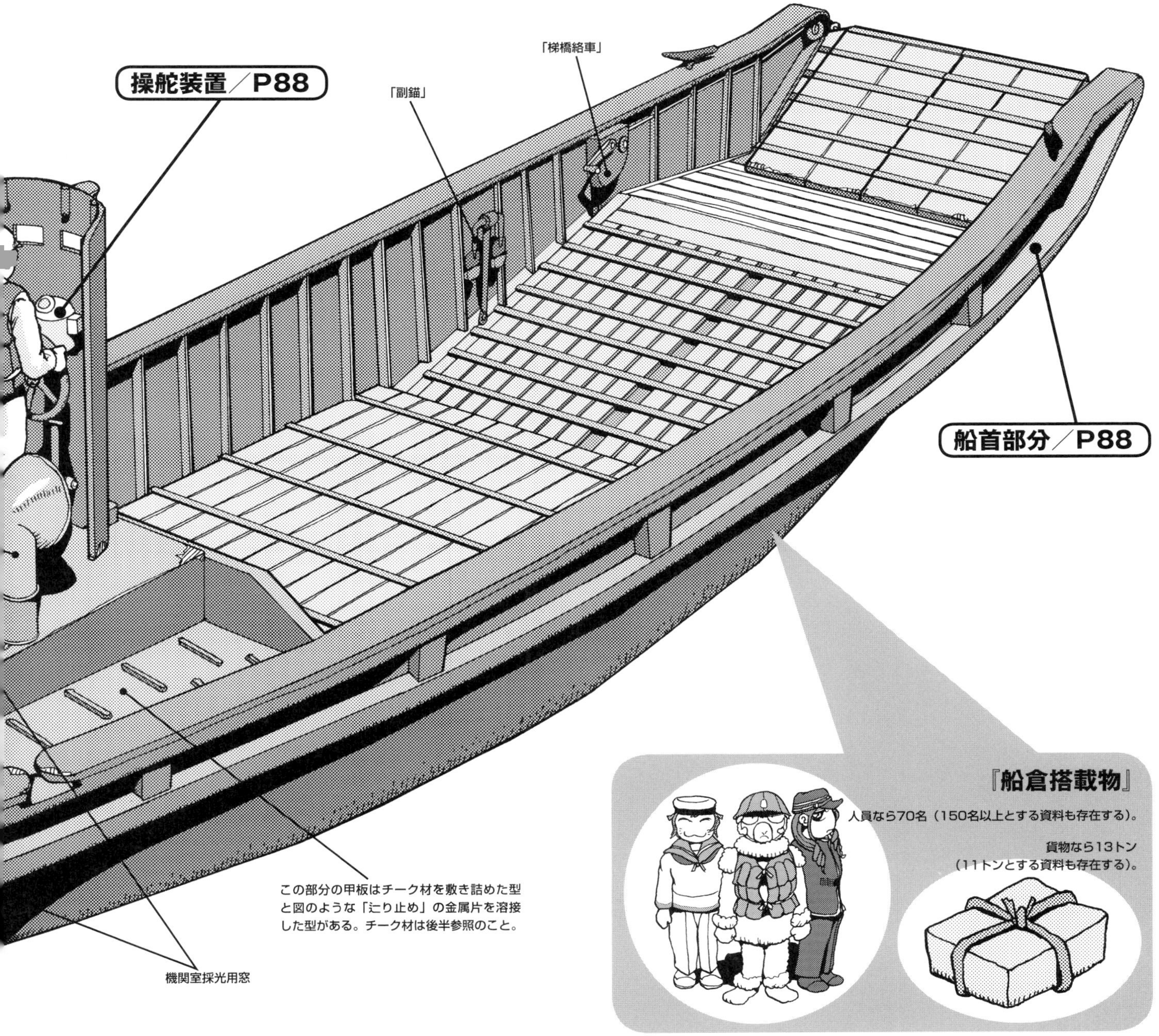

十四米特型運貨船全体図（略称「大発」）

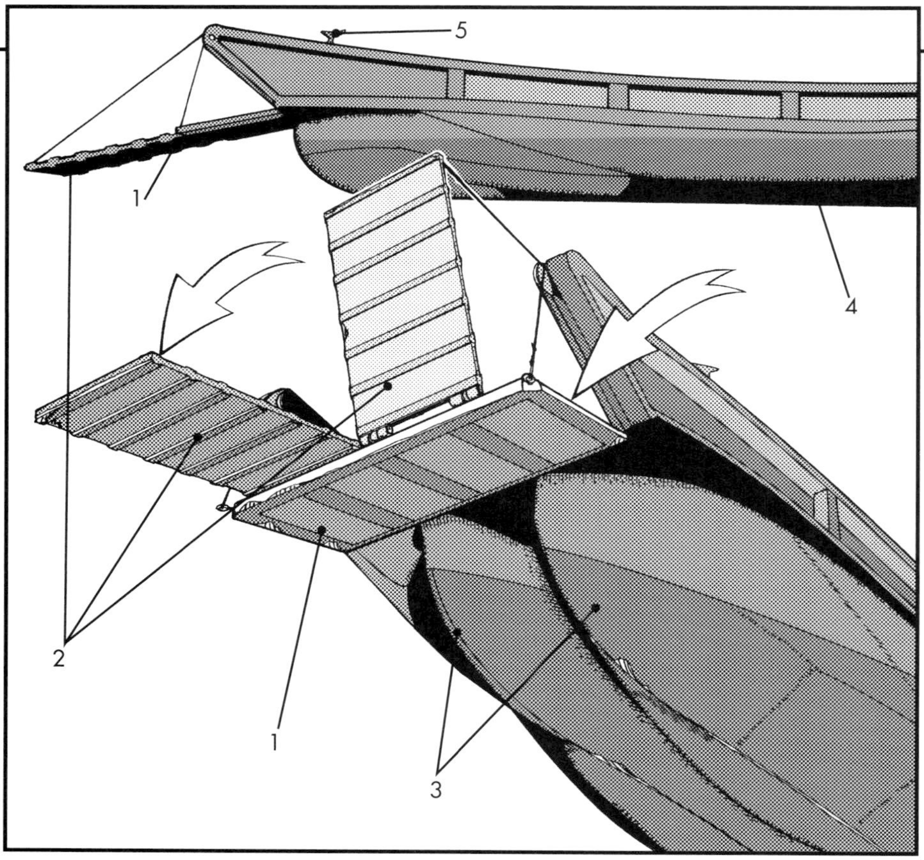

■船首

「大発」が他のフネと大きく異なる点の一番は船首部分に「梯橋」と称する、航行中は隔壁になり、物資運搬の折りは乗降りのスロープになる便利な板があることだろう。「大発」のこの部分は非常に凝った造りになっており、「梯橋」は第一・第二と節がある折畳み構造になっている。なぜこのような構造になったかの理由だが、折畳みにしないと航行中、目前に「梯橋」が突っ立つことになり視界が著しく妨げられてしまう。そのためこのような凝った仕組みで対処したのだが、海外版「大発」である米軍の「LCM」や「大発」の拡大発展型の我が国の「二等輸送艦」などは折畳みにせず大きな1枚板とし、更に視界を妨げる部分を金属製格子にしたり、開閉式の小窓を設けるカタチで対応しているのは、よりよい方法だと筆者は考える。「第一節梯橋」の開閉は船首両先端に巻き上げ用の「絡車」が設置されているが「第二節梯橋」はこんな贅沢な装置はない。「大発」は軽戦車が搭載できるのだ。この「梯橋」の強度もそれなりに必要で重い。よって左右ふたつに分割し人間が持ち上げられる重さにしてある……のは凝っているというか、考え方がむずかしい方にむずかしい方にいっているようにしか思えてならないと考えるのは筆者だけだろうか。さらに船体構造も船首部分は双胴構造で船体の途中から徐々に単胴になるという、これまた非常に凝った造りになっている。これは砂浜に乗り上げる特性上、必要なモノとはされてはいるが、同様の海外「大発」では単純な単胴・平底構造に大出力発動機で対処しているのは……正直羨ましいとも考える。

1.「第一節梯橋」（使用時）
2.「第二節梯橋」（使用時）
3.船底双胴部分
接地面積を少なくし摩擦を少なくする構造になっている
4.この辺より単胴構造に変化する
5.「クリート」（両舷）

■操舵室 並びに操舵装置

「大発」操舵室前には半円状に曲げられた板があるがこれは防弾板だ。この防弾板に設けられた覘視口（てんしこう）の形状は海軍と陸軍で違うのがおもしろい。海軍「大発」には操舵装置が折り畳める起倒式構造になっているのは中々に興味深い。陸軍「大発」資料が手許になく、海軍「大発」と同様の機能があるかどうかが確認できずに残念ではあるのだが海軍「大発」の場合は装載艇としての任務があり仕事が終わったら再び母艦に収納されるので、その折りには操舵装置を倒し嵩張らないようにする工夫だ。これは「大発」上に他の「大発」を重ねる時などは有効な機能だと考える。起倒方式は当然腕力だが、小銃弾を防ぐ防弾板厚は10㎜以上は必要だ。当然相当な重さになる。航行中、不意にこれが倒れてこないようにする固定装置があるハズだがそれも不明だ。陸軍「大発」の場合は頻繁に母艦に装載されるということもないのでこの部分は取り外しが可能という程度だろうと推定される。なおこれは海軍「大発」の場合だが、「大発」の上にさらに「大発」を積むような時はキセル型の通風筒も取り外すことを忘れてはいけない。

1.「機関室扉」
2.「機関室視察窓」
3.船倉と機関室隔壁のデザインは複数種存在する。図では一番簡単な構造の物を描いた
4.「操舵装置」は「防弾板」と共に後方に起倒する
5.「防弾板」
6.「舷燈」
7.「絡車」
8.「キセル型通風筒」状況に応じて取外可能
9.「起倒時用把手」

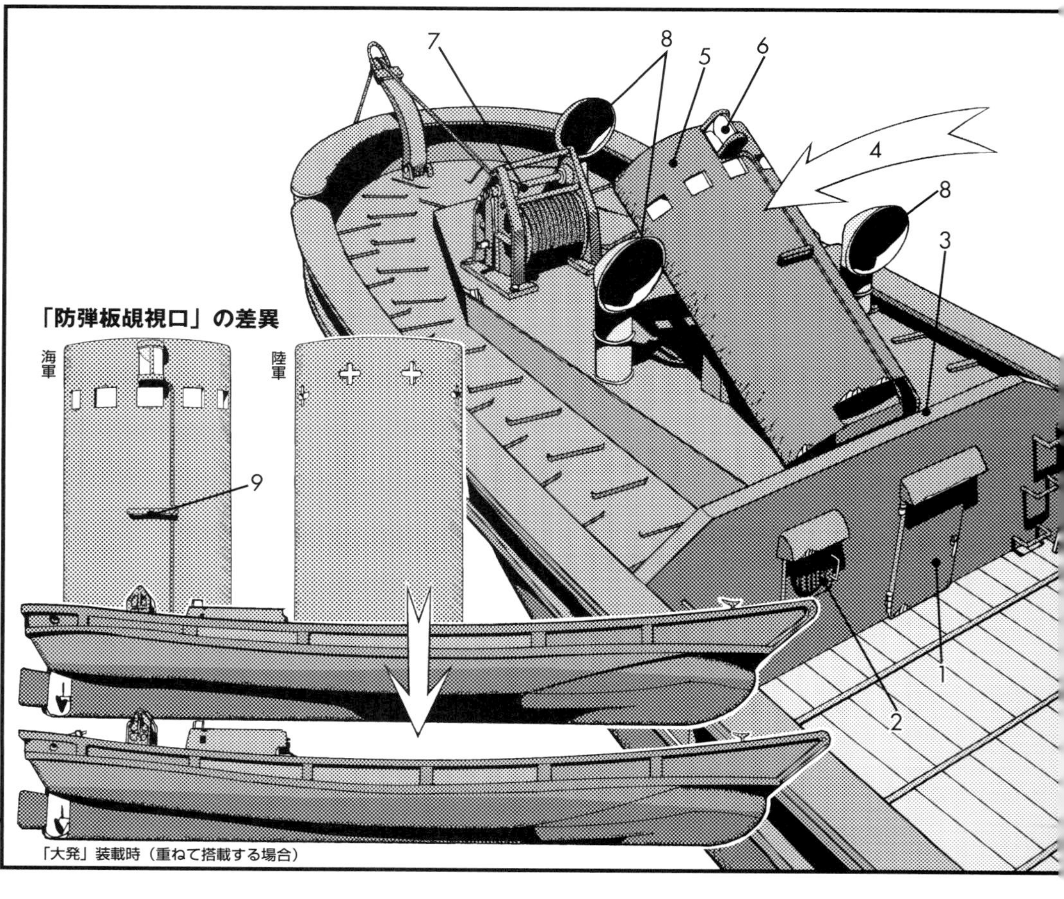

「大発」装載時（重ねて搭載する場合）

■船底部分

海軍「大発」は設備の整った港湾施設か、洋上で艦艇間を連絡するのに使うので陸軍「大発」のように砂浜に乗り上げるような運用は滅多にない。そこでスクリューは通常の見慣れた型なのだが、陸軍「大発」は前述の通り『上陸用舟艇』として使用するために「スパイラルスクリュー」と称する、1枚の板を螺旋状にした特殊なスクリューを採用していた、とされる。これの理由は砂浜に乗り上げた折り、回転するペラが岩等の異物に触れスクリューを破損するのを防止する意味からだが、筆者が各種資料を調べた限りでは、この特殊スクリューをつけた「大発」の資料を見つけることができなかった。あるのは陸軍「大発」でも通常の見慣れたスクリューを採用したモノばかりだ。この特殊スクリュー装備の「大発」はごく一部の、それも初期のころに採用された珍しき例だったのではないだろうか。この特殊型では推進効率は芳しくないだろうし製造方法も楽ではないだろう。この辺が広く用いられなかった理由だと推定されるが実状は不明だ。よって図の「スパイラルスクリュー」も想像図であることを断っておく。スクリューの他に舵の基部についても砂浜に乗り上げる際、舵が曲がらないように軸を上下でしっかり支える構造になっている。海外版「大発」は船体に凹みをつけ、そこに舵を設けて船底が真っ平らにする凝った構造だが、舵の利きは芳しくなかっただろうと推定するが如何だろうか。

1.スクリュー（回転方向は不明。ポピュラーな回転方向と推定し作画）
2.「舵」
3.「防弾板」
4.「防舷物」
5.「主錨」

「スパイラルスクリュー」（想像図）

武装大発（陸軍）

大発武装例（海軍）

■武装

「大発」の武装といえばどれだけ物品が積載できるか、という意味になりそうだが、ここでは物理的な『武装』を述べたい。母艦に装載された幸運な「大発」には施されたかは不明だがソロモン方面等の小島が点在する各基地用にと現地に残された「大発」たちには自衛用武装として各種火器が搭載された。相手は航空機ではない。低速な「大発」が日中堂々と航行するのは自殺行為だ。したがって夜間にこっそりというナガレだがこれを狩ろうとして跳梁跋扈する敵魚雷艇からの護身用だ。これらの多くは現地改造で多種多様なものが搭載された。有名で際立って特殊なのは陸軍「大発」に施された、対戦車砲としてはとっくに盛りを過ぎた「九四式三十七粍砲」を搭載した例だ。船倉部分に射界を確保するために円材などで台を造り、その上にこの砲を置く。これを「武装大発」と呼称した。負じと海軍「大発」も後部に銃架を設置し機銃を備えた。図では便宜上「九六式二十五粍単装機銃」を描いたが可能性としては「九三式十三粍単装機銃」だろうと筆者は考える。では何故そちらを描かなかったのかと申せばこの銃の資料がなかったからである。

1.「天幕固定用具」
2.「舵輪」
3.「九六式二十五粍単装機銃」（搭載例）
正式なものでは「七粍七機銃」搭載とあるが状況に応じて多種存在する
4.機銃搭載により「絡車」の位置が変更になる
5.操舵装置周辺に土嚢を敷き詰め敵弾に備える
6.「九四式三十七粍砲」。速射砲を船首よりに配置し、この位置に重機を備え付けた大発も存在する

件名：ホキュー。
アカウント：

きょうね、ともちゃんと私とこの前のへんなひとでだいはつっていうのを
勉強したよヾ(@＾▽＾@)ノワーイ
でもともちゃんはだまされたっておこってたよー(｀ε´)ぶーぶー

刀代さとみ
【ウエブページ】URL:http://www.k5.dion.ne.jp/~koga

アナタノ知ラナイ兵器1増補改訂版特別描き下ろし5

【十四米特型運貨船追加分】

ここでは前項で述べられなかった船倉と主機室、その隔壁について述べたい。本「十四米特型運貨船」は非常に多数量産された。海軍が往く先には軍艦旗と各種「九六式二十五粍機銃」と本「十四米特型運貨船」を中心とする各種「大発」たちが居たと言っても過言では無いほどだ。

少人数で運用出来、汎用性の高さ、大量の物資を輸送可能な使い勝手の良さ等、輸送や連絡、果ては武装強化を施し戦闘艦艇として使われた……とは前項で述べたとおりだ。

船倉と主機室を隔てる隔壁部は色々と派生型があるようで前項で描いた型と本見開きで描いた型の少なくとも二種類あり、探せばもっと沢山あるだろう。

本見開きで描いた型の隔壁は凝ってお

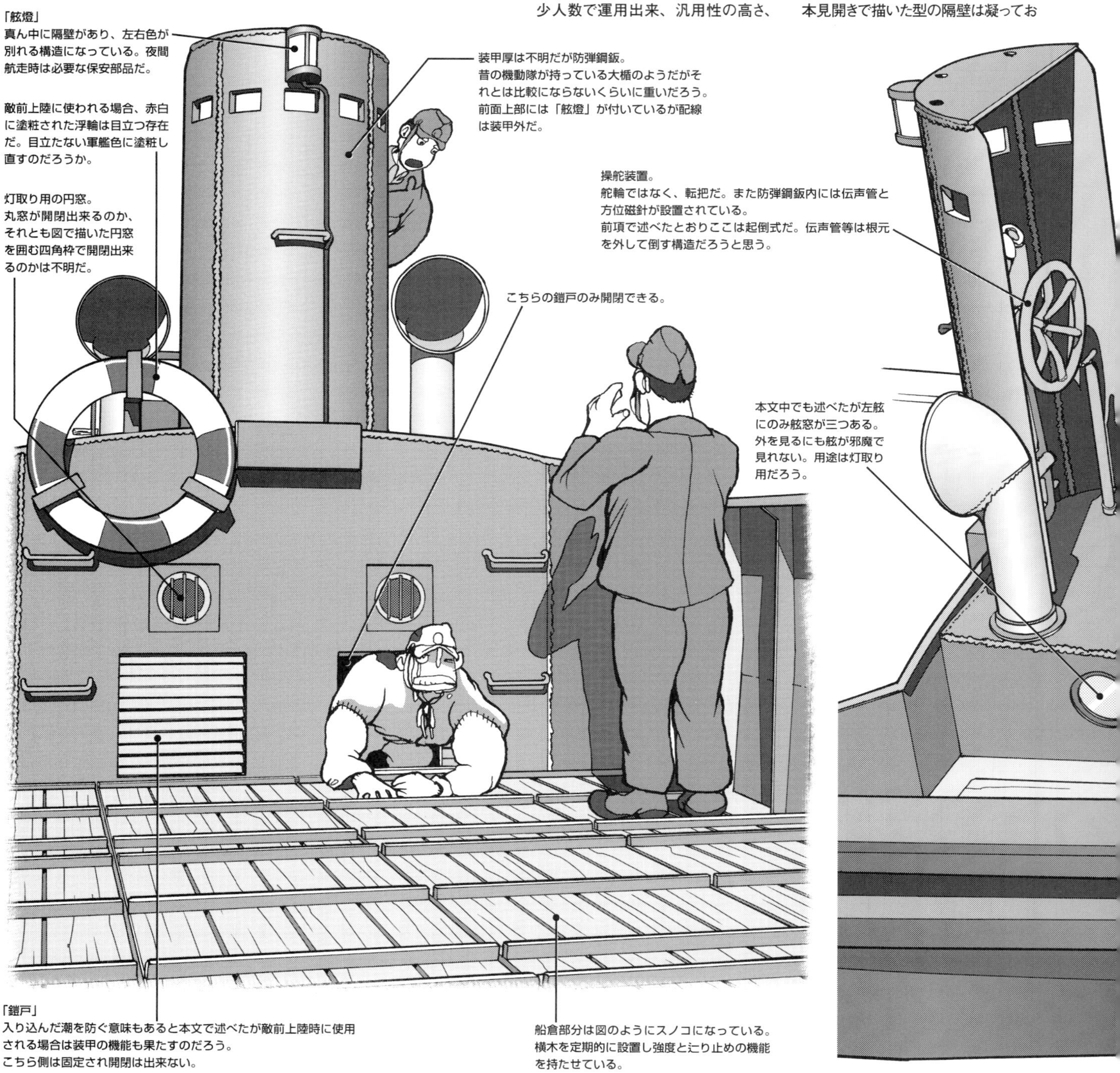

り二つの丸窓と通気用の鎧戸が二つある。
左舷の鎧戸のみ舷外方向に摺動して開閉出来る引戸構造になっている。図で描いたとおりかなり狭くかなり下にあるので茶室の潜り戸のようでもある。
鎧戸にしたのには意味がある。風雨が主機室に入り込まない意味もあるが船首に設けられた「梯橋」は船倉区画に潮が入り込まないようにする隔壁機能も有するのだが完全ではなく、「梯橋」直後の船倉甲板は堤状に盛り上がり、この盛り上がった箇所で入り込む潮を食い止める役目がある。言わば防波堤みたいなものだ。ここの下は擱坐時に船体を安定させる為の肋材がある箇所でもある。この堤を構成する空間を利用し補強材を多く入れることが出来るという非常に考えられた空間でもあるのだが……ここを越堤した潮が主機室に入り込まないようにとの意味もある。……鎧戸なんて凝ったものにせず密閉構造の引戸にすればいいものを……と思いがちだが莫大な空気を必要とする主機にはこの鎧戸の通気力は有り難いものだ。
次に述べるのは主機室の俯瞰図だ。ここも非常に多数の派生型があるようだ。前項で描いた他の型を描いてみた。驚くべきことは上構左舷のみ舷窓がある。加えて上甲板は辷り止めを打った金属甲板ではなく木甲板だ。
更にだが箱状のハッチが二個所設けられ図のように操舵器に連絡出来る構造になっている。「十四米特型運貨船」を含めた、砂浜に意図的に擱坐させ、船首に隔壁を兼ねた梯橋を設け此処を使っての人員・物資のやりとりをするフネ……「大発」は我が国の発明品だ。
海外ではこれを模倣し曲線部を徹底的に除いた同等品が多数建造されたが我が国の「十四米特型運貨船」を含めた「大発」たちは船尾部分は見事なまでに曲線で構成されている。
フネとして大変に使い勝手の良い船尾だったと思うが……当時これを量産していた工廠や造船所では、この曲線構造の為に相当な苦労があっただろうな……と推察する。海外の「大発」たちは母艦から上陸揚陸点までの短距離を往復する、これは物凄く乱暴な言い方だが使い捨てに近いような用途のフネだ。故に角張っていても短距離故に凌波性等、辛抱出来るが我が国の場合は夜陰に乗じて島嶼間の点滴的輸送に使われたり、艦艇への物資輸送に使われたり、果ては潜水艦に搭載され補給の途絶えた基地への決死輸送にも使われた。上記任務のいくつかは「大発」を使い捨てとしていた。こういう使い捨ての役目に図のような丁寧な作りの「大発」を使うのは切なくも思う。
反面、人命と戦線維持の為に既存の「大発」を使い捨てにする発想は高く評価したい。こういうせめぎ合いの中から省力化「大発」が誕生し、前述のように様々な派生型が誕生した……と思いたい。隔壁構造が異なるような派生型ではなく「改丁型駆逐艦」の艦尾のように包丁で切り落としたみたいな船尾の「大発」が見たかったと筆者は思う次第だ。

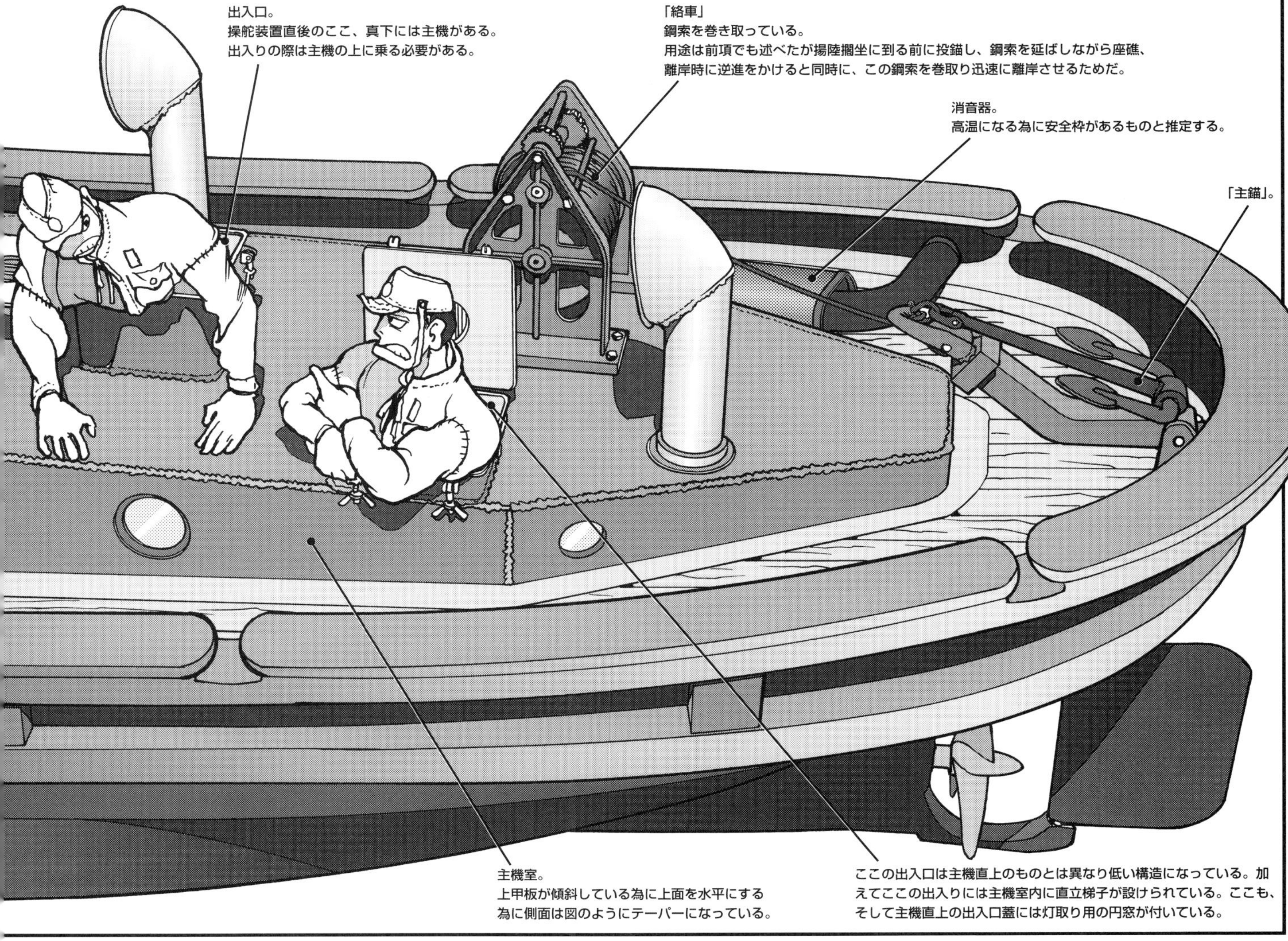

アナタノ知ラナイ兵器1増補改訂版特別描き下ろし6

【「特型格納筒」・「海龍」・「十四米特型運貨船」寸法対比図】

ここでは『寸法対比図』の艦艇編として「特型格納筒」・「海龍」・「十四米特型運貨船」の三製品を同寸で描いた。手前に一番短い「十四米特型運貨船」を描き、一番長い「特型格納筒」を奥に描いた為に遠近法が生じ、思っていた以上に寸法上の大差が出ない画となってしまったことは反省すべき点だ。実際は「特型格納筒」より「十四米特型運貨船」は十メートルほど短いし「海龍」は三メートル程「十四米運貨艇」よりも長いことを了承願いたい。……思えばこの三製品の共通点として単軸推進なのだなと気付いた次第。「甲標的」に各種保安部品を追加した「特型格納筒」は「甲標的」伝統の複式推進器なので大きな声で『単軸だ!』というには物言いが付きそうだが筆者の好物であるこの三製品が同寸で同じ誌面に入ったのは……ニヤついてしまう。

さて、同じ魚雷を二発発射する機能を有する「特型格納筒」と「海龍」だが発祥点が異なるとこうも形状が異なるのかとココロがザワつく。

「海龍」が「特型格納筒」より短くなったのは魚雷発射管を有しないからだ。艇体下方に使い捨て式の魚雷格納筒を携行雷数分ぶら下げているので短くなっているが、その分正面投影面積は増大することでもあり、それに比例し航走速度は低下する。この二つの誕生と利点を巡っての『諍い』も筆者のココロをザワつかせる。

「十四米特型運貨船」については『アナタノ知ラナイ兵器』連載時に描いた後に色々と細部が判明した為に別項を設けたのでそちらを御眼にしてくださると筆者は幸甚である。各製品の細かい部位は本『アナタノ知ラナイ兵器1』の特集記事部分を御覧になってもらいたい。本見開きでは大きさの対比を記す意味を優先するために引出線は少なくしている。

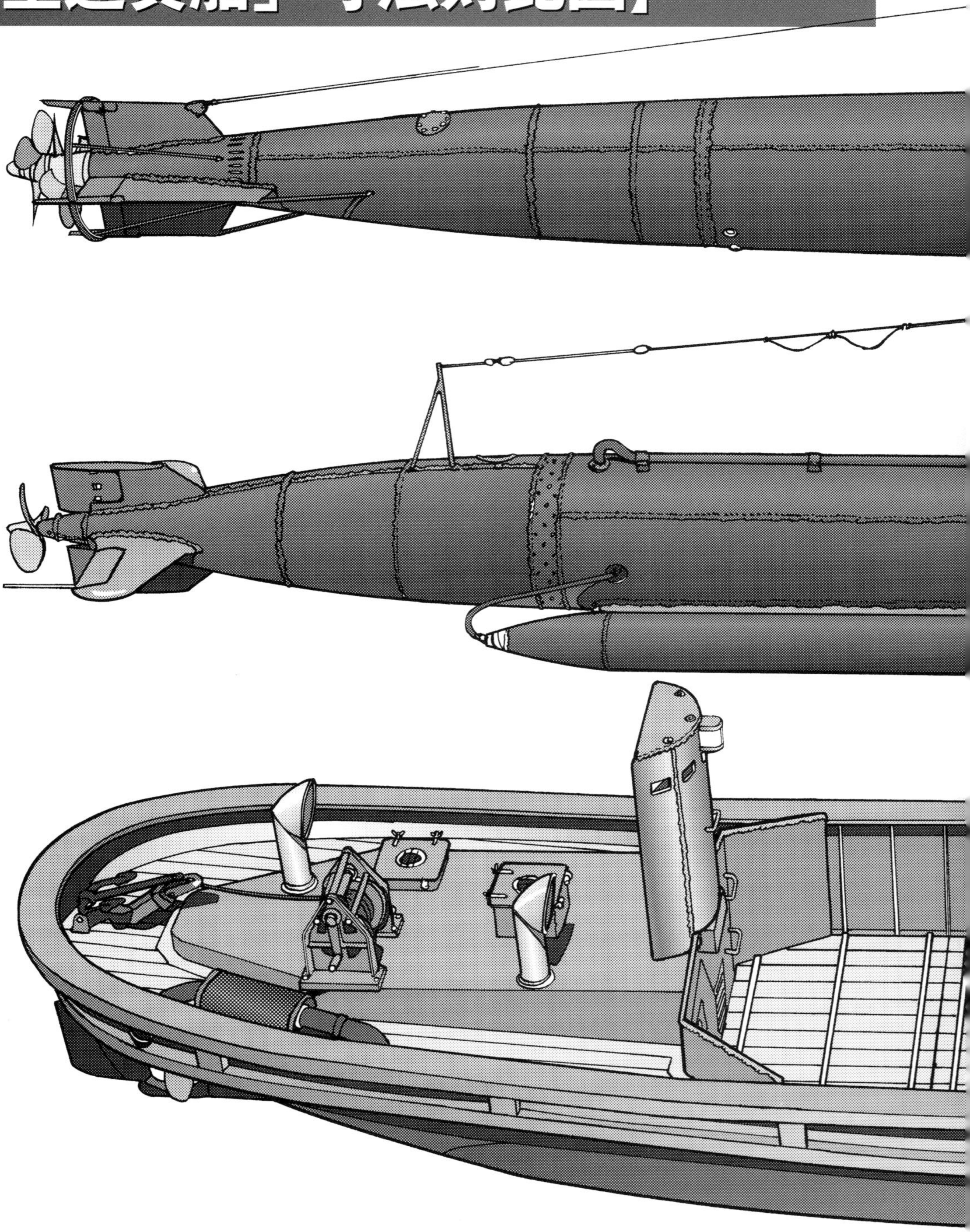

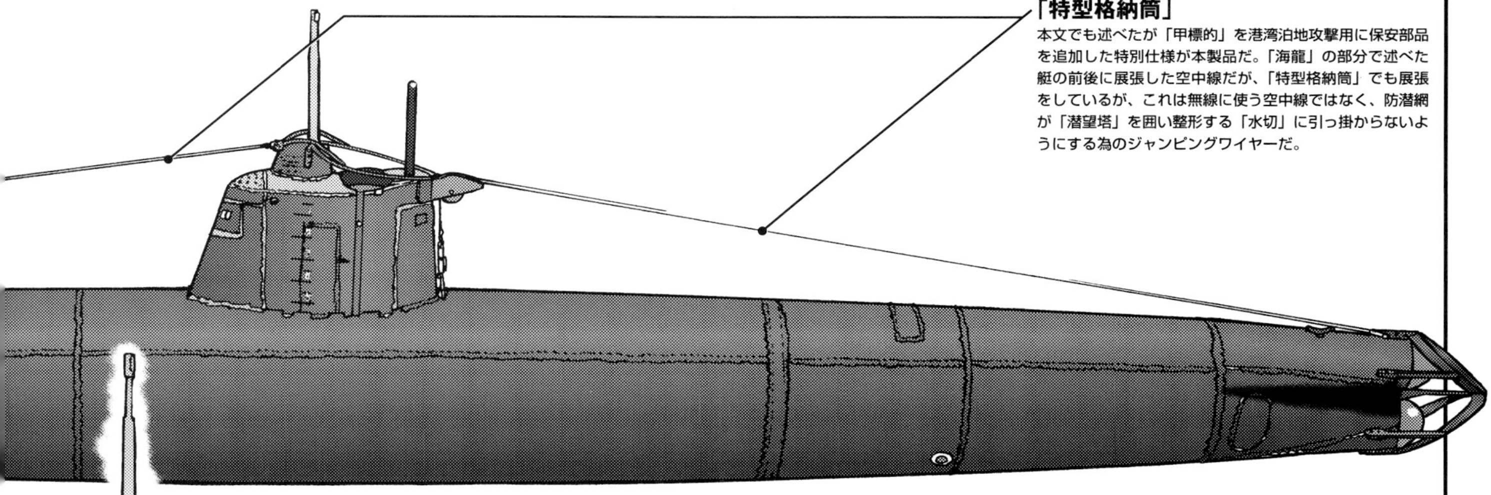

「特型格納筒」

本文でも述べたが「甲標的」を港湾泊地攻撃用に保安部品を追加した特別仕様が本製品だ。「海龍」の部分で述べた艇の前後に展張した空中線だが、「特型格納筒」でも展張をしているが、これは無線に使う空中線ではなく、防潜網が「潜望塔」を囲い整形する「水切」に引っ掛からないようにする為のジャンピングワイヤーだ。

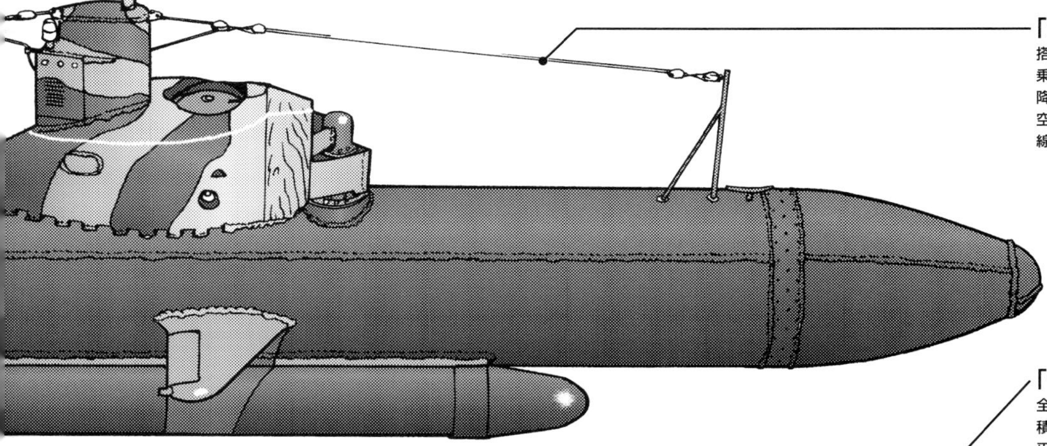

「海龍」

搭乗員数が二名なので一名あたりの仕事量は「甲標的」搭乗員より増える。加えて「甲標的」には標準装備だった昇降式の短波マストも「海龍」では簡素化の為に省略され航空機のような空中線支柱を設け「水切」までの区間に空中線を展張する。

「十四米特型運貨船」

全長十四メートルと小粒ながら物資や兵員、車輌を大量に積み込むことが叶う本製品。これらを積み込む部分は真っ平らな甲板を考えてしまうが実際は砂浜に意図的に擱坐させ、安定的にこの状態を保つ都合上、どうしても船首底をゲタと称する二本の「肋材」を強度ある形で設置するには図のように甲板は起伏のあるものになる。

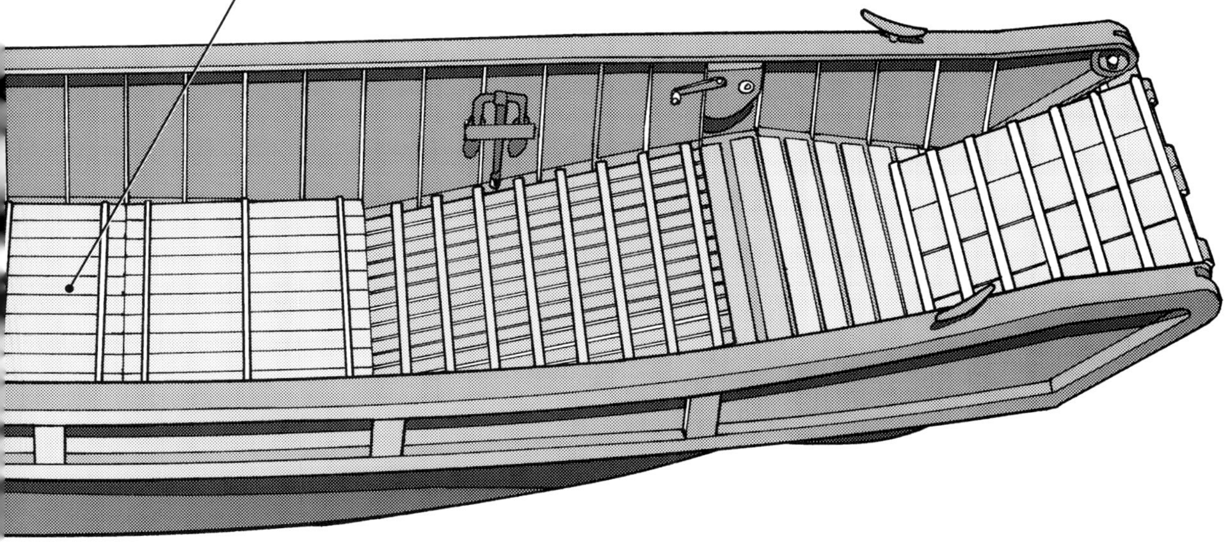

余分なものをすべて廃した「末期海防艦」
二號型海防艦

輸送ルートの途絶によりあるゆるものが欠乏した大戦末期、日本の海上輸送の護衛を担ったのは戦時急増の海防艦だった。量産製を最優先に考えたその姿はある種の魅力を持っている。ここではそんな「末期海防艦」のひとつ「二號型海防艦」を紹介しよう

このページでは「海防艦」を特集する。何しろ名前からして凄い。あれだけ攻撃精神一辺倒のカイグンという組織で名前に『防』が入るフネだ。これだけでもワクワクするではないか。一口に「海防艦」と述べてもその範疇は広く、また曖昧だ。日露戦争で活躍した戦艦達が引退後、再就職先にコレを選んだ例もあるし、また大戦前、北洋漁船達が外国に拿捕されないように目を光らせるフネもこの範疇だった。今回の特集で取り上げる「海防艦」は艦名が3桁までの数字で呼称された『末期』の「海防艦」だ。『末期』と述べておきながら更に2種類に分類される。内訳は艦名が奇数番号では「丙型海防艦」、偶数番号では「丁型海防艦」とにだ。近年「丙型海防艦」の模型が発表されたのはじつに衝撃的だった。『良き時代になったものだねえ』と本誌編集者とシミジミ語ったものだが、ここではそれよりももっと『末期』側の「丁型海防艦」、通称「二號型」を特集する（以下「二號型」と称する)。十干の順番では丁は丙の後だが「丁型海防艦」第一號艦のネームシップたる、「海防艦二號」は「丙型海防艦」ネームシップの「海防艦一號」よりあとに起工されたにも関わらず1日先に竣工した。これは「二號型」が見せた意地もあっただろうが一層に量産性を追求した「二號型」の特性を物語る好例だ。これら数字で呼称された「海防艦」たちの主任務は前述した漁船の護衛でも、引退したフネの再就職先など、平和の香りがするものでは一切ない。輸送艦や貨物・油槽船らを手当たり次第、否応なしに次々と引導を渡し、少しは休んでくれよと思うほどに通商破壊に耽る敵潜水艦や敵航空機らから身を挺して守り抜く、竣工したら沈むまでコキ使われる貧乏暇なしの切ないフネたちだ。時間と金と物資と人手があればカイグンという組織は「乙型駆逐艦」のような豪華なフネを造っていただろう。アレを3桁造るような国力があれば我が国は負けてはいないし、それらがドレもコレも欠乏の中、切り詰めるだけ切り詰め、強化すべきところは強化した（↗）

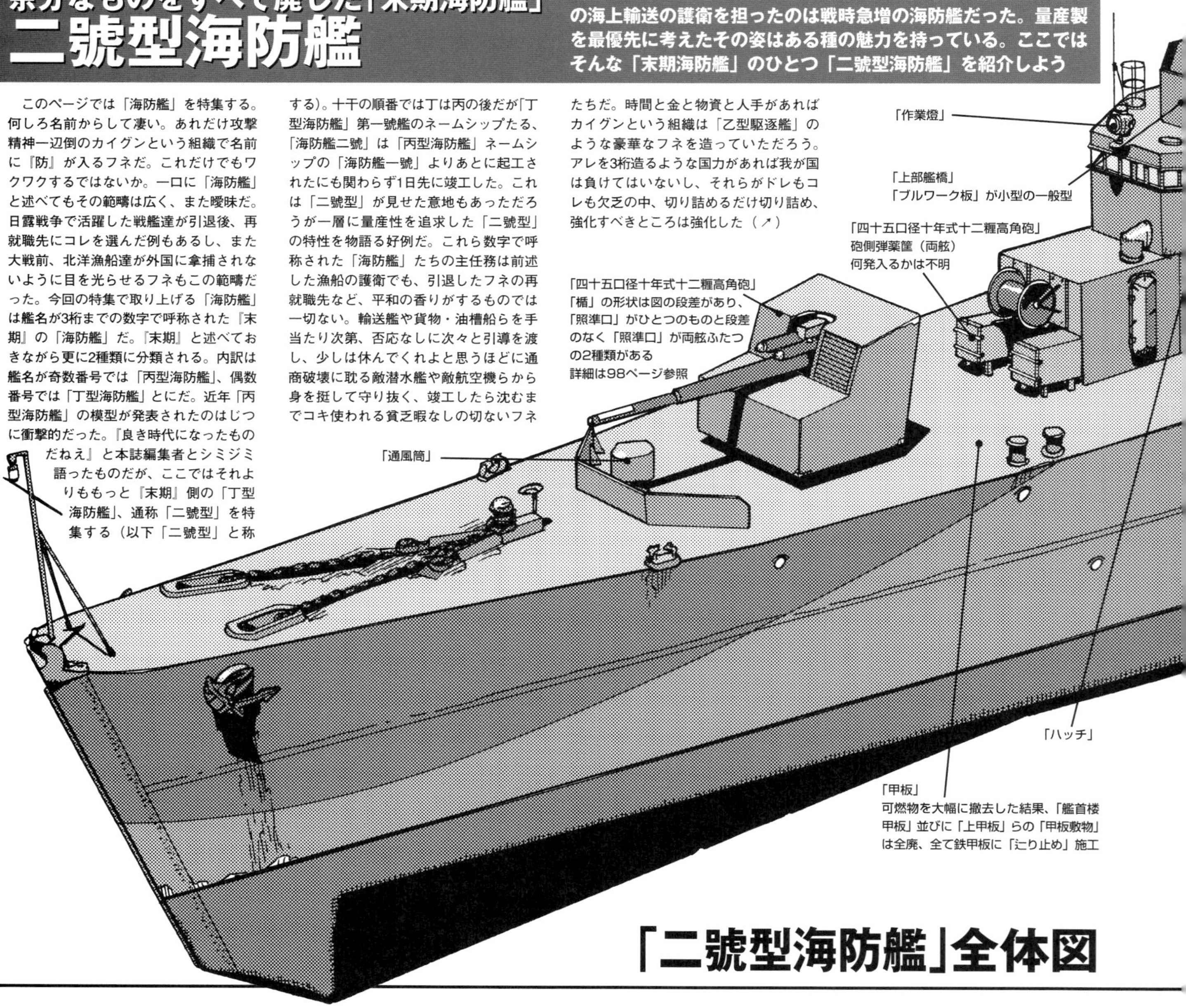

「二號型海防艦」全体図

（↙）真の意味の「海防艦」が「二號型」に代表される『末期海防艦』たちだ。これらを見ていると……船体随所から『助けてくれ！』という切羽詰まった声が聞こえてくるように筆者には思えてならない。筆者は決してサディストではないが、この手の『声』が聞こえてくるフネや兵器たちは大好きだ。飾り気も、『強度を高めるため』という御題目で患い必要以上に病的なまでに取入れられた曲線も何もない、直線と真円で構成されたサナガラ洗いざらしのＴシャツのような、こざっぱりとした風体の船体に単純な構造物。余分なものを全て取り払い残ったヒトカケラを手にした時、それには「二號型」と記載されたようにさえ思え、とても染み入る愛する形状をしている。筆者のゴタクはこれくらいにする。ここではただ「二號型」を筆者が見たまま感じたままを述べていこう。

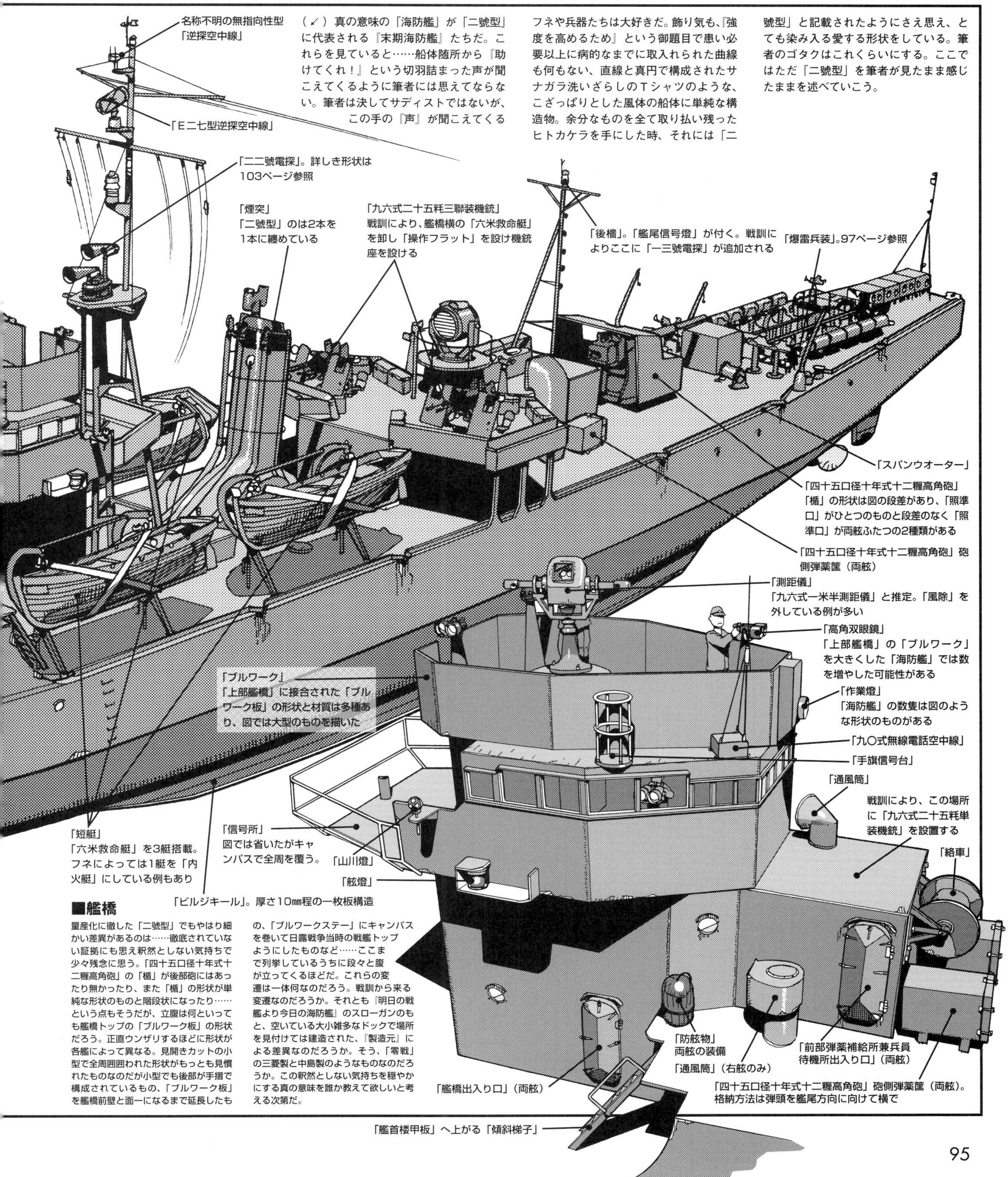

■艦橋

量産化に徹した「二號型」でもやはり細かい差異があるのは……徹底されていない証拠にも思え釈然としない気持ちで少々残念に思う。「四十五口径十年式十二糎高角砲」の「楯」が後部砲にはあったり無かったり、また「楯」の形状が単純な形状のものと階段状になったり……という点もそうだが、立腹は何といっても艦橋トップの「ブルワーク板」の形状だろう。正直ウンザリするほどに形状が各艦によって異なる。見開きカットの小型で全周囲囲われた形状がもっとも見慣れたものなのだが小型でも後部が手摺で構成されているもの、「ブルワーク板」を艦橋前壁と面一になるまで延長したもの、「ブルワークステー」にキャンパスを巻いて日露戦争当時の戦艦トップようにしたものなど……ここまで列挙しているうちに段々と腹が立ってくるほどだ。これらの変遷は一体何なのだろう。戦訓から来る変遷なのだろうか。それとも『明日の戦艦より今日の海防艦』のスローガンのもと、空いている大小雑多なドックで場所を見付けては建造された、『製造元』による差異なのだろうか。そう、「零戦」の三菱製と中島製のようなものなのだろうか。この釈然としない気持ちを穏やかにする真の意味を誰か教えて欲しいと考える次第だ。

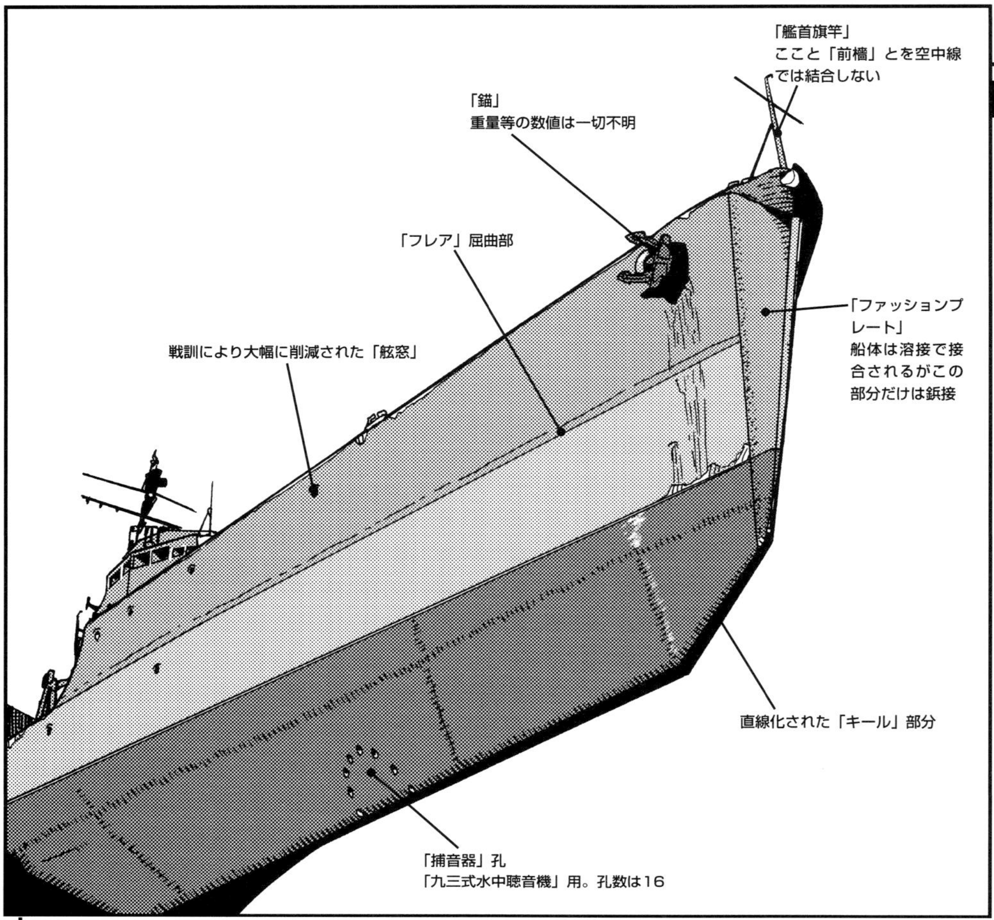

■艦首

「改丁型駆逐艦」や「一等輸送艦」のころから「船首楼」部分の「フレア」処理はそれまでの艦艇たちで見慣れた、なだらかな曲線で外側に広がるものではなく、がっくりと一点で屈曲する単純な形状になっている。しかしそれは決して野暮ったいものではなく、見事に纏まって見えるのは設計者の手腕だと考える次第だ。また戦訓により「舷窓」の数を大幅に減らしたのも特徴だ。日中でも日の光が入り込まない艦内は水上艦艇なのに潜水艦を味わうほかないが、衝撃で硝子が飛び散ったり、ここからの浸水を防止するため、戦没から免れるためだ。仕方がない。艦首先端部分の「ファッションプレート」接合方法だが、「一等輸送艦」はここを大胆にも平面とし、3角形の鋼鈑としたものも存在したがそれ以降のフネではこの手段は採用されず、見慣れたU字に湾曲した1本の鋼鈑のものとする手段に戻っているのは……中々おもしろい点ではある。「二等輸送艦」では前面「門扉」が波に持っていかれた悲しい事例を眼にしたことがあるが、彼処まで大型ならそれは理解出来るがやはり全面に小さくとも平面部分があると波の直撃を受け具合が悪いのだろうか。艦底部分では見慣れた曲線「キール」部分を廃し削ぎ取ったような直線構造とした。加えて今でいう「ソーナー」(ソナーではなくソーナー）装備だが艦首高角砲真下あたりに位置する聴音機の存在は述べておきたい。搭載「水中聴音機」はすでに旬を過ぎた「九三式水中聴音機」だ。従って「捕音器」数は16となる。問題は「水中探信儀」だ。独軍のものを参考した「三式水中探信儀　二型」搭載までは判明したが問題はその「送受波器」設置場所だ。これの「送受波器」は固定式。……何処だ、固定している場所は。

■艦尾

「二號型」の特徴として単推進器採用が挙げられる。それまでの「海防艦」達は両軸推進だったが同時期に計画された「丙型海防艦」たる「一號型」は馬力こそ不満があったが理想のヂーゼル機関の採用が叶ったが「二號型」はこれらヂーゼル機関の不足を見越して貨物船用のタービン機関採用に甘んじた結果だ。推進器回転方向は資料がなく恐縮だが一般的な前進面より見て反時計回りと推定だ。潜没潜水艦を探す場合、頻繁に機関の発停を繰り返すので「海防艦」にタービンを採用するのは賢い選択ではない。しかし「海防艦」渇望という待ったなしの状態ではこの機関選定もやむを得ない……といったトコロだ。このあたりは語るも涙の選択だ。「二號型」に採用された「舵」は1枚。奥行のないものになっている。「船尾板」処理はまるで何か部品を付け忘れたような見事なまでに平面だ。ここまで思いっきりな処理は心が洗われるようではないか。敗戦後、各国に戦時賠償艦として生き残った「海防艦」たちを明け渡すその折り、この「船尾板」に鮮やかで大きく白色塗粧で艦名数字が記入されている姿は……くたびれた船体塗粧との対比が際立ち切なく思う。舷側の「舷窓」は艦首部分同様、見事なまでにない。わずかに3つだけだ。ここに第3〜5までの「兵員室」がある為だ。余談ながら各種資料を参考にこの図を描いていて思ったのだが、「艦尾旗竿」が「爆雷投下軌条」のド真ん中にあるのだ。勘違いの類いなのか、それとも爆雷投下時は外すのだろうか。謎だ。

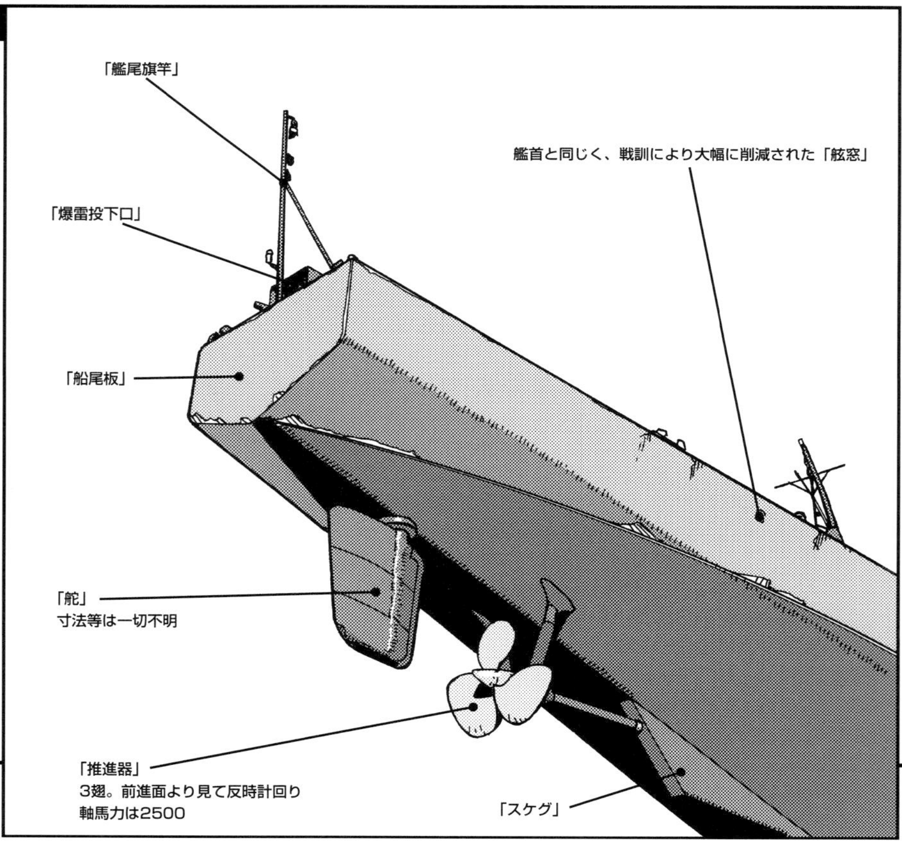

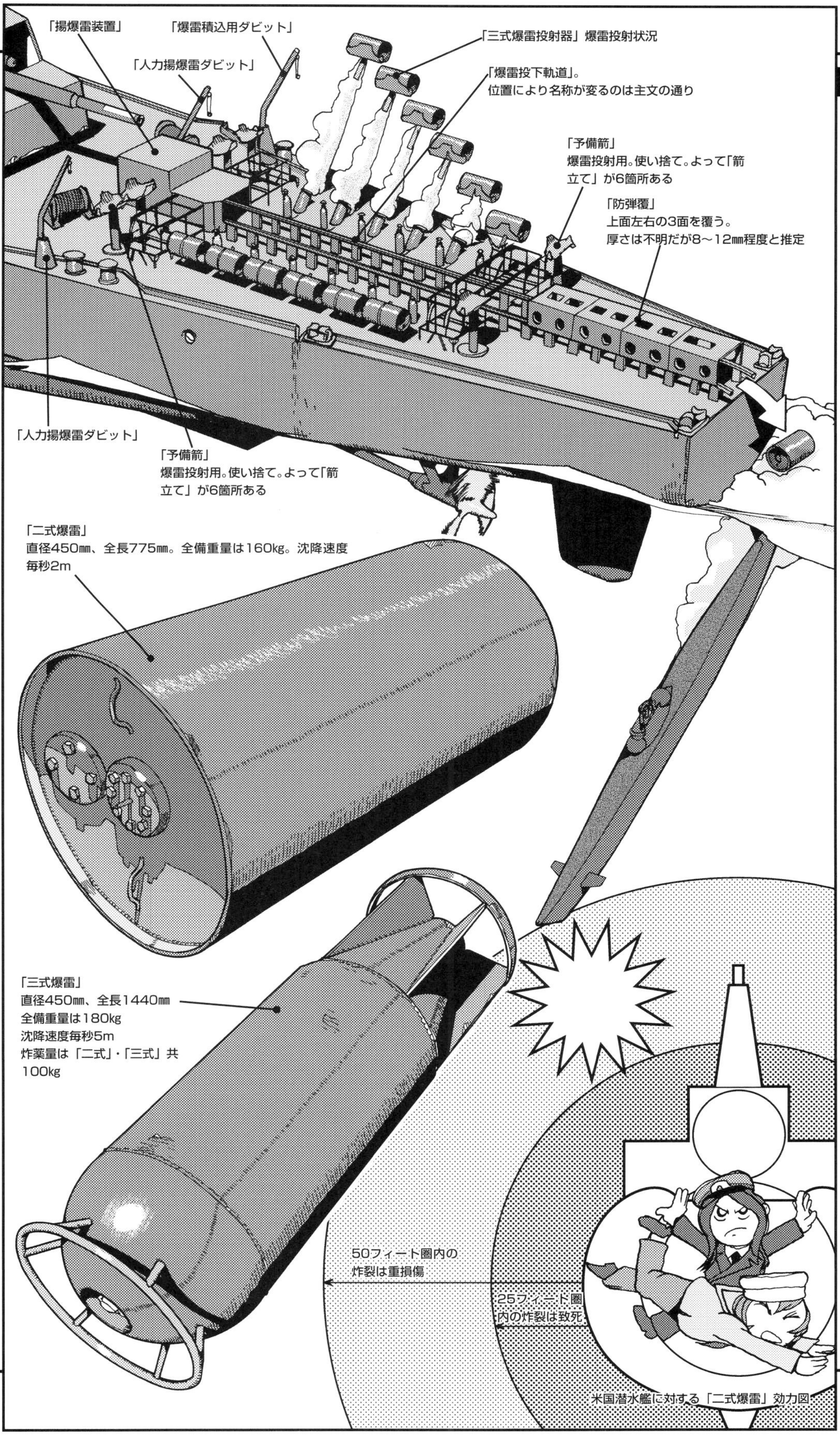

■兵装

「二號型」に限らず末期の「海防艦」達の兵装上の特徴として爆雷兵装は述べたい。爆雷を敵潜水艦目掛け投下する手段はふたつある。ひとつは「爆雷投下軌道」を使用し艦尾から爆雷が転がり出る映画等で見慣れたヤツ、残りは「投射器」を用いる方法だがこれらは特に新しいものではないが、問題はその数だ。何しろ「三式爆雷投射器」（「二號型」搭載のものは「三型」と称する型）が両舷合計12基もある。まさに『敷き詰めた』という表現に相応しい爆雷兵装だ。フネの復原性を考え、投射器を中程まで甲板に埋め込んだ形で搭載しているのは……何とも微笑ましい対処だと筆者は考える。投射距離は100mほど。中央にある「軌道」だがこれは「三式爆雷投射器」群までは「爆雷運搬軌道」として使われそのまま「爆雷投下軌道」に変る無駄のない合理的配置となっている。ただ考えているなと思うのは「爆雷設置軌道」が「爆雷投下軌道」に直結されたこともしかりだが並べられた爆雷が機銃掃射などで誘爆しないように「防弾覆」があることだ。軌道上に爆雷があるかないかを確認するためや爆雷の炸裂深度調節が可能なように側面に小穴が設けられている。一説には「爆雷運搬軌道」は各「三式爆雷投射器」横まで枝分かれする「爆雷設置軌道」がある構造だとしているが筆者の手持ち資料ではこれを確認ができなかったことを述べておく。「二號型」は排水量740トンの小型艦だが搭載爆雷数は駆逐艦の2倍以上の120発。多くは艦内に備蓄するがこれらの在庫を使う場合は「揚爆雷装置」を使う。電動機により毎分6発も揚雷できる高性能なものだが、故障が多くもっぱら手動での動作……とは涙が出そうだ。使用する爆雷は二種類。単なる円筒形の「二式爆雷」と爆弾形の「三式爆雷」だ。「二式爆雷」は量産性に優れ、「三式爆雷」は沈降速度が速いという特徴がある。突然だが米軍というグンタイは恐ろしいと思う。なぜなら自軍潜水艦がどの程度の爆雷攻撃でダメになるかという知識を持っていた、という点だ。これは凄い。一応図で示したが、それは御丁寧に「二式爆雷」の破壊力で示してある。全くアタマが下るではないか。

■「四十五口径十年式十二糎高角砲」と「波除楯」の形状

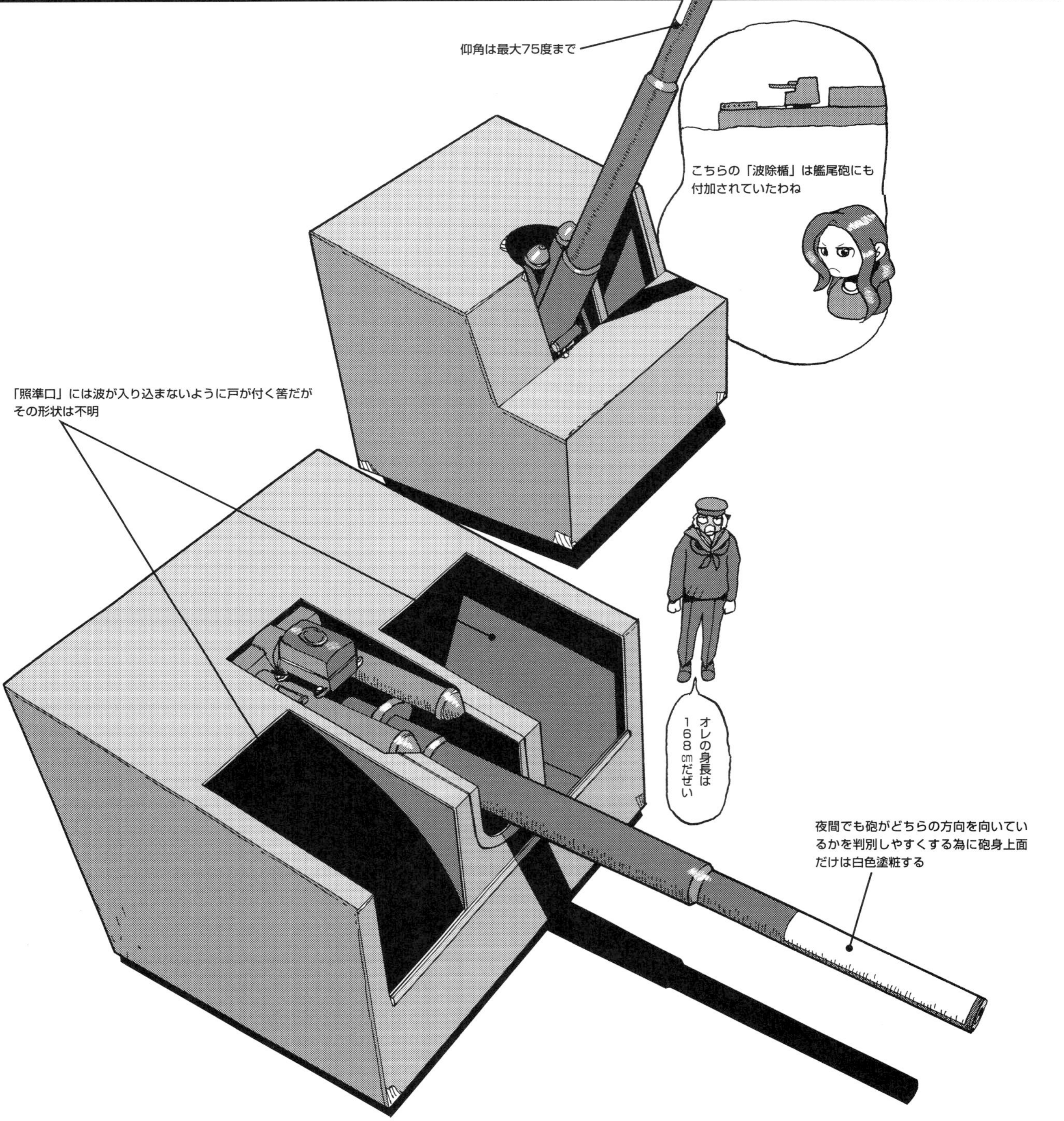

初めに断っておくが「海防艦」に限らずほとんどの艦艇達に採用された「楯」は厚さが数㎜程度の防弾効果が期待できないものばかりだ。『真の意味』での楯とは戦艦の「砲塔」と呼ばれるものだけだ。しかしながら戦場では些細なことで生死を分ける。数㎜厚でも爆砕破片は防げるので「楯」には変りないのではあるが。では「二號型」に話を戻すことにする。

「波除楯」の形状は図とおり主として2種類存在するようだ。手前のものは初期型と推定される。まったく驚くほどに見事な箱だ。砲身を挟むようなカタチで「照準口」がふたつ配置されているがこの開口部は絶句するほどに大きい。これは視界を確保するには良いだろうが肝心の、本来の目的である『波除』としての機能が大いに損なわれるのではないか……と心配になるほどだ。図の奥にある階段状に段差が付いたものは後期型と推定される。初期型のものは平面部分が多く、衝撃に弱いと判断された結果だろうか。また「照準口」もふたつからひとつに減らした。……形状からすると後期型の方が初期型に思えるほどだ。あまりに簡素な形状故に不都合が発生して後期型の段差があるものになったというナガレだろう。

チナミにこの開口部の「照準口」だが、荒天時などは「照準口覆」と称する扉で塞ぐのだが残された資料では「照準口覆」で全閉状態を示すものがなくその形状と手段は不明だ。さらに余談ながら初期型の箱形でありながら「照準口」が左舷のみひとつという折衷案的な「波除楯」も存在することを記しておく。

■「二號型海防艦」烹炊所付近詳細図

後期の「二號型」の特徴として煙突直後の「機銃操作フラット」がある区域、「烹炊所」構造物上に文字通り『取って付けたような』という表現がそのまま当てはまるカタチで「電探室」が追加された。ここは「艦橋」直後の「三脚檣」上にある「二二號電探」らをここで集中管理するというものではなく、図のとおり追加された「一三號電探」用の運用室だ。この「電探室」追加により従来から設置されていた「七十五糎探照燈」は「電探室」前壁に追加された「操作フラット」上に移動した。この処置は「電探室」があると真後ろを照らすことができないからだ。この図を見てつくづく思うのだが、これは我が国の艦艇すべてに共通している点でもあるのだが『電探屋』の扱いは酷くゾンザイに思える。こんな掘っ立て小屋のような部屋というよりもロクに窓もない薄暗い小箱に操作要員と指揮官、加えて軽便電探と称される「一三號電探」とは申せ、大きな容積の機材を詰め込むのだ。閉所愛好家の筆者ならともかく、一般の感覚ならここは息が詰まる環境だ。唯一といっては何だが「電探室」直前に「烹炊所煙突」がある。「主計科」要員の次に献立が何なのかが解るだろう。「電探室」の話題だけでは恐縮なので「機銃操作フラット」についても述べたい。ここの側面についた受口だが、図でも説明したが「打殻薬莢入」だ。「九六式二十五粍三聯装機銃」から排出される膨大な量の「打殻薬莢」をここに一時的に集める。「九六式二十五粍機銃」の薬莢は栄養ドリンクの瓶程もあるものだ。こんなのが「操作フラット」上到るところに転がっていたのでは大変に危険だ。軍艦「大和」などのここは床に孔があり、そこから構わず洋上投棄したらしいが「二號型」でそれをやると下は上甲板で危険を上甲板に擦りつけただけだ。加えて巧く任務を完遂し母港に帰投したらこれら「打殻薬莢」は再装填用に工廠に返納するのだろう。……損耗率の激しい「海防艦」には切ない装備ともいえるのではないだろうか。

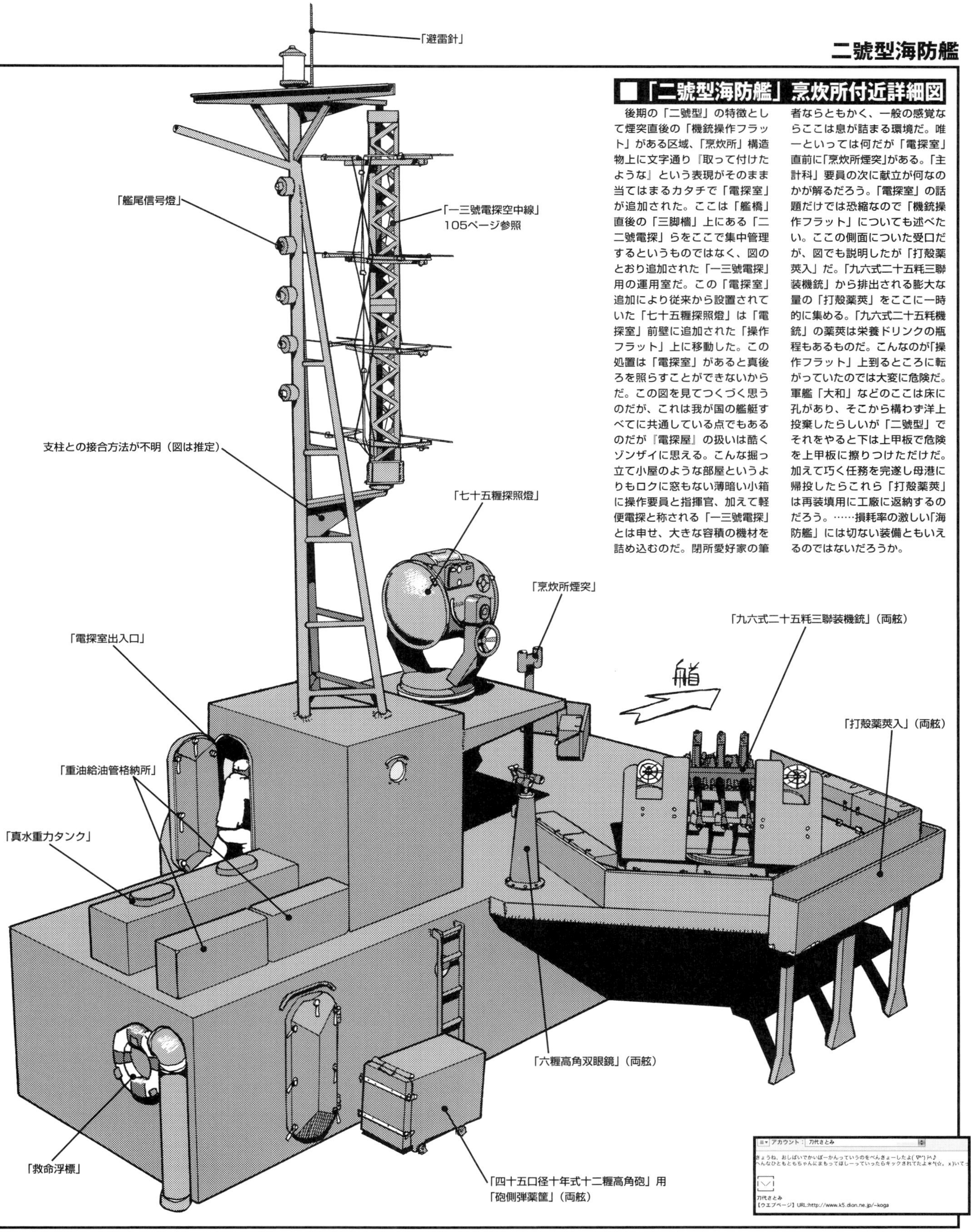

日本にもこんなにあった水上艦用レーダー
水上艦艇用電波探信儀

太平洋戦争における日本海軍の敗因のひとつとしてあげられるのがレーダーの開発の遅れだ。しかし海軍とてその重要性に気がつかなかったわけではない。ここでは日本海軍が手掛けたさまざまな試行錯誤の成果のいくつかを眺めてみよう

ここでは旧日本海軍が手掛けた「水上艦艇用電波探信儀」の「空中線」部分のみを紹介しようと思う。通常、「空中線」と述べると1本の針金を想像してしまう。今回特集するシロモノは全周回転したり格納されたりするのだ。本来ならこの部分は「空中線装置」と呼称する。だがこれだと長くなるので敢えて「空中線」と称することにすることを初めに断っておく。さらにこの「空中線装置」の他に「表示器」や「送信機」らにまで踏み込むとそれは非常に奥深く、それこそ本一冊分の記載事項があるので今回は割愛する。

筆者の独白から切り出すのは恐縮だが筆者が心底愛せる艦艇かそうでないかの分水嶺はいくつか存在するのだが、その嶺のヒトツに「電波探信儀」（以下「電探」と称する）並びに「電波探知機」通称「逆探」が搭載してあるか／いないかというのがある。これは大きい。だからどんなボロフネでもこれらが搭載された『有電探艦艇』なら愛せるし、これらが無搭載艦艇だと興味はかなり薄れる。

よって新造時の無電探「大和」などは好みではないのだ。総排水量の何割かを占め、全体像を決める砲塔などの砲熕兵器や艦橋構造物に比べたらこれら「電探」の空中線はとても小さく華奢だ。今回取り上げた中でいちばん大きな「一號三型電探」の「空中線」ですらウオーターラインシリーズの縮小にしたら4㎜ほどの大きさにしかならない小さなものだが、実戦ではこれがあるかないか、あっても精度が高いか（↗）

「二一號電探空中線装置」／P102

使用周波数……200メガヘルツ
（戦中なので200メガサイクルというべきか）
送信出力……100キロワット
使用目的……対空見張用

「二二號電探空中線装置」／P103

使用周波数……3ギガヘルツ
（戦中なので3ギガサイクルというべきか）
送信出力……100キロワット
使用目的……水上見張兼水上射撃用

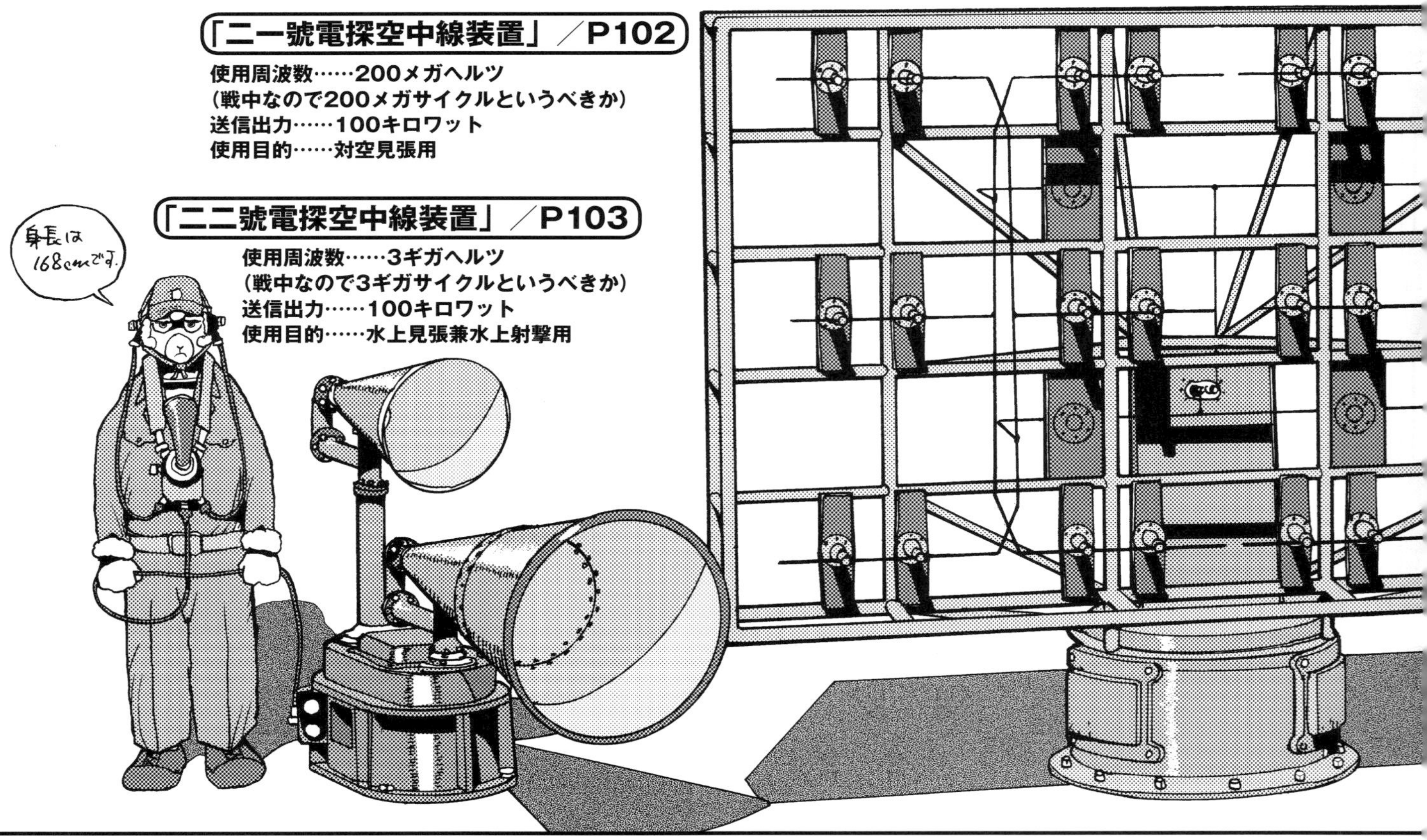

（↗）低いか、精度が高くとも信頼性が高いか低いかで勝敗が決まる極めて重要なモノであることに変わりはない。以下に述べることはどうでもイイことの筆頭かもしれないが概略として述べたい。我が海軍製作した「電探」たちの正式名称基本形は「◯號×型電波探信儀」。これだと長いので略称され「◯×號電探」と2桁の数字略称となる。。何となく数字の1桁目と2桁目で判別させる点などは「零戦」などの派生型略称のようだ。従って発音も2桁数字を音読するのではなく、海軍機同様1桁づつ区切って発音する。ココまでは周知の事実だが「◯號」部分には現時点で判明している資料によると一から五までの数字が充てられる。「一號」は地上基地設置用、「二號」は艦艇搭載用、「三號」は艦艇搭載射撃用……となっている（四號と五號は割愛）が、目的は大きく別けてふたつ存在する。敵が接近中かどうかを探索する目的の『見張用』と発見後、照準するために使う『射撃用』とだ。我が海軍が製作した電探のほとんどが前者。これは『射撃用』は『見張り用』に比べて高い測定精度が必要、よってより開発がむずかしいからだ。もっといえば『見張用』も『射撃用』もおのおの『対艦用』と『対空用』とに別れる……と、まあ概略背景はこれくらいにしておきたい。それでは各「電探空中線」の細部を述べていきたい。

水上艦艇用電波探信儀

「二三號電探空中線装置」／P104

使用周波数……517.24メガヘルツ
送信出力……5キロワット
使用目的……水上艦艇射撃用

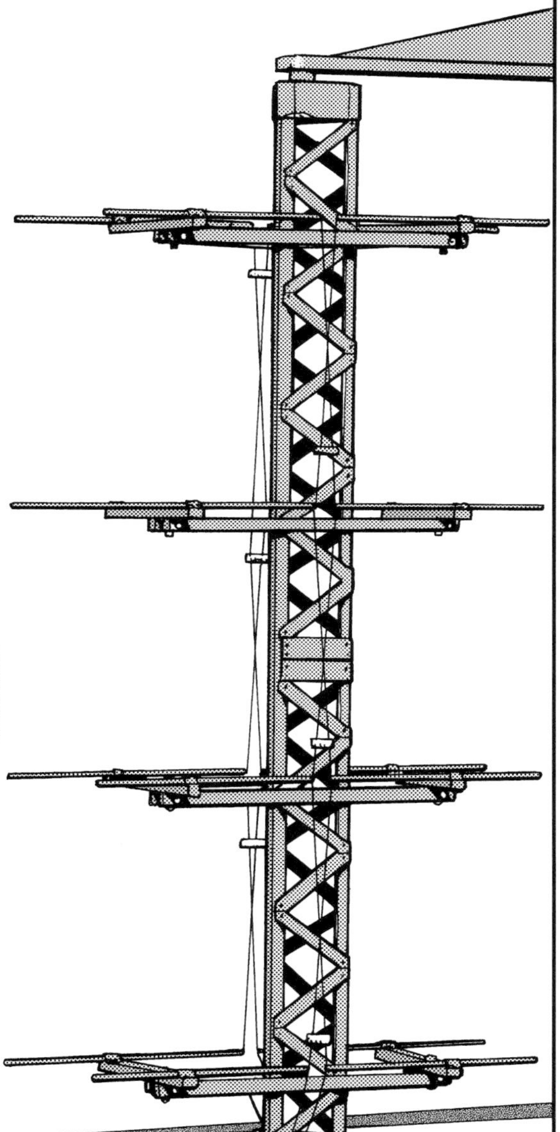

「一三號電探空中線装置」／P105

使用周波数……150メガヘルツ
送信出力……10キロワット
使用目的……対空見張用

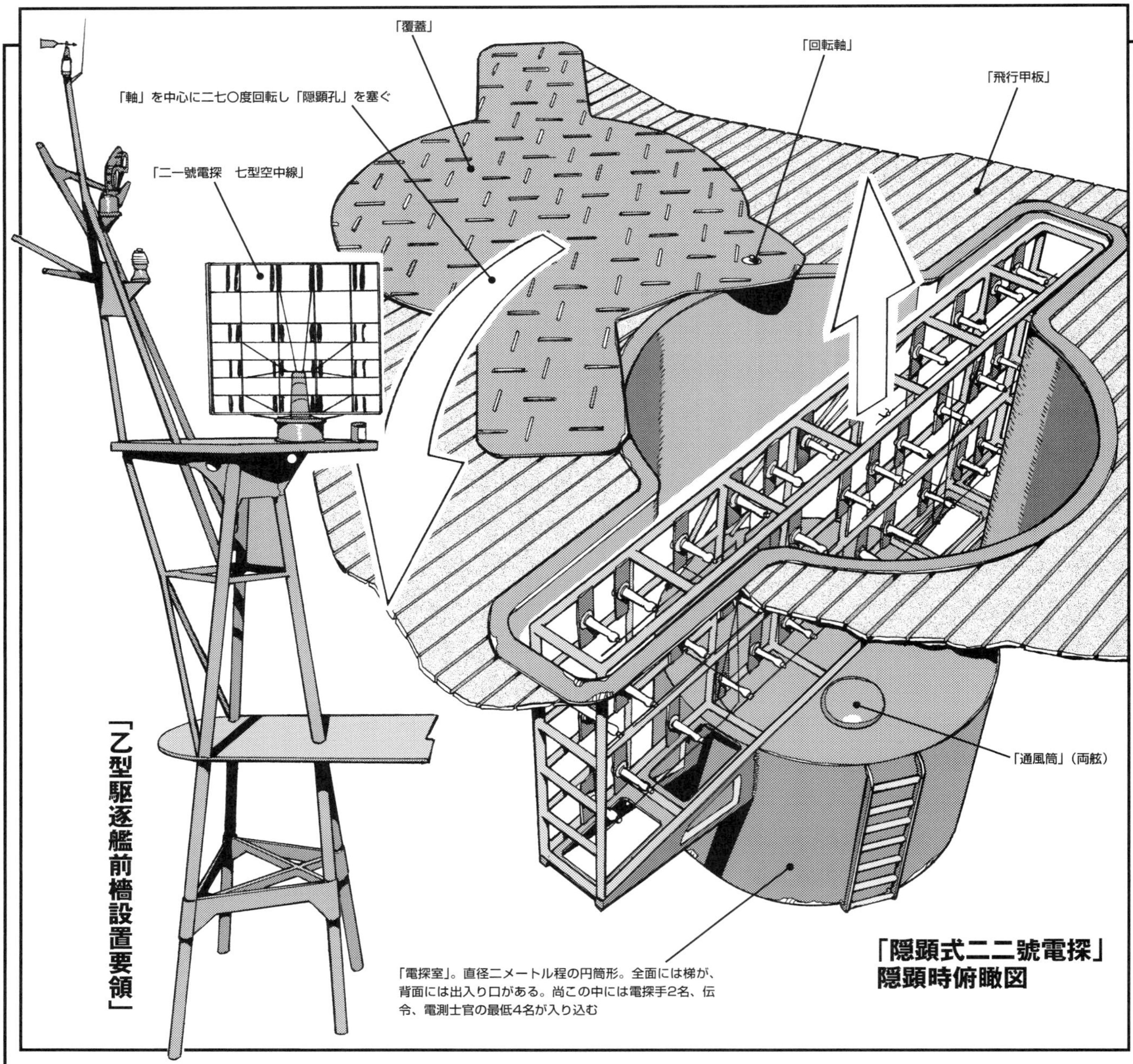

■「二號一型電波探信儀」空中線

艦艇搭載用の「二號電探」系では後述する「二號二型電波探信儀」と同時期に登場した我が国ではもっとも古い「空中線装置」だ。そんな黎明期の工業製品ゆえ、幅や高さ、また素子の数を増やしたり減らしたり……など非常に多くの派生型がある型でもある。これはハタから見る分には非常に楽しい「電探」ではあるのだそれはその数だけ苦労があった証拠でもある。この「二號一型電波探信儀」(以下「二一號電探」とする）は使用する周波数が低い部類に属した恩恵で常に七転八倒が絶えなかった我が国「電探」開発の中では比較的御しやすい部類に属し、この御陰で非常にサマザマな艦艇達に搭載された。ただ見ての通り「空中線素子」を守る枠の幅が3mを超える非常に大きな形状に加え、四方を見張るためこのデカいシロモノを頻繁に回転させる必要がある。これらの条件を満たす場所は大型艦艇のトップ部分くらいしか存在せず、補助艦艇らには縁のない「電探」だったのも事実だ。特例としては「乙型駆逐艦」の一部だけに搭載が許されただけだ。

この「二一號電探」搭載でいちばん特殊な例は航空母艦の飛行甲板上設置の「隠顕式」だろう。見慣れた「島型空母」や我が国空母の特徴として述べられる「平甲板型」という飛行甲板より高いものはマストだけ……と安い姿だがまったく愛すべき型にも広く採用された。「島型」空母のように立派な艦橋が存在すればココに「二一號電探」を設置すれば丸く収まるのだが問題はこれらが存在しない「平甲板型空母」などは防空指揮所付近に居候をさせる例もあったが前述のとおり大きく、しかも動くので歓迎されなかった。そこで「隠顕式」だ。「電探」使用時は飛行甲板上に引き出され、航空機発着時は飛行甲板下に格納される。じつは「二一號電探」のためにワザワザ用意されたものではなくもともとは大型「探照灯」の御住いだったがこれを取り払い「二一號電探」を設置した。しかしながら幅3m超、高さは空中線だけでも2m超、さらに「電探」操作要員が入る円筒形の「電探室」までを含めた巨大な物体が完全に飛行甲板下に格納、隠顕されるのは中々にして凝った手段とも云える。格納時は危険なので回転式の蓋で塞がれる。まさしく秘密基地だ。この蓋の形状だが飛行甲板脇に「空中線枠」が平行して設置される場合は飛行甲板を使う航空機の主脚が入り込まないようにすべての部分を覆う形状だが甲板中央、飛行甲板に直角で設置される場合の「蓋」は「空中線」部分の覆がない円形だ。この部分を通過するのは尾輪だけ、少しでも軽くしたい……という現れだと推定するが……気持ちのよい手段ではないと筆者は考える。余談ながら海外の比較的周波数の低い「電探空中線枠」は大体において「二一號電探」のような形状になる。海外ではこれらを「マットレス」と比喩していたようだが以前筆者が耳にした「二一號電探」のそれは「餅焼網」。美味い、モトイ巧いと感じた次第だ。

■「二號二型電波探信儀」空中線

戦中の我が国艦艇を初めて見る方はこの「二號二型電波探信儀」(以下「二二號電探」とする)の「空中線」を見たとき『随分と高い位置に拡声器があるなー』と思うに違いない。じつに奇っ怪なデザインをしているがこれもれっきとした「電探」の「空中線装置」だ。これの理由だがやや専門的な話になるが周波数が高くなると伝導物体の表面のみで伝わる「表皮効果」という現象が起き電線を使うよりも管を使う方が効率がよいという理屈がある。「二二號電探」の「空中線」がまさしくそれで電波を伝う部分は「導波管」を用い、その先端を相手に向けたのでこのような形状になった。あながち拡声器に見えるというのは間違いではない。この部分の資料を見ると「メガホンアンテナ」と記述しているものもあるくらいだ。筆者はこの部分の名称を「電磁喇叭」と称することを断っておく。「電磁喇叭」がふたつあるのは電波を発信する「投射器用空中線」(投射器用喇叭というべきか)とその反射波を受信する「受信器用空中線」用があるためだ。なので厳密には「電磁喇叭」というのは発信側だけで受信側は「電磁漏斗」というべきか。このふたつに分けるという手法、今の感覚で見ると酷く効率の悪いことをやっているように思えるがそれは電気的に切り替えるという技法が確立していない証でもある。「二一號電探」は「空中線」とその「素子」を保護する枠の都合で大型水上艦艇のみに搭載が許されたことは前項で述べたが本図の「二二號電探」はオープニング部分の同尺図のとおり「空中線」は小さく駆潜艇などの小型艦艇にも搭載された。本書ではテーマ外になるが水中艦艇の潜水艦にも搭載された。この潜水艦用「二二號電探空中線」はこのころになってやっとひとつの「電磁喇叭」で発信・受信ができるようになり中々個性的な派生型があるのだがそれは前述のとおり割愛する。しかし、「導波管」の切断面を相手に向けるという方法は……なんともぶっきらぼうだ。後述する「二三號電探」に用いられた「放物面反射器」という凹面鏡形状をした「反射器」を用いたらもっと探知距離と精度が高まったかも……と考えるのは後知恵でしかないのだが……なんとも残念に思う。前述の「二一號電探」に比べ遥かに高い周波数を使った「二二號電探」(実用「電探」では一番高い周波数)は「二一號電探」とは比較にならないほどに精度が高かった。ならばこれを『見張用電探』として使うのは勿体ないということで『射撃用』に改造されることになった。これが何時ごろから着手され、またどの段階から加えられた改良なのかを示す資料が筆者の手許になくまったく申し訳ない限りだが、電気的な改良は外見から伺い知ることは叶わないがふたつある「電磁喇叭」の受信側が著しく延長されている型があるのだが、もしかしたらこれが射撃用にも使えるとした「二二號電探空中線」なのかもしれない。なお台座ごと回転するのではなく「電磁喇叭」のみが回転する。余談としてこれらの旋回動力は電動機を用いていたそうだが当然手動でも旋回可能で、また手動のみの型式もあったようだ。これの旋回はとても重い、というのを耳にしたことがある。使う側の愛称は「マグロ」。どの部分を指しているのか不明だがなんとなくこの重い空中線の揶揄に思える。四六時中旋回をさせないと見張りとして意味をなさない。見張り能力は旋回要員の腕力による……とはなんとも日本チックではないかと筆者は思うが皆さんはどう思われるだろうか。

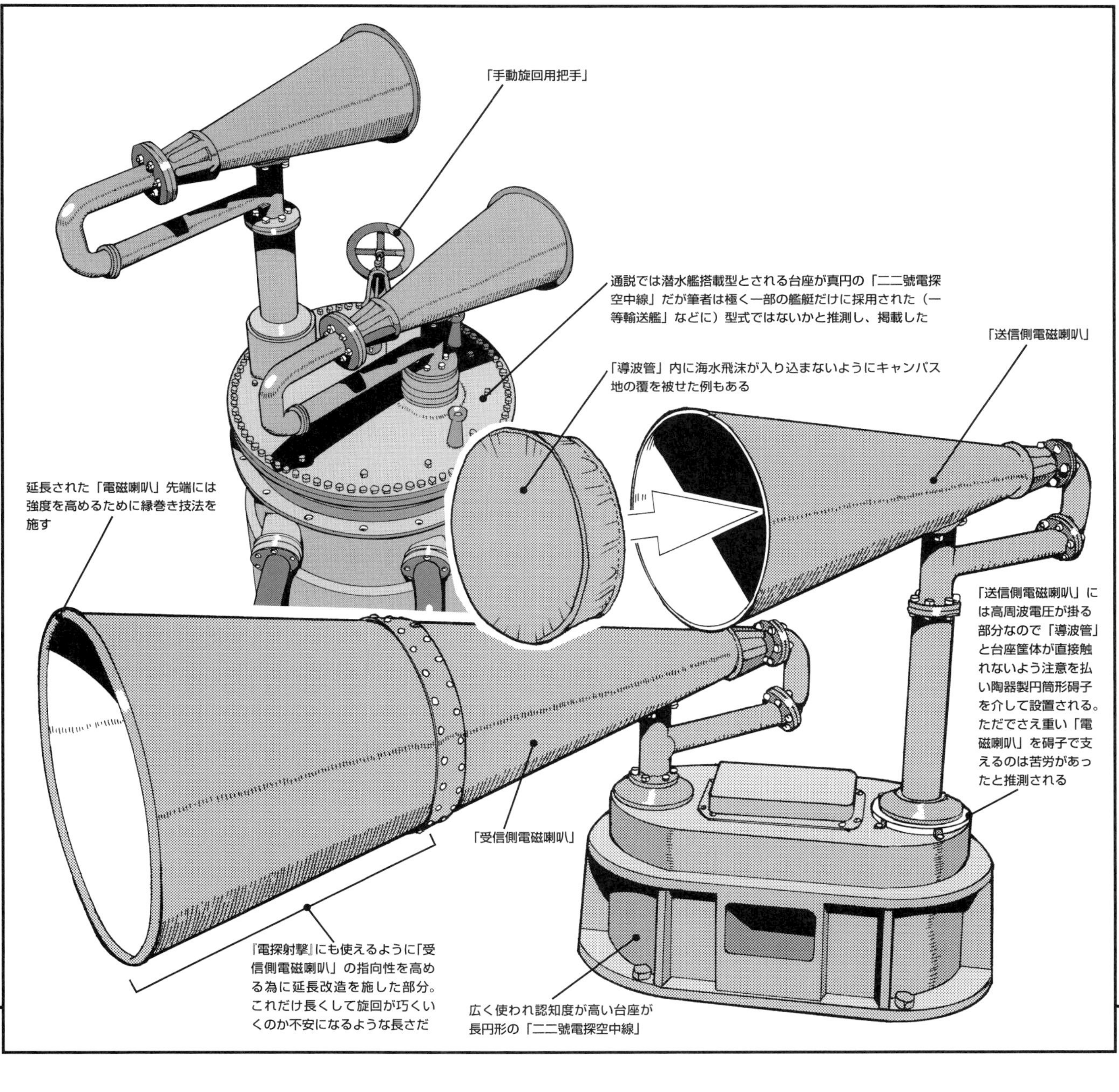

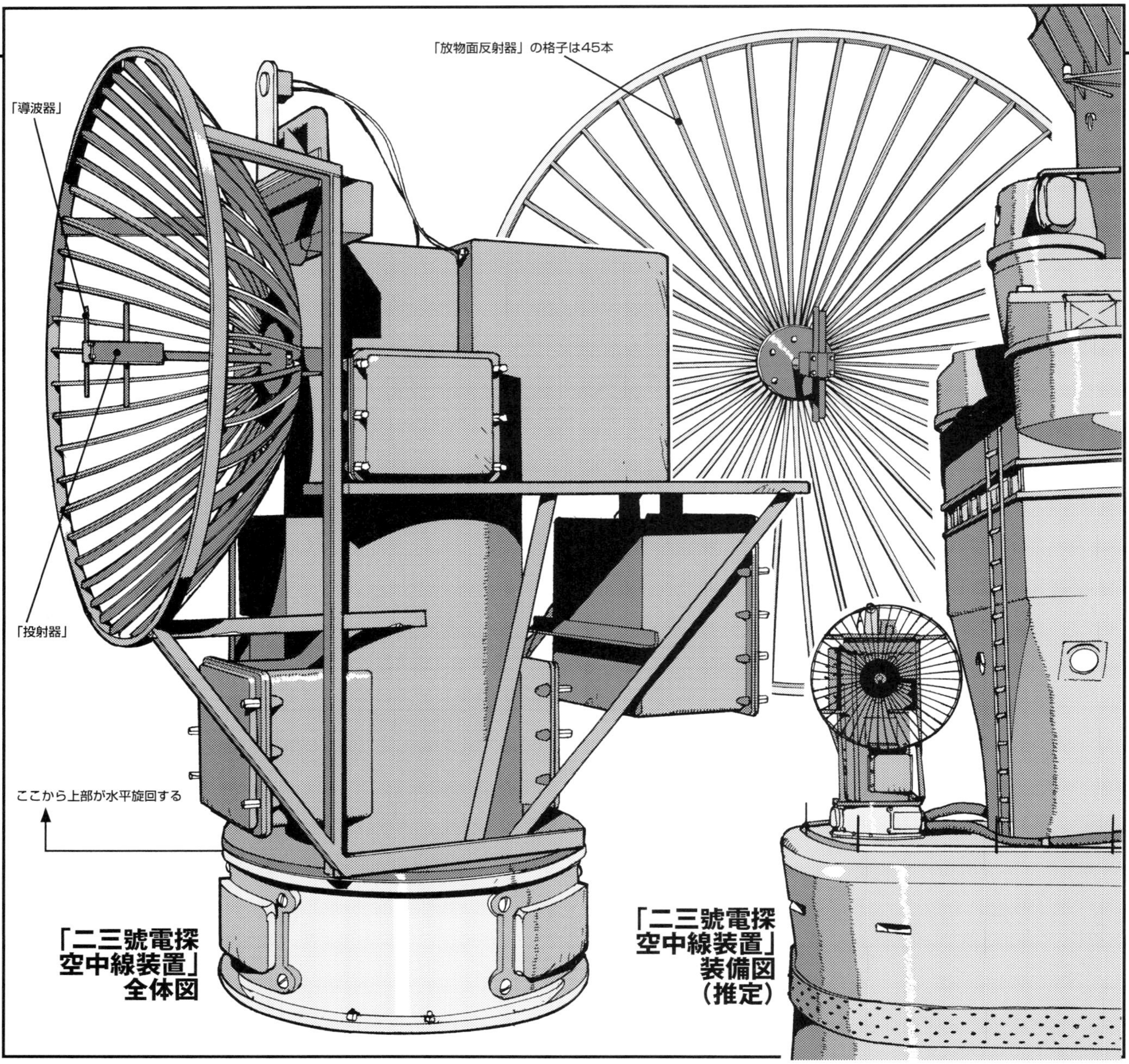

■「二號三型電波探信儀」空中線

今回の特集でもっとも作画に七転八倒したのがコレ「二號三型電波探信儀」（以下「二三號電探」とする）の「空中線」だ。何しろ際立って資料がない。『アナタノ知ラナイ兵器』ではなく『ワタシモ知ラナイ兵器』のヒトツだ。

何しろ判明しているのは名称と使用目的くらいで大きさなどの作画に重要な寸法はまったく不明だ。それもそのハズ、ほかの「電探」達は一定数を量産され文句は出つつも実際に使われたのだが「二三號電探」だけは造られたが現時点では搭載の記録がないシロモノだ。前項で「二二號電探」を射撃照準用にも使えるように改造を施した例があった……と述べたが正真正銘、「二三號電探」こそ『艦艇搭載型対艦射撃用電探』だ。今ではすっかり衛星放送受信用で家の軒先に御馴染みになった「放物面反射器」を用いた形状の「二三號電探」は非常に印象がある。「二三號電探」の寸法はまったく不明だと前述したが以前、何かでこの「放物面反射器」の直径が2mだと耳にしたことがあり、それに沿って作画をしたことをここに断っておく。この駄文が出ることによって詳しき数値が世に出る呼び水になってくれたら……と切に願うばかりだが、その時にこの「放物面反射器」直径が20㎝だったりした場合は……大笑いでしかないのだが。今や1家に1台になりつつある衛星放送受信用の「放物面反射器」付き「空中線」と見比べて気付く点として「放物面反射器」自体の構成だ。金属板ではなく湾曲した金属棒を多数放射線状に溶接接合した非常に造るのもまた描くのも大変な構造になっている。これは筆者の推測だがこれを見慣れた金属板で擂鉢構造にした場合、「九四式四〇糎砲」に代表されるの大口径砲を発砲した場合、爆風がマトモにこの「放物面反射器」にブッ掛り、結果それで破壊されるのを防止するため……ではないのだろうか。同じく高波を喰らった場合もそれから高速航行中の艦艇上でこれを旋回させると通常の金属板を用いた場合では風圧等々で色々と不都合があるからこのような形状になったのではないのだろうか。外観は描いた筆者が云うのはナンだがさまになった形状をして中々カッコよいではないか。ただ本体にいくつもいくつも「接続筐体」が設置されているのは……なんとも実戦向きではないように思え、実験室でやっと産声を上げたばかりのケガレを知らない無垢な電探ちゃんであるように筆者は思えてならない。当然これも敵の居る方向に「空中線」を向けなければならないのだが、見てのとおり現代のような「空中線」のみを旋回させるというようなナウい方法ではなく本体下部にあるターンテーブル部分から上すべてが旋回する構造になっている。当然ごてごてと設置された「接続筐体」ごと旋回する。これの理由は筆者の推測で恐縮だが電波を造り出す発信機部分をこの「二三號電探空中線」部分に組み込んでいるからではないか、と。使用する電波の周波数が高くなると電気回路と部品配置もそれに伴い色々と思慮を施す必要がある。「二二號電探」の部分で述べた「表皮効果」もそうだが内部で高周波が干渉したり減衰したりと思いもよらない弊害が出る。この辺が高周波を用いた電探が苦労する点でもあるのだが発信機から空中線までの距離はできるだけ短い方がよい。なので発信機ゴト旋回を……となったのではないだろうか。使用する周波数も「二二號電探」で懲りたのか低めに設定するという堅実な選択をしている。何れにせよ新資料が世にでて欲しいと強く願う工業製品のひとつだ。

■「一號三型電波探信儀」空中線

「一三號電探」と称された我が国艦艇らにとことん愛されたいわば「電探」のヒット商品だ。それは軍艦「大和」から海防艦にまでマストや煙突脇を彩っているのが証拠だ。……しかしお気付きの貴兄・貴女はいらっしゃると思う。「電探」略称の一桁目が「一」であることを。前述のとおり、この「一三號電探」は「地上基地設置型見張用」だ。「一三號電探」の前に誕生したふたつの「電探」は非常に大型で機材と述べるには余りに大きく建物……と述べる方が実感が湧く容積があった。それを苦労惨憺、妥協して小型・簡易化させたのが「一三號電探」だ。どこまで小型化させたかを示す逸話として『解体しリヤカーに乗せ移動した』……これで判っていただけるだろう。……もっともそのリヤカーを何台使ったかというフクミもあって釈然としない部分もあるのだが。「一三號電探」の「空中線」をご覧になっていただくと判ると思うが地上デジタル波前のテレビ受信空中線に似ている。それもそのハズで今回取り上げた各種「電探」の中でもっとも周波数が低いモノを使い、それは現在お世話になっているテレビ波に近いからだ。

この恩恵で「一三號電探」の「空中線」は今回特集した中ではもっとも軽便で手動回転するものが多くあったそうだ。……艦艇に搭載されたモノも、同様に手動旋回させていた。人員が限られているのに。……「一三號電探」は本当に安定して稼働したそうだが当時の我が国電子技術では「一三號電探」が身の丈にあったものの証拠でもある……と考えると切なくもある。この「空中線」は図のように三角柱にしたもののほかに内径150㎜管を使用した型がある。こちらが現存する少ない資料では本来の地上基地用とされているがこれだと重いのだろうか、図のような橋梁に用いられる「トラス構造」を採った型のも地上用として使われている。この話が出たついでに本来の使用先である地上基地使用を述べたい。前述のとおりリヤカーに分解搭載が可能で、これを活かし根無し草のように頻繁に設置場所を変える移動観測所に準じた装備だが航空隊の指揮所に備付け完全固定局化したものも存在する。……通常家屋の屋根部分から突き出た「一三號電探」のそれは……まさしく現在の一般住宅のテレビ受信用空中線のようでありほほ笑ましくもある。艦艇だけではなく地上でも愛された、モトイ、地上基地だけでは収まり切れず艦艇にまで勢力をのばした「電探」、それが「一三號電探」だ。

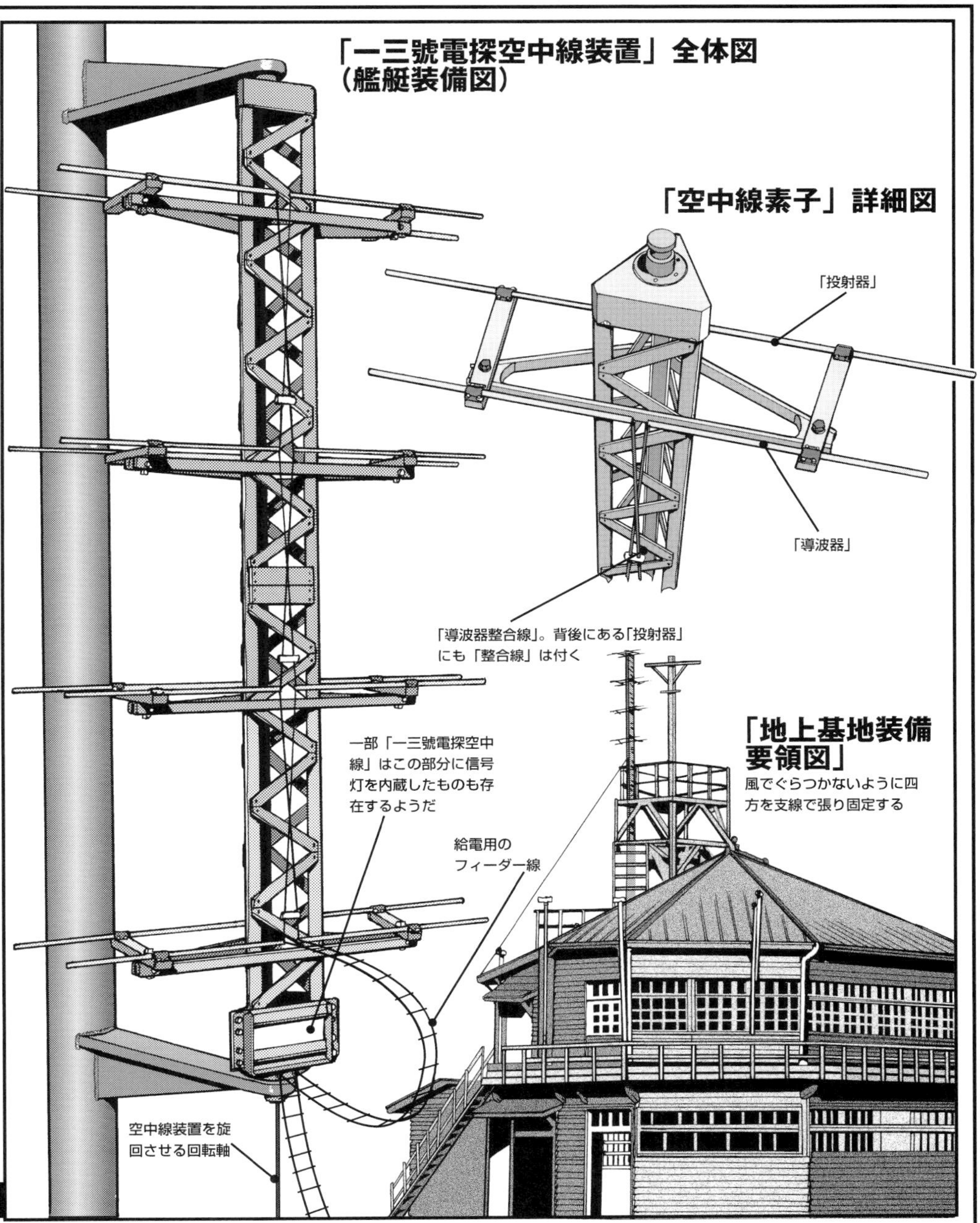

■まとめ

本稿ではやたらと専門用語を出してしまったなと少々反省をしている。筆者が学生だったころ、遠く離れた実習学校に行くことになり、そこで「電探」と「方向探知機」（ホコタン）を一週間、扱うことができた。この屋上に有名メーカー製の漁船用小型電探空中線を装備し学校周辺を『電波の目』で見ることができた。アニメーションのような『ぴこーん』というハデな効果音も一切なくただの薄暗く狭い部屋だったが気持ちだけは地上基地用の「一三號電探」で扱うのは「二二號電探」だ。送電線や鉄塔などの電探空中線よりも高い構造物は見事に探知、黒い画面にくっきりと明緑色に表示されていた。用意された地図と寸分違わぬ表示。地図の正確さにも驚いたが、一個人が購入できる漁船用小型電探でもこんな能力があるのだ。最先端の軍用なら推して知るべし、だ。これが夜間だったら、これが相手にだけ装備され、こちらにはないとしたら……と考えた時、ぞっとした記憶がある。これが実戦なら絵に描いたような待ち伏せが可能で十字砲火、反撃するも効果なし。待っているのは全滅という末路だけだ。日中好天下での我が国艦艇の高倍率望遠鏡と鍛えられた見張員らの能力はまさに神業に近く、『見る』よりも『感じる』に近いものだと耳にしたことがあるのだが、結果としては一個人に依存する形となり、これらの神業師らが負傷したり患ったり、また一日一度は必ず来る夜間も、またその夜間で月に何度かある月光すらもない漆黒の闇ではその目視能力も大幅に下る。我が国の艦艇達は敵よりも遠くから射撃し、命中させることにだけに執着をし、それをもとに進化をして来た。そのために艦艇達の構造や仕組み、加えて戦術を編み出してきたといっていいと思う。ここまではイイ。だがなぜこれが目視よりも遥かに遠くを、しかも天候や日時に関係なく物体を探知できる「電探」を活用しようという発想に繋がらなかったのかと残念に思ったが……否、そう考えたのは当時の人たちも同じだったに違いない。ただ思うよりも考えるよりも遥かに大変な開発力が必要だ。「二二號電探」空中線部分でも軽く触れたが絶縁碍子ひとつとっても今まで使ってきたものとは明らかに異なる性質の部品を一から開発するところから始まる。こんな見えない部分にまで血の通った開発の先に成就がある。これは大変だ。限られた知恵と資材の中、当然模倣も多かっただろうがでも痛い目にあってからの本格開発に乗り出した割にはよくやったと、そう今回まとめた「空中線装置」部分を見て強く思った次第だ。悲しくも切なく、そしてでかく仰々しい。それが「電探」だといえるのかもしれない。

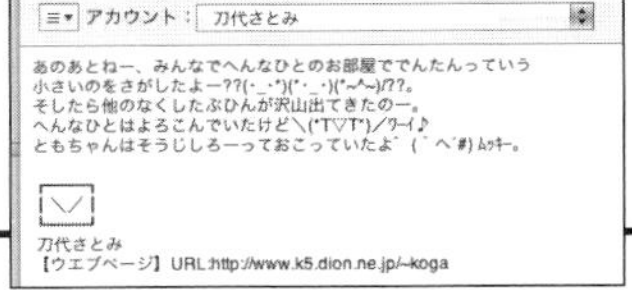

アナタノ知ラナイ兵器1増補改訂版特別描き下ろし7
【電探の設置例】

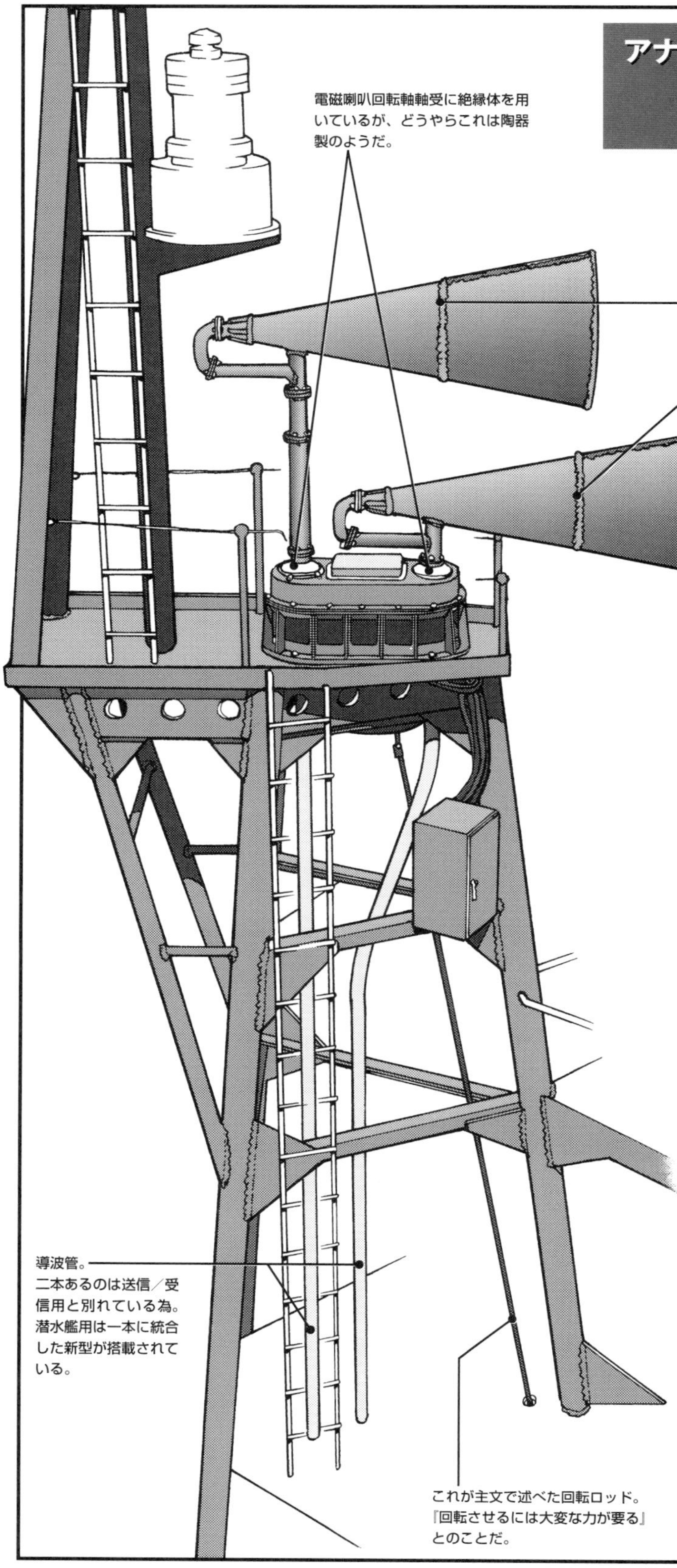

ここでは前項で述べた「二二號電探空中線装置」がどのように設置されたかを述べようと思う。具体的に記すなら前項で述べたのは電波を輻射／受信する「空中線《アンテナ》」とそれを回転させる為の構造を含めた「空中線装置」のみを述べてきたが本項ではそれをどうやってフネに設置したか……を簡素に述べようとするものだ。

図は「改丁型駆逐艦」の「前檣」に設置された「二二號電探空中線装置」だ。

一見、これだけ設置すれば終わりのような気がするがそれは違う。どう『違う』かを述べて行こうとも思う。

それまで艦艇に「二二號電探空中線装置」を設置する場合は重い空中線装置を追加する都合、華奢な「前檣」を補強したりする涙ぐましい努力の後が多数見受けられたが「改丁型駆逐艦」は新造時より重い「二二號電探空中線装置」を設置することを前提に「前檣」を設計していた為に非常にがっしりとした構造になっている。

……『アンテナ』と受信機らと接続するのは室内壁にある端子からDVDレコーダーに繋ぐ太さ一〇ミリほどのケーブル一本で事足りてしまうが七〇年以上前の、それも周波数が高いものとなるとそんな簡単なものではない。銅で円管を作り、それを送受信機に接続させる。ケーブルとは異なりこれらの引き廻しはまさしく『配管』だ。オマケにこれらが他の金属に触れると『短絡《ショート》』。今とは大きく異なり絶縁体の選択肢が驚くほどに少ない戦中だ。これら円管が短絡しないように電探室まで引っ張る『配管』は大変だっただろうと思う。

……何故、電線ではなく円管を用いるかという、その『意味』だが、周波数が高くなると『表皮効果』という伝導体の表面だけを通って電導する現象が起きるので円管にしたほうが効率が良いということだ。これを『導波管』と称する。

加えて、周囲を見張る為に本「二二號電探空中線装置」を旋回させる必要がある。今なら小型電動機を本装置内に組み込んで高精度な旋回と停止を制御出来ただろうが……戦中、この機能があったのは理由はあとで述べるが潜水艦だけだ。大部分の水上艦艇等は幾つもの自在継ぎ手を介した回転ロッド先にある自動車の転把調のでこの重い「二二號電探空中線装置」の電磁喇叭を旋回させていた。

開戦当時、我が国の見張り能力は高倍率双眼鏡を覗き込む見張員の視力に左右されていたが、大戦後期になると電探員の腕力に掛かっていた……のは何とも滑稽なハナシだ。

さて、何故潜水艦だけが電動旋回装置の恩恵に肖ったかだが、水密を要する「内殻」に極力回転軸を貫通させたくない、という理由からだ。狭い潜水艦だ。電探室が追加されたがそれは艦橋真下ではない。そこまで導波管と回転ロッドを引き廻すのは難しく面倒な大工事だ。ならば回転ロッドだけでも……という流れだ。本当は潜水艦以外も電動旋回装置を追加したかっただろうが『そんな装置を付けるなら一台でも多く、造ってくれ!』が真意だと思う。

ここでは機首部の図説をしようと思う。巻頭で「一式陸攻」二四型（G4M2a）の図説を行ったが機首部と操縦席の図説を行っていなかったのを思い出し、急遽本ページを設けた次第だ。
本『アナタノ知ラナイ兵器』シリーズ表紙は薄っぺらい筆者に箔を付けるべく贅沢な英文引出線を設けてもらっているが、ここでは日本語引出線に加え、いつもの筆者の小言を追加したものになっている。
初期型「一式陸攻」と今回単行本収録の為に描いた後期型とでは名称こそ「一式陸攻」だが全く別物になっていると言っても過言ではないほどに様変わりしているが、特に大きな変化が有る場所はこの機首部と爆弾倉部分だろうと思う。一部平面硝子に置き換えた機首先端風防に視界が良過ぎて不安に思える多面有機硝子構造になった機首部、ゆったりとして視界がこれまた良い操縦席風防……とここは初期型よりあまり変化がない形状だが中身は大きく変わった。初期型では副操縦員席後には航法席があったのだが、後期型ではそれが電探員席になった。言わば人員配置まで変わったのだ。そして初期型ではこのゆったりとした風防後には昆虫のタガメみたいな形状の「上方銃座」があったのだがそれを撤去、簡素な観音開きの円窓に置き換わった。上方銃座は巻頭の図説でも述べたとおり電動動力銃架として胴体中程に改めて設置されている。
……しかし……鈍くさいイメージがある「一式陸攻」だが、後期型の機首部とは物凄く精悍な容姿だと思う。

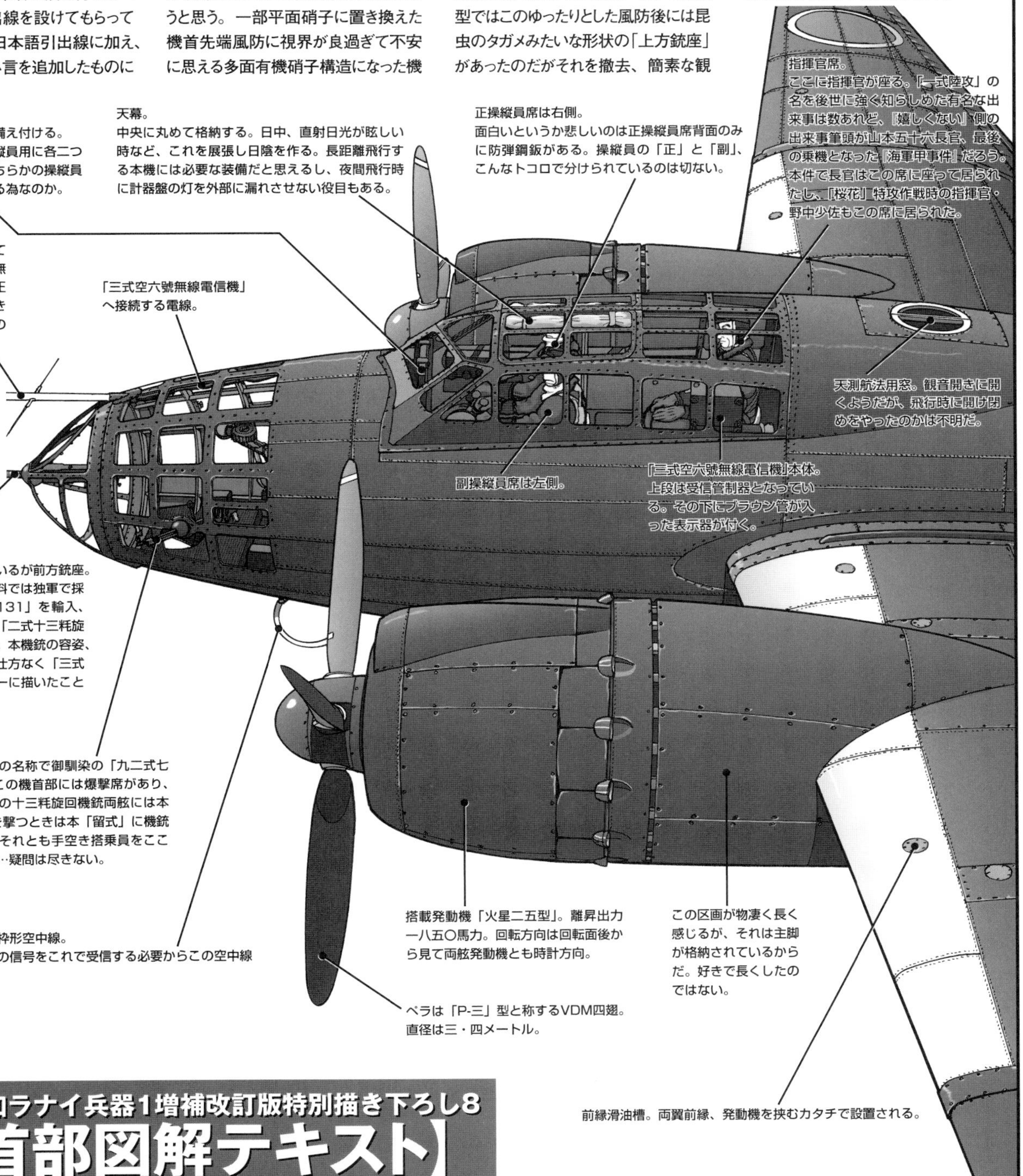

アナタノ知ラナイ兵器1増補改訂版特別描き下ろし8
【機首部図解テキスト】

アナタノ知ラナイ兵器1増補改訂版特別描き下ろし9

【作画道具と作画方法の以前と今】

本単行本『アナタノ知ラナイ兵器』が世に出たのは平成21年だ。間に改元あったりと実に11年も経過していることになる。11年前から今とを作画道具と作画環境を比較してみようかというのがこのページの主旨だ。結論からいうと11年前、NAVYYARD誌で大日本絵画御中とアートボックス御中より『アナタノ知ラナイ兵器』と銘打ち連載を戴いたときから現在までの作画方式、大差無い。折角だから具体的に書き記してみる。以下だ。

（工程1）……紙に下描きのち、ペン画

（工程2）……（工程1）完了後、スキャナー読みをし、デジタルデータ化

（工程3）……（工程2）にソフトウエアーを使いスクリーントーンを貼る

……というものだ。

ではどんな道具を使い（工程1）作画をしているかについて述べて行きたい。筆者も画業の端くれとしてこれら筆記道具はイラストにすべきだが、イラストをリアルに見せる『ヨゴシ』工程を加えるとわざとらしくウソっぽく見えてしまうのでここは写真を使おうと思う。筆者が作画で必ず使う道具は【写真1】と【写真2】の各種定規と各種筆記用具だ。

【写真1】にある、ステッドラー社謹製雲形定規とウチダ設計製図社謹製楕円定規は猛烈に酷使していている。掲載写真がどの程度の解像度で出るか不明だがインクが付着し、紙との摩擦で摺れ、決してキレイなものではない。ウチダ社謹製の楕円定規を使う前は百円ショップで購入したノンブランド楕円定規を使っていたのだが特定径の楕円テンプレートを酷使しすぎて数年で削れ、楕円が崩れガチャガチャになってしまった。しかし、定規が厚く、使いやすかったが削れて摩耗したなら仕方ない。引退・廃棄となった。そこで学校で製図を学んでいた頃に散々お世話になったウチダ社謹製に替えた。流石は有名一流メーカー品だ。インクで薄汚れてもロットリング先のスベリが良くホントに使いやすい定規だ。

写真にあるステッドラー社謹製、雲形定規の前はロットリング社謹製、オレンジ色の雲形定規を使っていた。だが、これは照明に含まれる紫外線の影響だろうか、エッジが白く風化し、ノンブランドの楕円定規と同様に良く使う箇所が摩耗し、良い曲線が引けなくなってしまったので引退・破棄した。これらの後に導入した各種定規、即ち【写真1】の定規たちはなんらかのカタチで本単行本収録作品の全てに使われている、ということだ。雲形定規と楕円定規に挟まれた直線定規、これも大変にお世話になっている。いろんなブランドの直線定規を使ったがこれが一番筆者に合っている。ブランド名は『MINERVA』だが、画材屋さんでこのブランドの同じものを探したが無い。こちらも大分摩耗しくたびれて来てしまったし、ステッドラー社謹製の雲形定規の一番大きなものは中程に亀裂が入ってきたので新しい雲形定規に交換せねば……と思っている。……定規が摩耗することを自慢する記事をそれも自身の単行本に打ち明けられる身分になったこと、読者の皆々様に御礼申し上げたいとも思う。

さて【写真2】の曲線定規だが、同じく作家業をする友達より教えてもらった道具だ。これを知る前は【写真1】の雲形定規を恨み言を言いながら当て直していた。船体など、緩い曲線を描くときは大活躍の定規だ。そして【写真1】にあった楕円定規よりも投影角度が深い楕円定規、これも使用頻度は低いが無くては困るものだ。

その下に並ぶのは『ペン』だ。

筆者は全メカニック、ペン入れの全てをロットリング社謹製の「ラピッドグラフ0.2」と「ラピッドグラフ0.4」で描いている。1週間くらい使わないとインクの出が悪くなる腺病質で動脈血栓質な筆記道具だが消しゴムをかけても線が薄くならないという絶対能力の為に使い続けている。「ラピッドグラフ0.2」は本連載「改丁型駆逐艦」編作画中に雲形定規に引っかけて先を折損、泣く泣く破棄交換したが「ラピッドグラフ0.4」は筆者の記憶にある限りで恐縮だが連載を戴いてからの付き合いだ。内臓カートリッヂは見開きイラスト10点ほどを描くと尽きる航続距離だ。

肝心の下描きだがホルダー（MITSUBISHI社謹製）と称する、鉛筆の芯を繰り出す筆記用具で荒く描き、そのあと、0.5粍替え芯鉛筆と定規で下描き線を整えていく。この工程は……果てしなく時間が掛かるし利き腕の掌と紙が当たる部分はこれらの芯の黒鉛が付きメタリックな感じになる。

【写真1～2】の定規写真を御覧の通り、市販品をそのまま使うのではなく、筆者は少し改良を施している。具体的に記すなら定規が紙の上をスベリ良くする為にタックシールを小さく切って貼付けている。我が国の定規は精度が高いので圧着で接合面が真空となり原稿用紙に張り付き、これが使うときにイラつくのだ。意図的に隙間を造ってやるのだ。

専用の金属シールが売っているのだが……余り良いスベリがないのでその上からタックシールを貼っている。

同じような加工を筆記具にもしている。筆記具にはポケットに入れるときに引っ掛けるよう鉤が付いているが、筆者はこれが嫌いだ。もう一度言いたい。『大嫌いだ!』。

ホルダーは金属製の鉤なので引っ張れば簡単に抜けるのだが、安物の筆記具はプラスチックでこの鉤が一体整形されているので仕方なくニッパーで切除し、ヤスリでカタチを整える。【写真3】だ。ホルダーはもう、MITSUBISHI社謹製以外のは使うつもりはないが0.5粍芯用のは近所の百円ショップで売っている安物を使っているせいか中々、気に入ったのが無い。故にこの11年で数年おきに買っては別のを探し、

【写真1】

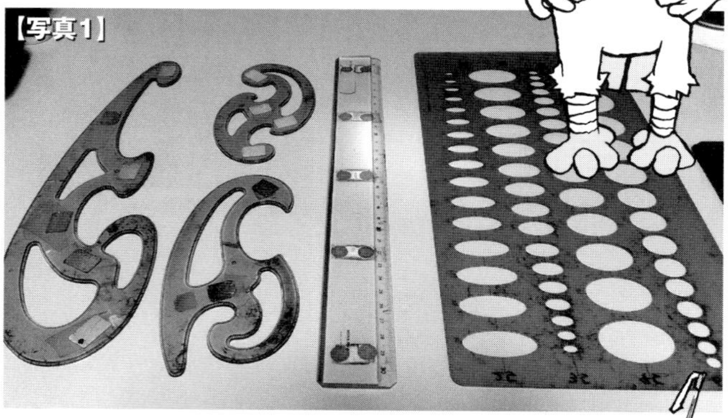

【写真2】

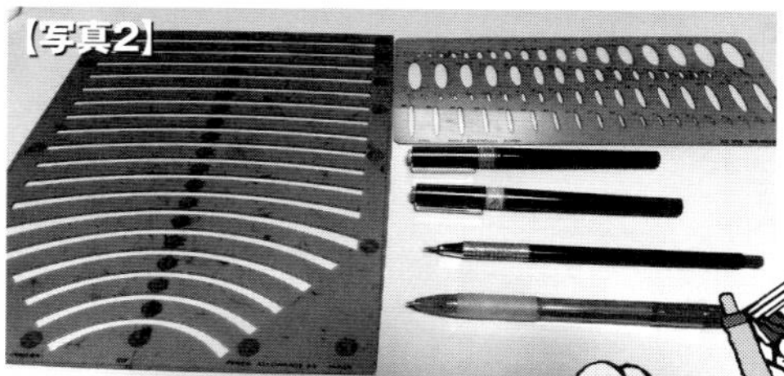

【図1】

【写真3】

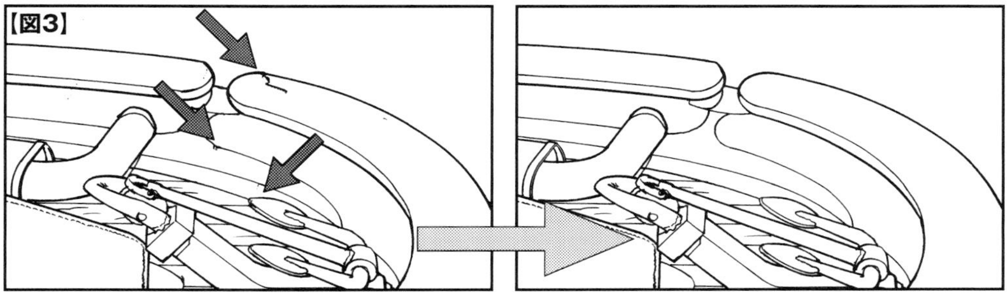

加工するというサイクルでその都度、鉤をニッパーで切除しているが、その都度【図1】のように切除した破片が顔に当たって筆者はイラついている。

ハナシを作画に戻す。11年前当時だが、今とは比較にならないくらいに短時間で描いていた。

当時は筆者が若く集中力が高かったから……ということでは決して無い（と思いたい）。

では何が違うのだろうか……と思い巡らせたところ、上記工程の中で（工程2）でアナログ原稿たる紙面をスキャナー読みした後、相当な時間を注ぎ込み修正しているのだ。

別図で示したが以前はスノコなど、線が交錯する個所はペン入れ時でもそのとおりに線を止めていたのだが……止めた箇所の線が線香花火の先端みたいにボッテリとし、シャープではなくなる。11年前はそれを良しとしていたが今はそれが許せなくなってきた。故にMac上で修正ありき、という覚悟でガンガン線を止めずに格子を描き、スキャナー読み後に、チクチクとソフト上で線を消し、または繋げという加工をしている【図2】。……正直、これを行うのはペン入れを紙面でやったあとに、更にデジタルデータ上でももう一度ペン入れをするようなものなのだが……これを行うことに慣れた今、11年前の作品を見ると……粗い！ 荒い！ 洗い直したい！

　という欲望に駆られてしまう。

11年前だが見開き図を描くのに下描きが1～2日、ペン入れは6時間程であったように記憶しているが今だとそれは夢のまた夢の値だ。

今回、「甲標的」などの3テーマを描いた見開きが掲載しているが、下描きに3日程、ペン入れに12時間、修正作業に2時間以上を掛け、倍以上の時間だ。下描きが余分に時間を掛けている理由は、ここで手を抜くと結果としてペン入れの線も雑になる、という筆者の判断だ。また、最近のインクは乾きが遅くなったのだろうか、それとも滲まない紙を選んでいるせいだろうか、頻繁に生乾きの線に触れてしまう『事故』が多発する。こんな余分な仕事を修正しているからでもあるのか【図3】。

さてMacに取り込んだ後の筆記用具だがペンタブレットを使っている。

今使っているのは「WACOM」謹製intuos4 PTK-840だ。確か、NAVYYARD誌で連載をもらった直後に購入した記憶があるので平成21年(!)これも11年選手となった。大変に気にっているタブレットだが、最近USB接続端子部分がガタツキはじめた。

『ペン』（以下は製品名『グリップペン』と表記する）は他の筆記道具同様、改造を施している。

筆者は『木』が大好きだ。趣味のサバイバルゲームで使うテッポウも、やはり何処かしら木製部品がないと内心穏やかではないほどの木製好きだ。対してグリップペンは握りやすいようにラバー材質になっているが、これを長年使っていると『加水分解現象』でベタベタになる。鉛筆部分で述べたが筆者は筆記具の引っ掛かりが大嫌いだ。化学薬品を塗布し、このベタベタを除去できるとのことだが、精密電化製品の1つであるグリップペンに薬剤塗布なんて怖い。こんなことを考えているときに精密製品である本グリップペンをペン先より床に落としてしまった。購入以来一度も無かったことなのに！ 慌てて動作確認をしたが使用は可能であったが以降、振ると《カタカタ》と異音がするようになってしまった。知人作家らが常々言っていた『ユガさん。グリップペンは消耗品だよ、予備を1本は買っておきな』との忠告を思い出し予備品の購入を決意、ネットで製品検索をしてみると製造元のWACOM御中でこのペンタブレットの握部分が木製に代える部品があるとのことで木製品好きの筆者は小躍りする気分であった。すぐに購入をと思ったが僅差で製造中止となっていた。傷物でも構わないので欲しいと考え、WACOM御中に直接在庫について訊くと筆者の希望する品はもう完売だが他製品で太い握りのものはある、とのことだった。早速これを購入したがこれにはグリップペンに付いているクリック機能の開閉器孔が無く、この機能が使えない握りであった。在庫が残っている理由が判った気がしたが、決して安価な部品ではなく、この状態で暫く使っていたが決定的に不便であった。

そこで【写真4～7】のとおり握りを工作台を出し寒空の中、穿孔し削って改造した。平成27年のハナシだ。以降、これを使い続けている。とても重いペンになったがとても優しく太い握りで気に入っている。これらが筆者の道具たちだ。『弘法、筆を選ばず』と云ふが筆者はヘタな分、道具に頼っているし、賢くないので同じ道具に慣れてカラダの一部になるまで延々使いたいのだ。

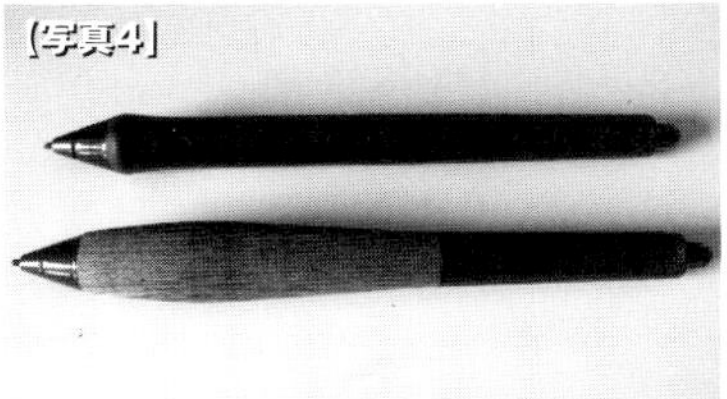

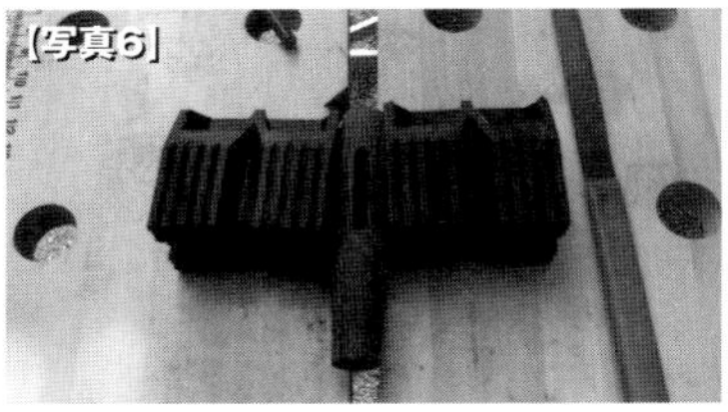

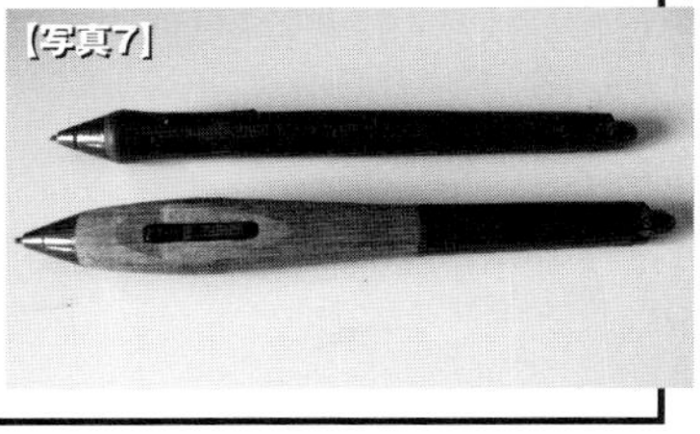

【写真4】
上が異音がするようになったグリップペン。下が購入直後の太い握りに換装した新購入グリップペン。写真でも判るとおりクリック用の開閉器がない。消しゴム機能を使うときは180度回転させていた。

【写真5】
握りの加工を目論見、ケガキ中。これが最後の写真になるかもしれないとの記録。

【写真6】
ビクビクしながら穿孔、それらを各種ヤスリで繋げ長円化した直後。

【写真7】
上が通常状態のグリップペン。下が改造を施した握りに換装したグリップペン。製造元は許可していない改造故に何か遭ったらそれは全て筆者の自己責任だ。

あとがき

航空機編では想い出を語る項目が設けられていたが艦艇編にはなく、代りに主人公の事後報告があるという構成だったが、拮抗させるために艦艇編の『あれから一言』をここで簡素に述べたいと思う。

「一等輸送艦」（65ページ～）
過去に一度、「一輸」を描いたことがあったが、それは戦訓が活かされる前の初期型。武装強化型たる後期型を今回描け、これで初、後期二種類描けたのは幸甚に思う。

「甲標的」（70ページ～）
この号は渡米の折り名刺代わりに持参した。今にして思えばもっと沢山持っていけばよかったと後悔している。米国人スタッフ達が非常に喜んでくれた。正直嬉しかった。

「海龍」（74ページ～）
元搭乗員と邂逅、色々と御教授をいただいた。その流れで開発中心人物だったK氏に連絡をしたのだが後日御子息から丁寧な御返事を頂き、御本人が既に泉下の客となっていたことを知った。心から悔んだ。このことがあってから残された時間は多くはない、急がなくてはという気持ちを強く抱くようになった。

「大発」（78ページ～）
次号で何を特集しようかという密談の折り、担当G氏に「大発」はどうだろうかと提案した時、あのニヤリとした顔は筆者は忘れない。寛大な担当に巡り合えたこと、著者は神に感謝する。

「海防艦」（82ページ～）
ずっと小型艇を描いてきたので排水量が三桁になる物を描いた時、軽くショックを受けた。筆者はこういう戦時簡易設計艦は大好きだ。何時かはこれのコミックを描いてみたいものだ。

「電探」（88ページ～）
これも筆者の完全なる悪乗りだ。よくぞ、このような題材に担当氏は首を縦に振ったものだと提案したこちらが不安になる程だ。実は掲載時、予定していた他の記事が延期になりその不足分の2ページを筆者がいただき6ページになったのは此処だけの秘密だ。以上が簡単だが艦艇編の『あれから一言』だ。

思えば模型を買いも作りもしない私が模型製作総本山『ネイビーヤード』と『スケールアヴィエーション』に拾ってもらったのはつくづく人との縁の御陰だ。雑誌発売日毎に私めの雑なイラストを手にしてくださる心の広く暖かい貴兄貴女ら、また無計画に事を進める私めを的確に導いてくださる編集部御中、更に戦中、掲載の工業製品達に実際に触れ、その『生の声』を筆者に教えてくださった貴重な経験を持つ方々に私はただ感謝するしかない。つくづく私は色々な方々に支えられているのだなと実感する次第だ。さて以下は筆者たる私めが申しあげたき事だ。作画時、不明な部分を無知な私が私なりに想像を駆使して描いている。従ってこの作品を手にされた方が別の意見を抱くのは良いことだ。そんな推測部分を近所に御住いの戦中経験者の方々と茶飲み話のネタに使って欲しいと思うし後年、真資料が世に出、その理由の一つにこの『アナタノ知ラナイ兵器』が一枚咬んでいれば筆者たる私は幸甚だと考える次第だ。

では頁も最後になった。この単行本版『アナタノ知ラナイ兵器』発行に尽力してくださった方々に礼を述べたい。何しろ今回、一番苦労したのは担当氏とデザイナー氏の御二方だ。縦書きと横書きが混在し、オマケに判型まで違うものを統一させるという行程があったからだ。発行まで漕着けたのは担当の後藤恒弘（G）氏と藤井謙二郎氏、デザイナーの横川 隆氏、私の泥臭いカットにナウい英文タイトルをつけてくださったスコット・ハーズ氏らの努力の賜物だ。そして本作を御手にしてくださった貴兄貴女に心から感謝申しあげたい。
「ありがとうございます！」

平成21年11月 こがしゅうと

増補改訂版あとがき

『アナタノ知ラナイ兵器、完売で絶版となっているので何か描き足して増補改訂版として発行したい』……と、本誌G編集長発言が発端となり本誌発行計画が発動した。発言があったのは確か改元後だったと思う。筆者の地元駅で久しぶりにG編集長と会い、旨いがとても辛い食事をしつつ切り出された。

『アナタノ知ラナイ兵器』連載は気付けば十二年を過ぎ干支を一回転した。本連載を纏め初単行本としたのが改元前の平成21年だ。タイトルは変わらぬ『アナタノ知ラナイ兵器』。筆者もだが、編集長のG氏も本連載が長く続くとは思っていなかったので単行本タイトルに號数を示す数字が付かなかった。そこで今回、『増補改訂版』として発行するにあたり、タイトルに『1』を付けてもらった。……内情を明かすなら筆者は『1』ではなく『01』としてもらいたかった。筆者の性格は思いつきで一つ提案し、その直後、冷静になってもう一つ提案、相手を混乱させる悪い癖がある。この癖のとおりG編集長にタイトルに『1』を付ける案を提案し、数日後に『やはりタイトルは「01」としてくれませんか』と再提案したが、『広告を打ってしまったからダメ！』と拒否されてしまった。でもこれで時間は掛かってしまったが単行本全てに数字が入り統一感が出たように思う。

本『アナタノ知ラナイ兵器1』発動と発行顛末はこんな感じだ。では以下は思いつくまま、掲載作品について述べて行こうと思う。以下は告白だが筆者は自分の行動を思い出しつつ記すのは嫌いではない。長文になるが、しばし御付合い願いたい。

まずは表紙と表紙カバーからだ。

『増補改訂版』前の数字が無い『無印』の『アナタノ知ラナイ兵器』表紙カバーは本『増補改訂版』裏表紙カバーに使ってもらった。以下は告白だが、このカットを今、見ると『オレはこんなのが描けルンだぞ！』と何ともケツが青くクチバシが黄色い当時の筆者の浮ついた感情が透けて見え、御尻がむずむずする。表紙とは本の顔だ。『収録作品はこんなのですよ』と購買者にシンプルに知らしめる為の重要なものだ。それが11年前の筆者には判ってないものだったと猛烈に反省している。故に今回の表紙はその考えに徹した。『シンプルに』がそのコンセプトだったが題材である「一式陸攻」の機首部を描くのは実に大変だった。日々、G編集長を待たせ何度も『まだか、まだか！』と御言葉を賜りやっと出来たものだ。下描きに一日、ペン入れとそれの修正に一日、着色は夜を日に継いで二日近く掛かったように記憶している。「一式陸攻」は遠き昔にハセガワの1/72キットを二度ほど組んだ記憶がある。内容は「一一型」だったが「桜花」が欲しくて買ったのだ。そのとき、「一式陸攻」はカッコいいなと漠然と思った記憶があるがそこまでだった。今回描くのに色々と調べ仕上がった本カットを見て『後期型はシビレるくらいにカッコいいなあ』というのが感想だ。時間があれば……本後期型のコミックを描き、『描き起し作品』として本単行本に収録したかったな、と反省している。

【一式陸攻編】（P6～）
本『1』企画発足時、描き起し作品や表紙を何にするかという『合議』をG編集長とした……というのは冒頭述べたとおりだが『無印』はタイトルに数字こそ入っていないが1作目だということで『1』が付く戦中工業製品だ、と思い立ち『じゃ、一等輸送艦で！表紙もこれで♥』と筆者は発言、G編集長は短い沈黙の後に『……はい、承知しました』と釈然としない風であった。当初、「一等輸送艦」のコミックを描くつもりで作業を進めていたのだが短ページでは終わらなくなってしまい、別の『1』が付くものに代えることにした。それで候補に挙がったのが本「一式陸攻」だ。本来ならば掲載の「一式陸攻」図説編を描いた後に表紙を描く方がディティールも頭に入っているハズで迅速に描けるハズなのだが表紙カバーはカラー画で印刷やデザインに時間が掛かるということで表紙カバーを優先することになった。これの顛末は前述のとおりだ。これを描きつつ描き起し作品の下描きを進めたのだが何と双発機は時間の掛かることよ！　こういうときはトラブルが舞い込むのが世の常だ。7ページ目の機銃を構える小図、当初これは無かった。全体図の側方銃座を描いているときに『こりゃ、機銃は立って撃てないぞ』ということで急遽この図を描き足すことにした。『機銃を構えるカットなら全体像と比べればカンタンだ！』という間違った見立てをし、いつもなら紙面に下描き・ペン入れ後にMacに取り込んでトーン貼りという工程を無視し、『デジタル作画の習熟訓練』として下描きからMac内で始めた。いつもの4倍くらい時間が掛かってしまったが人物を描き、バックアップをせずに機銃を描き始めた。この時、画面を大きく拡大し細部を描いていたのだが全体のバランスを確認する為に画面縮小をしたら……人物が全て消えていた。不慣れ故にどのタイミングかは不明だが全てを選択し全消去してしまったようだ。1時間ほどデータ復旧の小細工をしていたが断念、恨み言を口にしつつ自分の行いを恥つつ、いつものアナログ作画に戻した。深夜にロットリングでペン入れを始めたら今度はどうにもインクが出ない。振ったり洗ったり果てはインクを交換したりしたが2センチほど線を引くと急激にインクが出なくなる現象だ。いつもなら数十秒で復帰するのだが……今夜ばかりは延々出ない。気付けば1時間が経過していた。連載で「改丁型駆逐艦」を作画中、定規を引掛け先端を折損して交換して以来の付き合いであるロットリング先と突然の御別れとなった。……予備があって良かったぜ！……とホッとした気持ちもあったが……破損していないのに交換だなんて釈然としない気持ちがある。悔しいので破棄せずに水に浸けて保存してある。復活しろよ、この野郎！だ。こんな出ないインクで描いたので銃架のあたりの線が太かったり細かったりしている訳なのだ。……こんなハナシ、G編集長に話したら声が裏返って激昂なさるだろうが本一カットを描くだけで何だかんだと一日使ってしまったこと、ここに告白する。

【「月光」と「銀河」比較編】（P50～）
『無印』に収録した作品は10年以上前に描いたものだ。今回『1』として発行するにあたり、今の技量でこの二つのテーマを描き起してみようというのが本見開きの基本概念だ。加えてこの二つの題材の大きさ比較をしてみようという魂胆も入っている。
この二つ、SA誌連載で描いたのだが、当時は6ページ戴き、この6ページで1題材を描いていた時期だ。細部を深くリサーチ出来ず全体像を描いた、言わば見切り発車みたいな作画故に線が粗く申し訳ない、と当時を反省しつつ本カットを描いた。作画スタンスだが、当時と現在では大きく異なっている。現在ならばフリーハンド線は極力排し、5ミリの距離でも定規を当てて描いているが連載当時は多分にフリーハンドの部分が入っている。作画の子細は本誌P108からの見開きを御覧になってもらいたい。トーンの貼り方も当時と今では異なる。時間があればトーン貼替えだけでもしたかったなあ（涙）。
「銀河」は他誌でコミックを描いた。「月光」という題材でまだコミックとしては描いていない。故にここだけの話だが一瞬、本単行本『1』の描き起し作品で「月光」のコミックを描こうとした時期があったこと、ここに告白する。

【機首電探搭載図】（P52）
後期型「一式陸攻」の機首部は大変に複雑だ。この箇所を表紙と表紙カバーとして描くことになるので『習作』と形状把握の為に本画を描いた。どのタイミングで描いたか失念したが表向きは機首に備え付けられた『八木・宇田空中線』の紹介だが、隠れた意味は前述のとおりだ。描き、仕上げ、提出後に機首部の硝子枚数が不足していることに気付き慌てて直し、差し替えしてもらったこともここに告白する。

【十四米特型運貨船追加画】（P90～）
本見開きは艦艇模型雑誌『NAVYYARD』誌の連載で描いたテーマだ。当時、SA誌と同じく1題材を6ページで描くスタンスだったので航空機編よりも更に焦って描いていた。雑誌掲載後から本単行本『1』編纂作業までの10年間で得た資料は多く、その得た資料には本題材も含まれていた。故に本題材は得た資料で描き足したいものであり、細部を『そうだったのか！』という想いで描いた。筆者は物を客観的に見るのが苦手だ。P92カットをペン入れ後に『何か足らないな……』と腕組みして考えていたときに「救命浮標」を描いいないことに気付き慌てて描き足した。「十四米特型運貨船」は汎用性の高い製品だ。これで色々とコミックを描いてみたいものだ……とここに告白をする。

【特型格納筒・海龍・十四米特型運貨船追加画】（P92～）
この三テーマも艦艇模型雑誌『NAVYYARD』誌の連載で描いたテーマだ。「十四米特型運貨船」細部を描いたときに雑誌連載後に入手した資料で全体像を描こうと思い立ち本見開きを描いた。P50からの「月光」と「銀河」比較図と同じく、この三テーマの大きさはどれくらいあるのだろうかという筆者の欲望も入っている。
何より構造が簡単なものだから描くのに時間は掛からないだろうという黒き思いもあったこと、ここに告白する。
……トコロがだ、描き出して絶句した。「海龍」はともかく、「特型格納筒」と「十四米特型運貨船」を構成する直線のようなゆるい僅かな曲線を描くのは実に大変であった。……画業に筆者が就く前、筆者は有志数人と組んで合同の自費出版誌を発行していた。その中の一人が〆切り前の時間が無い、極限状態の中、女性の髪を描くのに十数枚ある雲形定規をざらざらと漁り、丸一日掛けて女性の髪、数本を描き『良い仕事したなーッ』という、したり顔で筆者を見たのが忘れられない。当時の筆者はこの時、深い殺意を抱いたが本見開きを描くとき、それに近い状態であった。唯一違う点として中々良いカーブがある曲線定規がなく、苦しみ悩みながら描いたことくらいか。この雲形定規氏は程なくして失踪、氏の人生から筆者をリストラしたが、余りに筆者も一枚に時間を掛けて描いていると雲形定規氏を見た当時の筆者が抱いた感情を持つG編集長から『不要』と切り出されるか判らない。それが一日でも先になることをただ祈るだけだ。

【作画道具と作画方法の以前と今】（P108～）
当初の予定ではこの見開きに「一等輸送艦」と「海防艦」の対比図を描く予定だったが艦艇は時間が掛かるので断念、表題の作品に置き換わったこと、ここに告白する。
……実は本単行本の発行理由の大きな目標として5月中旬、静岡県で開催予定されていた『静岡ホビーショー』中、大日本絵画御中ブース内小イベントにて筆者のサイン会用として発行する『予定』だった。新型コロナウイルスの影響で人が集まるイベントは悉く中止になった訳だが、そのサイン会時に画像にあった古くなった画具を希望者に先着順でプレゼントしようと思っていたのだ。薄汚い筆者の使い古した画具、捨てるのは簡単だが、これら画具は共に悪路を進んできた靴であり、杖でもある。筆者本人の手では捨て辛い。もらってくれる人が居ればいいなという思うし、もらってくれる人が『やっぱりゴミだ。要らねえ』で捨てるなら筆者としては納得が行く……という気持ちだ。

【あとがきのあとがき】
新規描き起し作品への想い出や告白だけでこの文字数となってしまった。ここでは『アナタノ知ラナイ兵器1』の真のあとがきを述べたい。『無印』時に多数掲載していたソフト路線は『1』に至る段階で可能な限り割愛した。本誌掲載の3ページ目に描いたとおりだ。進歩が滞る筆者だが、『無印』発行当時の、十数年前作品を見直すのは正直、良い気持ちではない。定規を当てて描く工業製品らでも古さを感じ全て描き直したくなる。ソフト路線は尚更だ。工業製品画よりも描き直したい感情度は高いのだ。時間があればやっていたがここは捲土重来を願いオープニングのコミックに描いた決断としたこと、ここに告白をする。

【あとがきのあとがきのあとがき】
いよいよ誌面も少なくなってきました。10年前に発行した単行本以来、ずっと私めを叱咤激励し、サポートしてくださったアートボックス御中の後藤恒弘さん、いつも莫大な分量のテキストを美しくレイアウトしてくださるデザイナーのの横川 隆さん。感謝してますし、愛しております！　そして表紙カバーにカッコ良い英文を載せてくださる吉田伊知郎さん、御会いしたことがないですが私めに箔をつけてくださり感謝です。そして……10年以上も『筆者』こと『こがしゅうと』と『こがしゅうと』が描く作品を継続して愛してくださります読者の皆々様へ、改めて感謝申し上げます。
『ありがとうございます！』

令和2年4月　こがしゅうと

イラストで見る末期的兵器総覧

アナタノ知ラナイ兵器1 増補改訂版

Illustrations of world desperate weapons

Weapons,we have never heard off 1

revised edition

■スタッフ STAFF

文とイラスト Text & Illustrations
こがしゅうと Syuuto KOGA

編集 Editor
後藤恒弘 Tsunehiro GOTO

アートデレクション Art Director
横川 隆　Takashi YOKOKAWA

英文翻訳 Translation
吉田伊知郎　Ichirou YOSHIDA

イラストで見る末期的兵器総覧
アナタノ知ラナイ兵器1増補改訂版

発行日　2020年6月27日

著者　こがしゅうと

発行人　小川光二
発行所　株式会社 大日本絵画
〒101-0054　東京都千代田区神田錦町１丁目７番地
Tel 03-3294-7861（代表）
URL; http://www.kaiga.co.jp

編集人　市村　弘
企画／編集　株式会社 アートボックス
〒101-0054　東京都千代田区神田錦町１丁目７番地
錦町一丁目ビル４階
Tel 03-6820-7000（代表）
URL; http://www.modelkasten.com/

印刷／製本　大日本印刷株式会社

内容に関するお問い合わせ先：03-6820-7000　㈱アートボックス
販売に関するお問い合わせ先：03-3294-7861　㈱大日本絵画

Publisher/Dainippon Kaiga Co., Ltd. Kanda Nishiki-cho 1-7, Chiyoda-ku, Tokyo 101-0054 Japan
Phone 03-3294-7861
Dainippon Kaiga URL; http://www.kaiga.co.jp
Editor/Artbox Co., Ltd. Nishiki-cho 1-chome bldg., 4th Floor, Kanda
Nishiki-cho 1-7, Chiyoda-ku, Tokyo 101-0054 Japan
Phone 03-6820-7000
Artbox URL; http://www.modelkasten.com/

Printed in Japan
ISBN978-4-499-23292-0